高等职业教育电子信息类专业教材

Altium Designer 20 电路设计案例教程

主编　王静　谢蓉

中国水利水电出版社
www.waterpub.com.cn
·北京·

内 容 提 要

本书以2020年正式发布的全新 Altium Designer 20 电子设计工具为基础。Altium Designer 20 全面兼容之前各版本。全书共 12 章，详细介绍了 Altium Designer 20 汉化版的基本功能、操作方法和实际应用技巧。该书集作者十多年 PCB 设计的实际工作经验和从事该课程教学的深刻体会于一体，从实际应用出发，以典型案例为导向，以任务为驱动，深入浅出地介绍了 Altium Designer 软件的设计环境、原理图设计、层次原理图设计、多通道设计、印制电路板（PCB）设计、三维 PCB 设计、PCB 规则约束及校验、交互式布线、原理图库的创建、PCB 库的创建、集成库的创建等。

本书内容全面、图文并茂、实用性强，可作为高职高专电子电气、计算机、通信等专业的教材，也可供从事电子线路设计工作的人员学习参考。

图书在版编目（C I P）数据

Altium Designer 20电路设计案例教程 / 王静，谢蓉主编. -- 北京：中国水利水电出版社，2020.10
高等职业教育电子信息类专业教材
ISBN 978-7-5170-9027-4

Ⅰ. ①A… Ⅱ. ①王… ②谢… Ⅲ. ①印刷电路－计算机辅助设计－应用软件－高等职业教育－教材 Ⅳ. ①TN410.2

中国版本图书馆CIP数据核字(2020)第205515号

策划编辑：寇文杰	责任编辑：王玉梅	封面设计：梁 燕

书　　名	高等职业教育电子信息类专业教材 Altium Designer 20 电路设计案例教程 Altium Designer 20 DIANLU SHEJI ANLI JIAOCHENG
作　　者	主编　王静　谢蓉
出版发行	中国水利水电出版社 （北京市海淀区玉渊潭南路 1 号 D 座　100038） 网址：www.waterpub.com.cn E-mail：mchannel@263.net（万水） 　　　　sales@waterpub.com.cn 电话：（010）68367658（营销中心）、82562819（万水）
经　　售	全国各地新华书店和相关出版物销售网点
排　　版	北京万水电子信息有限公司
印　　刷	三河市鑫金马印装有限公司
规　　格	184mm×260mm　16 开本　19.75 印张　486 千字
版　　次	2020 年 10 月第 1 版　2020 年 10 月第 1 次印刷
印　　数	0001—3000 册
定　　价	46.00 元

前　　言

Altium Designer 是 Altium 公司继 Protel 系列产品（TANGO、Protel for DOS、Protel for Windows、Protel 98、Protel 99SE、Protel DXP、Protel DXP 2004）之后推出的高端设计软件。

2001 年，Protel Technology 公司改名为 Altium 公司。其整合了多家 EDA 软件公司，成为业内的巨无霸。

2006 年，Altium 公司推出新品 Altium Designer 6.0，经过 Altium Designer Summer 08、Altium Designer 09、Altium Designer 10、Altium Designer 13～19 等版本升级，体现了 Altium 公司全新的产品开发理念。升级后的版本更加贴近电子设计师的应用需求，更加符合未来电子设计发展趋势的要求。

这套软件（Altium Designer 20）通过原理图设计、PCB 设计、拓扑逻辑自动布线、信号完整性分析和设计输出等技术的完美融合，为设计者提供了全新的设计解决方案，使设计者可以轻松进行设计。熟练使用这一软件必将使电路设计的质量和效率大大提高。

本书以 Altium Designer 20 汉化版为基础，从实用角度出发，以丰富专业的电路实例为基础，由浅入深，循序渐进地讲解了从基础的原理图设计到复杂的印制电路板设计与应用。

本书打破了传统教材先讲原理图再讲 PCB 设计的写作手法，使读者在学习由简单到复杂的案例的过程中快速掌握该软件的使用方法，学会 PCB 的设计技巧。

第 1 章为 Altium Designer 20 的基础知识，介绍 Altium Designer 软件的安装步骤、界面构成和系统环境设置。通过本章的学习，读者将对 Altium Designer 平台有一定的了解，可消除对 Altium Designer 平台使用的陌生感。

第 2 章和第 3 章以"多谐振荡器电路"为例介绍原理图及 PCB 设计的基础知识。通过这两章的学习，读者将对该软件的功能有一个初步了解，并能进行简单的原理图及 PCB 设计。

第 4 章和第 5 章介绍原理图库、PCB 封装库、集成库。设计 PCB 板的读者可能有这样的体会：在设计 PCB 板时，经常有些元器件在软件提供的库里面找不到。读者在掌握了这两章的知识后，就不会为找不到元器件而苦恼了。

第 6 章介绍原理图绘制的环境参数及其设置方法，以方便读者根据自己的使用习惯进行参数设置，进而可得心应手地使用该软件。

第 7 章通过　个实例"数码管显示电路原理图绘制"验证第 4 章建立的元件库的正确性及第 6 章原理图环境设置的合理性，并介绍原理图编辑的高级应用，如同类型元件属性的更改、在 SCH List 面板中编辑对象等。

第 8 章介绍 PCB 板的编辑环境及参数设置。

第 9 章完成"数码管显示电路"的 PCB 设计，并通过该实例验证第 5 章建立的封装库的正确性及 PCB 编辑环境设置的合理性，并对设计规则进行介绍。

第 10 章在"数码管显示电路的 PCB 设计"的基础上，介绍交互式布线及 PCB 板的设计技巧。

第 11 章通过"数码管显示电路实例"介绍各种输出文件的建立，如打印原理图及 PCB 图、生成 Gerber 文件、创建 BOM 文件等。

第 12 章通过"机器人电机驱动电路实例"介绍层次原理图设计方法，通过"多路滤波器的原理图设计"介绍多通道电路设计方法，并完成相应的 PCB 设计。

本书在编写过程中得到了深圳市志博科技有限公司李崇伟的支持和帮助，得到了亿道电子公司许世奇、金黎杰、郑晶翔高级工程师的技术支持和指导，得到了重庆电子工程职业学院龚小勇、武春岭、徐宏英、李斌、杨涛、郑昌帝、马露的关心和帮助，在此一并表示感谢。

在本书的编写过程中，编者参阅了一些同行专家的著作，在此真诚致谢。

由于编者水平有限，加之时间仓促，书中不妥甚至错误之处在所难免，恳请读者批评指正，编者电子邮箱：wangjingad09@126.com。

编　者

2020 年 7 月

目　　录

第 1 章　认识 Altium Designer 20 软件

任务描述

本章主要介绍 Altium Designer 20 软件的安装方法、界面设置方法、参数设置方法。通过本章的学习，读者能够完成软件的安装和激活，正确地打开、关闭各个工作面板，掌握常用的中英文界面的设置方法和自动保存时间间隔及保存路径等参数的设置方法。本章包含以下内容：

- 安装 Altium Designer 20 软件
- 熟悉 Altium Designer 20 软件界面
- 设置 Altium Designer 20 软件参数

1.1　Altium Designer 20 软件概述

Protel 系列是我国最早使用的电子设计自动化软件（EDA）之一，一直以易学易用的优点深受广大电子设计者的喜爱。2005 年年底，Protel 软件的原厂商 Altium 公司推出了当时 Protel 系列最新的高端版本 Altium Designer 6.0。Altium Designer 6.0 是完全一体化电子产品开发系统的一个新版本，也是业界第一款完整的板级设计解决方案。Altium Designer 是业界首例将设计流程、集成化 PCB 设计、可编程器件（如 FPGA）设计和基于处理器设计的嵌入式软件开发功能整合在一起的产品，提供了同时进行 PCB 和 FPGA 设计以及嵌入式设计的解决方案，具有将设计方案从概念转变为最终成品所需的全部功能。

Altium Designer 软件经过 10 多年的发展，2020 年推出了 Altium Designer 20 新版本（本书简称 20 版本），本书以 Altium Designer 20 汉化版进行介绍。20 版本开创了一切皆有可能的新纪元，其一流的交互式布线引擎、全新的线路调整功能、原理图升级以及一系列其他增强功能使用户可以体验到设计的无限可能。使用 Altium Designer 20，任何设计都尽在掌握。该软件的主要特点如下：

（1）一体化设计环境。该软件集成了电子产品 PCB 从概念到制造生产整个流程所需的所有工具。设计师可以在其统一设计环境中的各个设计编辑器之间进行无缝的设计数据移植和交换。无论设计师是输入原理图、PCB 布局布线还是查看 MCAD（机械计算机辅助设计）约束条件，Altium Designer 都可以提供一个流畅的设计工作流程，为设计师带来独特的设计体验。

（2）真正的原生三维（3D）及 MCAD 集成。该软件将 MCAD 基元注入到 PCB 开发平台中，在同一个数据库同时提供电子和机械两方面的视图；多模型支持、元器件摆放、间隙检查及刚柔设计从呆板的 2D 设置带入到真实的 3D 世界；机械数据的导入导出，将曾经完全分离的两个工程学科 ECAD 与 MCAD 有机集成到统一的设计环境。

（3）供应链及数据管理。该软件集成了超过一百个供应商的访问链接，帮助设计师轻松选择最合适的元器件；供应商信息可从元件库、Alitum Vault 数据保险库，或者原理图级源数据链接等处进行应用；版本控制提供了设计历史的追溯以及不同版本之间的比较；一键发布程序提供了一个简易的、可重复操作的方式来生成全面的发布数据包。所有这些功能片段组成了完整透明的数据管理解决方案。

1. 功能亮点

（1）统一的设计环境。精简统一的界面，使设计师在设计过程的各个阶段都保持在最高效的状态。在相同的直观设计环境中，轻松完成原理图与 PCB 设计的切换。

（2）直观的交互式布线。用户利用其直观的交互式布线选项，对复杂的电路板可以轻松地进行布线。用户利用强大的布线模式，可以实时清楚地观察设计对象和走线之间的间隙边界，完全控制电路板布局。

（3）自动化高速设计工具。用户利用 xSignals 可精确无误地设计高速电路。通过为 DDR3 等当前先进技术自动配置长度匹配规则、信号对和信号组，xSignals 向导帮助设计师轻松规划和约束高速设计。

（4）强大的原生 3D PCB 编辑和刚柔结合板支持。原生 3D PCB 编辑和间隙检查，设计柔性板及刚柔结合板，保证其在第一次安装时即可与机械外壳匹配。刚柔结合板的覆盖层支持轻松定义折叠线和电路板柔性部分。

（5）无缝 ECAD/MCAD 协作。其凭借强大的 ECAD/MCAD 工具，将设计意图清楚地传递给所有参与设计过程的相关人员；凭借 MCAD Co-Designer 扩展，智能链接 Altium Designer 与机械设计环境之间的设计数据。

（6）灵活的设计变量。通过灵活的设计变量选项，为原始设计创建派生时节约大量时间；利用元器件变更和特定版本调整，轻松地创建调换多个设计版本。

（7）自动化设计复用工具。其利用强大的设计复用工具，为新项目提供一个良好的开端。轻松复用可信的设计资料，包括现有电路、元器件库和焊盘与过孔库模板。

（8）自动化 Output Job 文件和文档工具。其通过对工业标准生产文档的支持，确保设计数据有序并自动进行更新。利用详尽的 PDF 输出、3D PCB 文件和多行文本支持，轻松配置所需的制造文件，并清晰传达设计意图。

（9）集成的版本控制。其凭借集成版本控制，准确掌握设计更改人和时间。凭借详细的更改日志和直观的评论，轻松检入检出中央资源库的文件。

（10）综合库管理工具。其利用强大的库管理选项，轻松复用可靠的元器件和设计数据。从一个统一集中的设计数据源中，将现有元器件、原理图和焊盘与过孔库模板添加至项目中。

（11）完全自定义的设计规则和约束。其建立最先进的设计规则，以完全满足设计师特定的生产制造要求。直观精简的设计规则查询编辑器，帮助设计师轻松地组织查询逻辑和流程，避免出现设计规则冲突。

（12）实时供应商链接。其利用直接连接至设计师最信赖的供应商或内部 ERP 的实时供应商链接，做出最明智的部件选择。随时可用的实时价格和可用性选项，使设计师可以获得最优惠的市场价格，同时满足设计师的预算要求。

（13）嵌入式软件开发集成。其利用集成的 TASKING Pin Mapper，随时分享 PCB 与嵌入式软件项目间的设计数据，节省 Altium Designer 与 TASKING 工具之间引脚分配、处理器芯片标识符和符号名称的转换时间。

（14）利用 Altium 数据保险库的自动化数据管理，排除设计数据和工作流程管理和组织中的不确定因素。Altium 数据保险库为整个设计生态系统提供了一个集中平台，让设计师可以轻松地管理设计数据、项目和底层设计工具基础平台。

2．Altium Designer 20 的新功能

（1）任意角度布线。在高密度板上绕开障碍物进行专业操作，并且深入到 BGA 中走线，从而无需额外的信号层。借助智能避障算法，可以使用切向弧避开障碍物，从而最有效地利用电路板空间。

（2）走线的平滑处理。对走线进行编辑以改善信号完整性是很耗费时间的，尤其是当必须对单个弧线以及蛇形调整线进行编辑的时候。Altium Designer 20 合并了新的布线优化引擎和高级的推挤功能以帮助加快上述过程，从而提高生产率。

（3）交互式属性面板。通过更新的属性面板，用户可以完全清晰地操控设计对象和功能，实时查看相关属性、供应商信息，甚至生命周期信息。

（4）原理图视觉效果。Altium Designer 中的 DirectX 可以为用户带来流畅、快速的原理图体验。这种新的实现方式可以进行平滑缩放、平移，甚至极大地加快了复制和粘贴功能的速度。

（5）原理图动态数据模型。不必要的大型原理图重新编译会占用大量时间，Altium Designer 20 使用了新的动态数据模型，该模型可以在后台进行增量和连续编译，而无需执行完整的设计编译，从而大大节省了时间。

（6）基于时间的匹配长度。高速数字电路需要信号和数据准时到达，如果走线调整不当，则飞行时间会有所变化，并且数据错误可能会很多。Altium Designer 20 计算走线上的传播时间，并为高速数字信号提供同步的飞行时间。

（7）爬电距离规则。当目标信号之间通过非导电表面和电路板边缘区域的爬电距离等于或小于指定的爬电距离时，该设计规则将标记出违规。

（8）回路径检查。除非提供适当的返回路径，否则高速信号会产生电磁场，这可能导致串扰、数据错误或辐射干扰。正确的返回路径可使噪声电流通过非常低的阻抗返回到地，从而消除了上述问题。Altium Designer 20 将监视返回路径并检查所有参考多边形的返回路径完整性，而无需手动执行此操作。

（9）处理原理图功能增强。Altium Designer 20 在其原理图编辑器上进行了改进，引入了新的 DirectX 引擎，具有即时编译功能以及更加简化的交互式属性面板。

1.2　安装并激活 Altium Designer 20 软件

1.2.1　安装 Altium Designer 20 软件

Altium Designer 20 软件的安装方法如下所述。

（1）运行 AltiumDesignerSetup.exe 文件，在显示器上将出现如图 1-1 所示的安装界面。

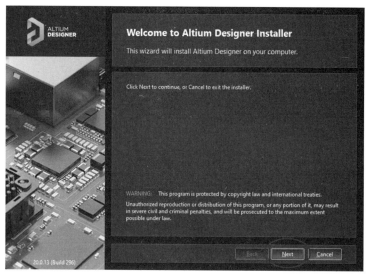

图 1-1　软件安装界面

（2）单击 Next 按钮，显示如图 1-2 所示的 License Agreement 窗口。

图 1-2　License Agreement 窗口

（3）在 Select language（选择语言）处（图 1-2），可以选择所用的语言，这里选择 Chinese（中文）；选择 I accept the agreement（我接受这项协议）复选项，即同意该协议；单击 Next 按钮，显示如图 1-3 所示的 Select Design Functionality（选择设计功能）对话框。

（4）在图 1-3 中，选择需要安装的组件，这里保持默认即可，然后单击 Next 按钮，打开如图 1-4 所示安装路径对话框。

（5）在图 1-4 所示安装路径对话框中，在 Destination Folders（目标文件夹）区域显示了即将安装 Altium Designer 20 的安装路径，若想更改安装路径，单击 Default 按钮。

默认程序文件（Program Files）的安装路径为 C:\Program Files (x86)\Altium\AD20。

默认用户文档（Shared Documents）的安装路径为 C:\Users\Public\Documents\Altium\AD20。

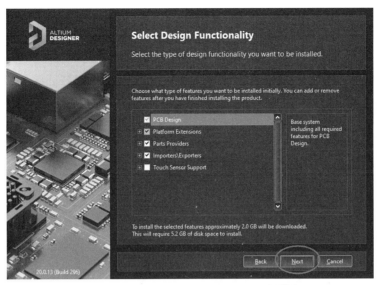

图 1-3　Select Design Functionality 对话框

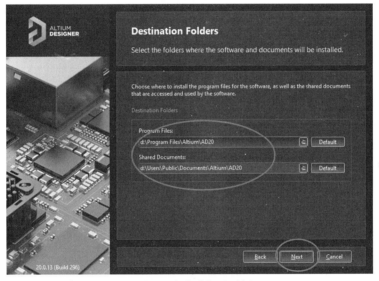

图 1-4　安装路径对话框

软件安装路径默认是 C:盘，用户安装时可以保持默认的 C:盘也可直接将其修改为 D:盘，效果是一样的，具体由用户硬盘空间大小来决定。用户文档主要用于存放 PCB 例子、PCB 库等，用户可根据自己的喜好选择文档的路径，安装后也可以更改。选择无误后，单击 Next 按钮，屏幕将显示如图 1-5 所示的 Customer Experience Improvement Program（客户体验改善计划）对话框。该对话框中的中文含义如下：

你想参加这个项目吗？

为了更好地满足你的需求，提高你在 Altium 的整体经验。

作为 Altium 客户，你可以选择与我们分享有关你如何使用我们的桌面和云产品的信息（"使用信息"）。

我们分析使用这些信息，以帮助测量产品性能和质量，优化当前的特性，并作出产品开发决策。此信息与你的 Altium Live 用户配置文件相关联，它可以用于个性化和改进你的应用程序和网站体验，以及与你进行交流。

我的隐私如何保护？

我们收集的数据不能用于重新创建你的作品或你的产品和设计。数据是通过安全连接传输的，它不包含任何可以识别你或你的公司的信息给任何第三方，它对 Altium 以外的任何人都没有意义。它将严格用于内部交流的目的，不会与任何第三方共享。

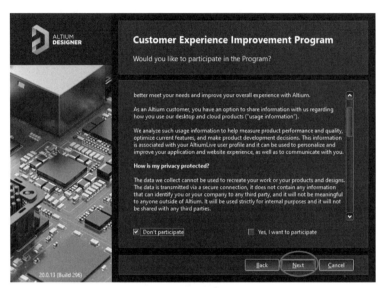

图 1-5　客户体验改善计划对话框

（6）设计者可以根据需要选择参加或不参加，如选择 Don't participate （不参加），然后按 Next 按钮，屏幕将显示 Ready To Install（准备安装）对话框，如图 1-6 所示。

图 1-6　准备安装对话框

（7）确定安装信息无误后，单击 Ready To Install 对话框中的 Next 按钮开始安装，将显示如图 1-7 所示的 Installing Altium Designer（安装 Altium Designer）对话框，安装时间稍长。如果需要改变任何信息，单击 Back 按钮；如果要退出安装，单击 Cancel 按钮。

图 1-7　安装 Altium Designer 对话框

（8）在图 1-7 中，显示准备文件与安装文件的进度。文件安装结束后，系统将弹出提示安装完成的窗口，如图 1-8 所示，单击 Finish 按钮结束安装。

图 1-8　安装结束对话框

1.2.2　激活 Altium Designer 20 软件

（1）从安装盘上复制 shfolder.dll 文件到安装路径的文件夹下，如图 1-9 所示。安装路径为 D:\Program Files \Altium\AD20。

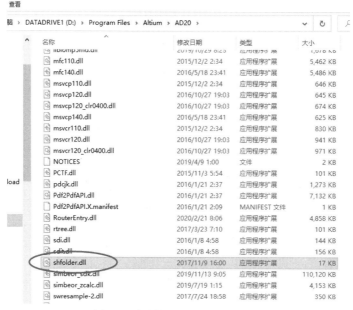

图 1-9　复制的文件最终安装内容

（2）运行安装好的 Altium Designer 20 软件的方法：开始→所有程序→Altium Designer，如图 1-10 所示。然后界面将显示 Altium Product Improvement Program（Altium 产品改进计划）窗口，如图 1-11 所示。

图 1-10　运行 Altium Designer 20

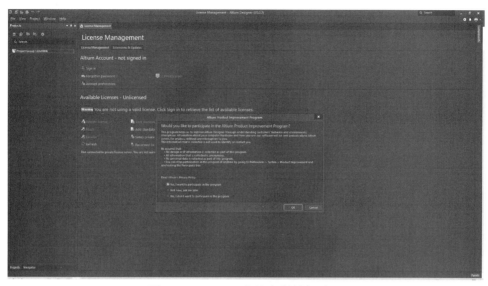

图 1-11　"Altium 产品改进计划"窗口

图 1-11 中有 3 个选项：

- Yes,I want to participate in the program（是的，我想参加此项目）。
- Not now,ask me later（现在不看，以后问我）。
- No,I don't want to participate in the program（不，我不想参加此项目）。

你可根据需要进行选择。我们这里选择"Not now, ask me later"，然后按 OK 按钮，系统将弹出 Licenses Management 窗口，如图 1-12 所示。

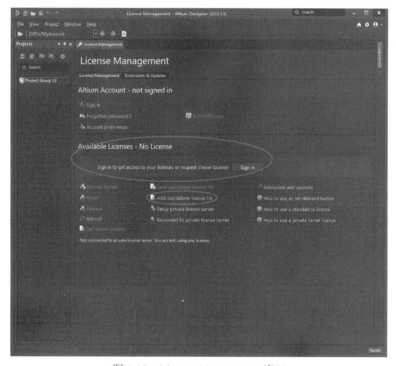

图 1-12　License Management 窗口

（3）在图 1-12 中，单击 Add standalone License file（添加独立的许可证文件），系统将显示选择 License 文件路径对话框，如图 1-13 所示。

图 1-13　选择 License 文件路径

（4）在图 1-13 中选择 AltiumDesigner.alf 文件后，软件激活成功窗口如图 1-14 所示，许可证有效期到 2099 年。

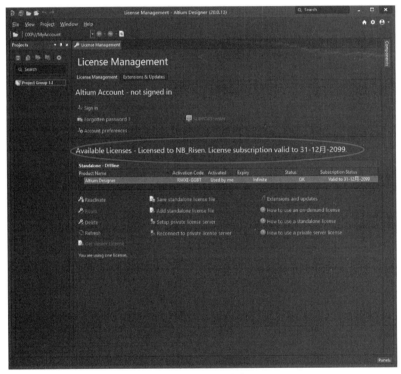

图 1-14　激活成功窗口

至此，软件安装完成。

注意：

1. Windows XP 操作系统不能安装 Altium Designer 20.0.13 软件。

2. Altium Designer 软件默认的安装文件夹为 X:\Program Files\Altium\AD20，X 为安装盘。

3. Altium Designer 软件的库或例子默认的安装文件夹为 X:\Users\Public\Documents\Altium\AD20\Library，X 为安装盘。

4. 由于 Altium Designer 20 自带的元器件库比较少，所以可以把 Altium Designer 其他版本的库文件或在网上下载的库文件复制到安装盘下的 \Users\Public\Documents\Altium\AD20\Library\文件夹内。

1.3　熟悉 Altium Designer 20 软件界面

启动 Altium Designer 20 的同时可以看到它的启动界面，如图 1-15 所示。

图 1-15　Altium Designer 20 的启动界面

Altium Designer 20 启动后，如果以前计算机上安装了低版本的 Altium Designer 软件，则会进入低版本软件关闭时的界面；否则进入如图 1-16 所示的主界面。

Altium Designer 20 系统界面主要由系统主菜单、系统工具栏、浏览器工具栏、工作区面板和工作区等几大部分组成。

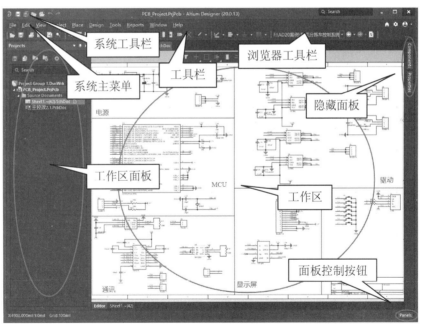

图 1-16　Altium Designer 20 软件主界面

1.3.1　系统主菜单（System Menu）

启 动 Altium Designer 20 之 后，在 没 有 打 开 项 目 文 件 之 前，系 统 主 菜 单 主要包括 File、View、Project、Window、Help 等基本操作及右边的参数设置按钮。

　　参数设置按钮 ⚙ 主要包含 Preference 子菜单命令，通过这些子菜单命令可以完成系统的基本设置，原理图及 PCB 图设计环境的设置等。File 菜单命令包含 New、Open...、Open Project...、Open Project Group...、Save Project 等子菜单命令，如图 1-17 所示，这些命令主要完成新建项目（或工程）、项目的打开、保存等内容。Project 菜单命令主要完成项目的编译以及添加文件到项目、把文件从项目中移除等任务。Window 菜单命令主要完成窗口的排列方式。Help 菜单命令为读者提供帮助。

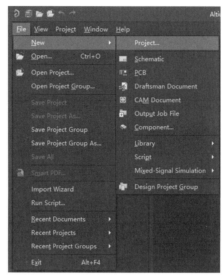

图 1-17　File 菜单命令

1.3.2　系统工具栏（Menus）

　　系统工具栏 ⚙ 🖫 📂 📘 ↩ ↪ 由快捷工具按钮组成，完成文件的保存、打开文件、打开工程（项目）等功能（打开新的编辑器后，系统工具栏所包含的快捷工具按钮会发生改变）。

1.3.3　浏览器工具栏（Navigation）

　　软件主界面的右上角提供了访问应用文件编辑器的浏览器工具条 `F:\编写的教材\AD20\多谐振荡器` ，通过它可以显示、访问本地存储的文件。其中，浏览器地址编辑框用于显示当前工作区文件的地址；单击后退或前进箭头快捷按钮可以根据浏览的次序后退或前进；且通过单击按钮右侧的下拉列表按钮可打开浏览次序列表，用户可以选择重新打开用户在此之前或之后浏览过的页面。

1.3.4　工作区面板（Workspace Panel）

　　工作区面板是 Altium Designer 软件的主要部分，工作区面板的使用将提高设计的效率和速度。

1．面板的访问

　　软件初次启动后，有些面板被打开，比如 Project 控制面板会出现在应用窗口的左边，Component 和 Properties 控制面板以按钮的方式出现在应用窗口的右侧边缘处，如图 1-18 所示。

另外在应用窗口的右下端有一个 Panels 按钮，当单击 Panels 按钮时会弹出其他面板菜单，如图 1-19 所示。在弹出的菜单中显示着各种面板的名称项，通过这些名称项可访问各种面板。

图 1-18　Component 和 Properties 控制面板按钮　　图 1-19　Panels 按钮的控制面板

2.　面板的管理

为了在工作空间更好地管理组织多个面板，各种不同的面板显示模式和管理技巧将在下面进行简单介绍。

面板显示模式有三种，分别是停靠模式、弹出模式、浮动模式。

（1）停靠模式指的是面板以纵向或横向的方式停靠在设计窗口的一侧，如图 1-20 所示。

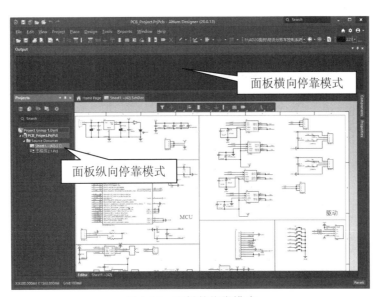

图 1-20　面板的停靠模式

（2）弹出模式指的是面板以弹出隐藏的方式出现于设计窗口，当鼠标单击位于设计窗口边缘的按钮时，隐藏的面板弹出，当鼠标光标移开后，弹出的面板窗口又隐藏回去，如图 1-21 所示。这两种不同的面板显示模式可以通过面板上的两个按钮互相切换。即：按钮 为面板停靠模式；按钮 为面板弹出模式。

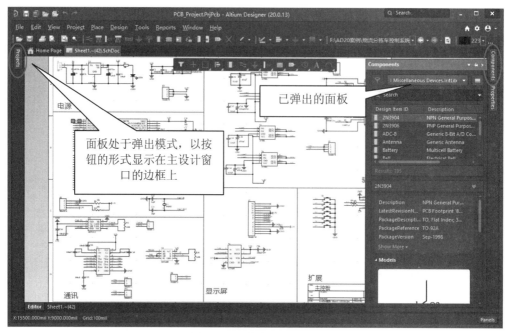

图 1-21　面板的弹出模式

（3）浮动模式指的是面板以透明的形式出现，如图 1-22 所示。

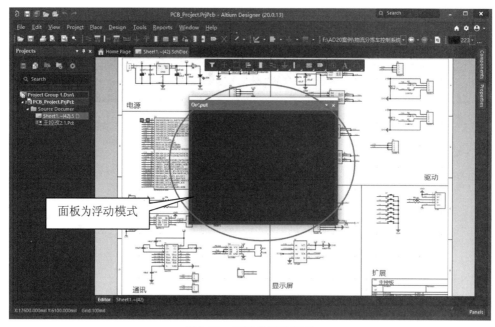

图 1-22　面板的浮动模式

　　通过单击相应的按钮，可以实现面板显示模式的切换。移动面板：只需要单击面板内相应的标签或面板顶部的标题栏即可拖动面板移动到一个新的位置。关闭面板：直接单击关闭按钮✖便可关闭面板。打开面板：直接单击 Panels 按钮，弹出如图 1-19 所示的相应的菜单，选择相应的面板即可。

1.3.5　工作区（Main Design Window）

工作区位于界面的中间，是用户编辑各种文档（原理图、PCB 图等）的区域。

1.4　Altium Designer 20 软件参数设置

使用软件前对系统参数进行设置是重要的环节。在 Altium Designer 20 的操作环境中，单击右上角的⚙按钮，进入系统参数设置界面，如图 1-23 所示。设置窗口具有树状导航结构，可对 11 个选项内容进行设置，现在主要介绍系统相关参数的设置方法，其余参数的设置方法将在后续章节进行介绍。

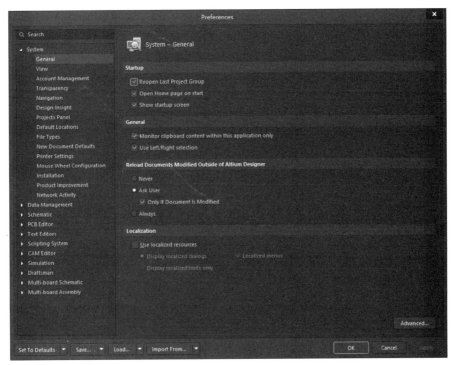

图 1-23　Preferences（系统参数）设置界面

1.4.1　主题的切换

Altium Designer 20 提供了两种主题，相比于科技黑主题，明亮主题显得更简明。主题切换方法如下所述。

（1）在 Altium Designer 20 的操作环境中，单击右上角的⚙按钮，进入系统参数设置界面。

（2）选择 System-View 选项卡，在 UI Theme 处进行切换，如图 1-24 所示，此处切换成 Altium Light Gray。

（3）单击 OK 按钮，在弹出的窗口中单击 OK 按钮。

（4）关闭 Altium Designer 20 软件，然后重新打开即可切换为明亮主题。

"科技黑主题"与"明亮主题"的对比如图 1-25 和图 1-26 所示。

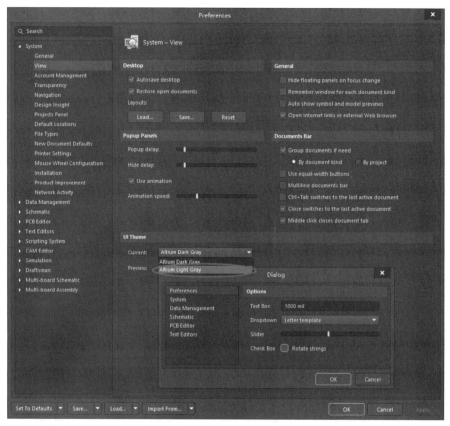

图 1-24   设置明亮主题

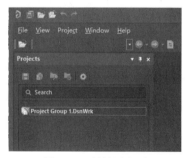

图 1-25   科技黑主题

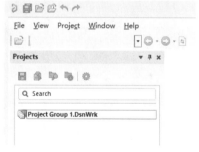

图 1-26   明亮主题

1.4.2   切换英文编辑环境到中文编辑环境

选择系统参数设置界面中的 System→General 命令，系统将弹出 System-General 设置界面。该界面包含了 4 个设置区域，分别是 Startup、General、Reload Documents Modified Outside of Altium Designer、Localization。

在 Localization 区域中，选中 Use localized resources 复选框，如图 1-27 所示，此时系统会弹出如图 1-28 所示的信息提示框，单击 OK 按钮，然后在 System-General 设置界面中单击 Apply 按钮，使设置生效，再单击 OK 按钮，退出设置界面。关闭软件，重新进入 Altium Designer 系统，即可进入中文编辑环境，如图 1-29 所示。后面的介绍将在中文编辑环境下进行。

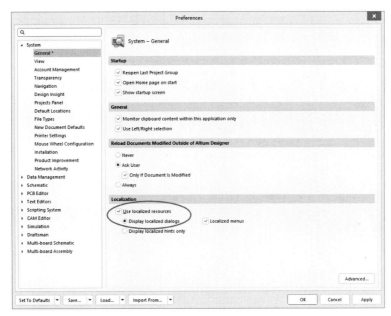

图 1-27　System-General 设置界面

图 1-28　信息提示框

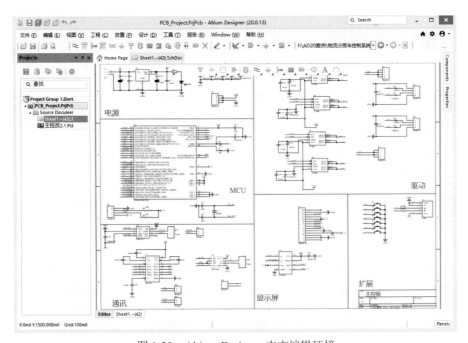

图 1-29　Altium Designer 中文编辑环境

1.4.3 系统备份设置

单击右上角的 ⚙ 按钮，进入系统参数设置界面，展开界面左侧导航窗格中的 Data Management→Backup 选项，弹出如图 1-30 所示的文件备份参数设置对话框。

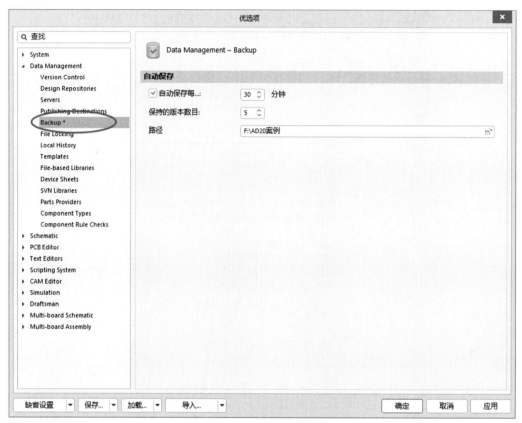

图 1-30　文件备份参数设置对话框

"自动保存"（Auto Save）区域主要用来设置自动保存的一些参数；选中"自动保存每…"（Auto save every）复选框，可以在其后面的时间编辑框中设置自动保存文件的时间间隔，最长时间间隔为 120 分钟；"保存的版本数目"（Number of versions to keep）设置框用来设置自动保存文档的版本数，最多可保存 10 个版本；"路径"（Path）设置框用来设置自动保存文档的路径，可根据自己的需要进行设置。

1.4.4 设置文件保存路径

单击右上角的 ⚙ 按钮，进入系统参数设置界面，展开界面左侧导航窗格中的 System→Default Locations 选项，弹出如图 1-31 所示的对话框。

在"文件路径"栏可以设置 PCB 等工程的保存路径；在"库路径"栏可指定元器件库的保存路径，这里可以用安装软件时的值（默认值）；在 OutputJob 路径栏可设置输出文件的保存路径，这里用默认值。

图 1-31　文件保存路径对话框

1.4.5　调整面板弹出延迟速度与隐藏延迟速度及浮动面板的透明度

选择系统参数设置界面中的 System→View 命令，在"弹出面板"（Popup Panels）区域拉动滑条来调整面板的"弹出延迟"（Popup Delay）和"隐藏延迟"（Hide Delay），如图 1-32 所示。

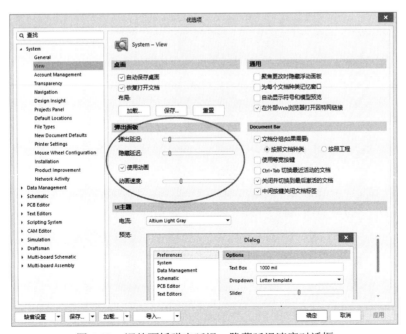

图 1-32　调整面板弹出延迟、隐藏延迟速度对话框

选择系统参数设置界面中的 System→Transparency 命令，如图 1-33 所示，勾选"透明的浮动窗口"（Transparency floating windows）复选框，即选择在使用面板的操作（如放置元件）过程中，使浮动面板透明化。勾选"动态透明"（Dynamic transparency）复选框，即在操作的过程中，光标根据窗口间的距离自动计算出浮动面板的透明化程度，也可以通过下面的滑条来调整浮动面板的透明度。

图 1-33　调整浮动面板透明度对话框

1.5　本章小结

本章介绍了 Altium Designer 20 软件的安装、激活，软件的界面及常用参数的设置。随着时间的推移，相信会有更多的新功能推出以满足工程师们的需求。作为电子设计工程师，应当不断学习和体验软件推出的新功能，提高设计效率。同时，虽然软件在不断更新换代，但是基本的功能是大同小异的，应该先打好基础，然后在此基础上进行提高。

习题 1

1. 完成 Altium Designer 20 的安装及激活。

2. 打开 Projects、Navigator 面板，并让其按照标准标签分组、纵向停靠的方式显示。打开 Message 面板，让其按照横向停靠的方式显示在上方，如图 1-34 所示。

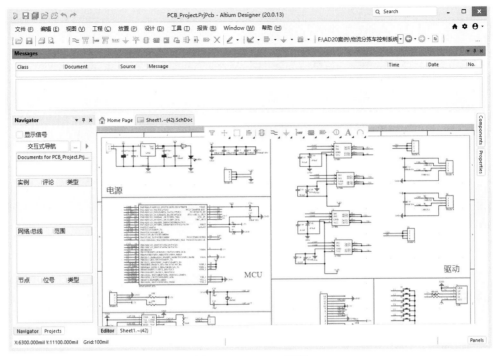

图 1-34　Message 面板

3．在系统参数设置界面中设置每隔 15 分钟自动保存文件，最大保存文件数设置为 5，保存路径设置在桌面。

4．在系统参数设置界面中设置面板在操作的过程中，使浮动面板透明化。

第2章 绘制多谐振荡器电路原理图

任务描述

本章通过一个简单的实例说明如何创建一个新的工程（或项目），如何创建原理图图纸，如何绘制电路原理图，如何检查电路原理图中的错误。本章将以多谐振荡器电路为例，进行相关知识点的介绍，多谐振荡器电路原理图如图 2-1 所示。通过本章的学习，设计者能进行简单的原理图绘制。

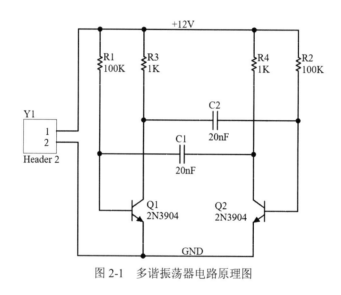

图 2-1　多谐振荡器电路原理图

2.1 工程及工程组介绍

工程（Project）是每项电子产品设计的基础，Project 可以翻译为"工程"或"项目"，一个项目包括所有文件之间的关联和设计的相关设置。一个项目文件，例如，×××.PrjPCB 是一个 ASCII 文本文件，它包括项目里的文件和输出的相关设置，比如原理图文件、PCB 图文件、各种报表文件、保留在项目中的所有库或模型、打印设置和 CAM 设置。项目还能存储选项设置，例如错误检查设置、多层连接模式等。当项目被编译的时候，设计、校验、同步和对比都将一起进行，任何原理图或 PCB 图的改变都将在编译的时候被更新。一个项目文件类似 Windows 系统中的"文件夹"，在项目文件中可以执行对文件的各种操作，如新建、打开、关闭、复制与删除等。但需注意的是，项目文件只是起到管理的作用，在保存文件时，项目中的各个文件是以单个文件的形式保存的。

那些与项目没有关联的文件称作自由文件（Free Documents）。

项目通常有 3 种类型：PCB 项目、脚本项目和集成库项目。

Altium Designer 允许通过 Projects 面板访问与项目相关的所有文档。

Project Group（项目组）比项目高一层次，可以通过 Project Group 连接相关项目。设计者通过 Project Group 可以轻松访问目前正在开发的某种产品相关的所有项目。

2.2　创建一个新工程（项目）

Altium Designer 启动后会自动新建一个默认名为 Project Group 1.DsnWrk 的项目组，设计者可直接在该默认项目组下创建项目，也可自己新建项目组。

建立一个新项目的步骤对各种类型的项目都是相同的。下面以 PCB 项目为例，首先创建一个项目文件，然后创建一个空的原理图图纸并将其添加到新的空项目中。

创建一个新的 PCB 项目的方法如下：

（1）先在 F:盘下建立一个文件夹，如"F:\AD20 案例"；然后在菜单栏选择"文件"→"新的"→"项目"命令，弹出 Create Project 对话框，如图 2-2 所示；在 LOCATIONS（位置）栏选择 Local Projects（本地项目）；在 Project Type（项目类型）栏选择<Default>；在 Project Name（项目名字）栏输入 PCB 项目的名字，这里输入"多谐振荡器"；在 Folder（文件夹）栏输入 PCB 项目保存的路径，这里单击...按钮，选择"F:\AD20 案例"文件夹；单击 Create 按钮。

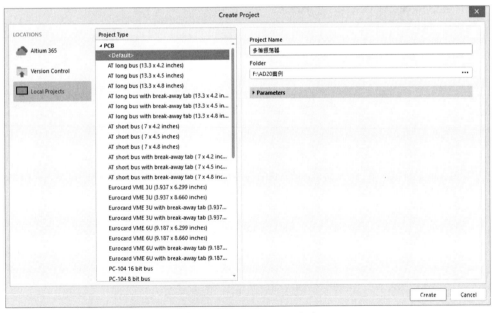

图 2-2　创建 PCB 项目方法

注意：在 Project Name 栏输入项目的名字，如"多谐振荡器"，系统会在相应的文件夹内以"多谐振荡器"建立文件夹，建立的项目文件、原理图及 PCB 等文件都保存在该文件夹内，如图 2-25 所示；在 Project Type 栏，应该根据 PCB 板的用途选择 PCB 的模板，在本例中，由于要学习绘制 PCB 板的边框，所以选择 Default。

（2）新的项目文件"多谐振荡器.PrjPcb"与 No Documents Added 文件夹一起在 Projects 面板中列出，如图 2-3 所示。

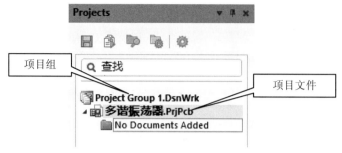

图 2-3　Projects 面板

下面，创建一个原理图并将其添加到空项目文件中。

2.3　创建一个新的原理图图纸

2.3.1　创建一个新的原理图图纸的步骤

（1）选择"文件"→"新的"→"原理图"命令，一个名为 Sheet1.SchDoc 的空白原理图图纸出现在设计窗口中，并且该原理图自动地添加（连接）到项目当中。这个原理图图纸将保存在项目的 Source Documents 文件夹下，如图 2-4 所示。

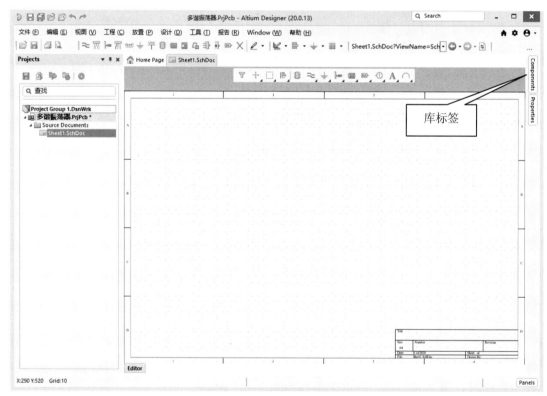

图 2-4　新建空白原理图图纸

（2）选择"文件"→"另存为"命令可将新原理图文件重命名，并可指定这个原理图保存在设计者硬盘中的位置。在文件名栏输入"多谐振荡器"（扩展名为.SchDoc）并单击"保存"按钮，原理图被另存为名为"多谐振荡器.SchDoc"的文件，如图 2-5 所示。

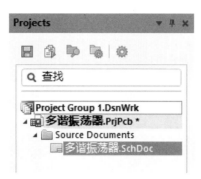

图 2-5　重命名"多谐振荡器.SchDoc"原理图文件

（3）当空白原理图纸打开后，设计者会注意到工作区发生了变化。主工具栏增加了一组新的按钮，并且菜单栏增加了新的菜单项（图 2-4）。现在设计者就工作在原理图编辑器中了。

2.3.2　将原理图图纸添加到项目中

如果设计者想添加一个原理图图纸到项目文件夹中，以图 2-6 所示为例，可以在 Projects 面板的 Free Documents 下的 Source Documents 文件夹下用鼠标拖曳要移动的文件"多谐振荡器.SchDoc"到目标项目文件夹"多谐振荡器.PrjPcb"下即可，如图 2-6 所示。

图 2-6　自由文件夹下的原理图

2.3.3　设置原理图选项

在绘制原理图之前首先要做的是设置合适的文档选项。

（1）单击参数设置按钮 ⚙ ，进入系统参数设置窗口，选择 Schematic→General 命令，将图纸大小设置为标准风格 A4（默认值即为 A4），如图 2-7 所示。

（2）为将文件再全部显示在可视区，选择"查看"→"适合文件"命令。在 Altium Designer 中，设计者可以通过按菜单热键（在菜单名中带下划线的字母）激活菜单。例如，菜单项"查看"→"适合文件"的热键就是在按了 V 键后按 D 键。

图 2-7   修改图幅大小

2.4   绘制原理图

现在准备开始绘制原理图。在本教程中，我们将使用图 2-1 所示的电路，这个电路用了两个 2N3904 三极管来完成自激多谐振荡器。

2.4.1   在原理图中放置元件

为了管理数量巨大的电路标识，Altium Designer 电路原理图编辑器提供强大的库搜索功能。本例需要的元件已经在默认的安装库（Miscellaneous Devices.intLib、Miscellaneous Connectors.intlib）中，如何从库中搜索元件，将在第 7 章介绍。

1. 从默认的安装库中选择两个三极管 Q1 和 Q2

（1）从菜单选择"查看"→"适合文件"命令，使原理图纸显示在整个窗口中。

（2）单击"库标签"按钮（图 2-4）以显示"库"（Components）面板（图 2-8）。

（3）Q1 和 Q2 是型号为 2N3904 的三极管，该三极管放在 Miscellaneous Devices.IntLib 集成库内，所以从"库"面板的"安装的库名"下拉列表中选择 Miscellaneous Devices.IntLib 来激活这个库。

（4）使用"元件过滤器"可快速定位设计者需要的元件。通配符（*）可以列出所有能在库中找到的元件。在"元件过滤器"栏内输入"*3904*"设置过滤器，将会在界面列出所有元件名包含 3904 的元件。

（5）在列表中单击 2N3904 以选择它，按鼠标右键，弹出下拉菜单，如图 2-9 所示，选择"Place 2N3904"命令进入原理图。此时光标将变成十字形，并且在光标上"悬浮"着一个三极管的轮廓。现在处于元件放置状态，如果设计者移动光标，三极管轮廓也会随之移动。

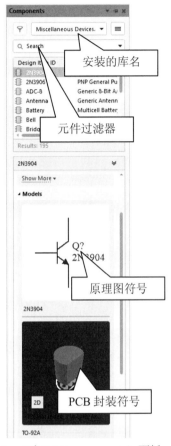

图 2-8　"库"（Commponents）面板　　　　　图 2-9　放置元件

（6）在原理图上放置元件之前，首先要编辑其属性。在三极管悬浮在光标上时，按下 Tab 键，将打开 Properties（元件属性）对话框，如图 2-10 所示。

（7）在元件属性对话框的 Properties 单元中的 Designator 栏中输入 Q1，将其作为第一个元件序号。

（8）检查在 PCB 中用于表示元件的封装。在本教程中，我们已经使用了集成库，这些库已经包括了封装和电路仿真的模型。确认在元件属性对话框中的 Footprint 栏内含有模型名 TO-92A 的封装，保留其余栏为默认值，按  按钮（该按钮在主界面内）进入原理图编辑界面。

2．放置 Q1 和 Q2 元件

（1）移动光标（附有三极管符号）到图纸中间偏左一点的位置，当设计者对三极管的位置满意后，左击或按 Enter 键将三极管放在原理图上。

（2）移动光标，会发现三极管的一个复制品已经放在原理图纸上了，而设计者仍然处于在光标上悬浮着元件轮廓的元件放置状态，Altium Designer 的这个功能让设计者可以放置许多相同型号的元件。现在让我们放置第二个三极管，这个三极管与前一个相同，因此在放置之前没必要再编辑它的属性。在设计者放置一系列元件时，Altium Designer 会自动增加一个元件的序号值，在这个例子中，我们放置的第二个三极管会自动被标记为 Q2。

图 2-10　元件属性对话框

（3）如果查阅原理图（图 2-1），设计者会发现 Q2 与 Q1 是镜像的。对悬浮在光标上的三极管进行翻转操作的方法：按 X 键，可以使元件水平翻转；按 Y 键，可以使元件垂直翻转。

注意：在进行"按 X 键，使元件水平翻转；按 Y 键，使元件垂直翻转"操作时，输入方式一定要为"英文"，因为在"中文"输入方式下上述操作无效。

（4）要将元件的位置放得更精确些，可移动光标到 Q1 右边的位置，按两次 Page Up 键可以将其放大两倍，此时设计者便能看见栅格线了。

（5）当 Q1 的位置确定后，左击或按 Enter 键放下 Q2。设计者所拖动的三极管的一个复制品再一次放在原理图上后，下一个三极管又会悬浮在光标上。

（6）由于我们已经放完了所有的三极管，右击鼠标或按 Esc 键退出元件放置状态，光标会恢复到标准箭头。

3．放置四个电阻（Resistor）

（1）在"库"面板中，确认 Miscellaneous Devices.IntLib 为当前库。在库名下的过滤器栏里输入 Res1 来设置过滤器。

（2）在元件列表中单击 Res1 以选择它，鼠标右击，在弹出的菜单中选择"Place Res1"

命令，进入原理图编辑界面，现在会有一个电阻符号"悬浮"在光标上。

（3）按 Tab 键将弹出元件属性对话框（图 2-11），在此可编辑电阻的属性。在对话框的 Properties 单元内的 Designator 栏中输入 R1，将其作为第一个元件序号。

（4）若希望对话框的 Properties 单元中的 Comment 栏的内容不显示，可单击 Comment 栏右边的眼睛按钮，使其上的图标变为，如图 2-11 所示。

（5）PCB 元件的内容由原理图映射过去，在 Parameters 栏将 R1 的值（Value）改为 100K，如图 2-11 所示。

（6）在 Footprint 栏确定封装 AXIAL-0.3 已经被包含，如图 2-11 所示，单击按钮返回放置模式。

图 2-11　元件属性对话框

（7）按空格键将电阻旋转 90°。

（8）将电阻放在 Q1 的基极的上边（参见图 2-1 中的原理图），然后左击或按 Enter 键放下元件。

（9）接下来在 Q2 的基极的上边放另一个 100kΩ的电阻 R2。

（10）另两个电阻，R3 和 R4 的阻值为 1kΩ。按 Tab 键，在弹出的 Properties 对话框中分别改变 R1 和 R2 的值（Value）为 1kΩ。

（11）参照图 2-1 所示的原理图，定位并放置 R3 和 R4。

（12）放置完所有电阻后，右击或按 Esc 键退出元件放置模式。

4. 放置两个电容（Capacitor）

（1）在"库面板"的元件过滤器栏输入 Cap。

（2）在元件列表中单击选择 Cap 并右击，在弹出的菜单中选择"Place Cap"命令，进入原理图编辑界面，现在光标上悬浮着一个电容符号。

（3）按 Tab 键编辑电容的属性。在 Properties 对话框的 Properties 单元内，设置 Designator 为 C1；设置 Comment 栏的内容不显示，单击 Comment 栏右边的按钮 ⊙，使图标变为 ◙；在 Parameters 栏将 C1 的值（Value）改为 20nF；检查确定 PCB 封装模型 RAD-0.3 被添加到 Footprint 列表中。

（4）检查设置正确后，进入原理图返回放置模式，放置两个电容 C1、C2，放置好后右击或按 Esc 键退出放置模式。

5. 放置连接器（Connector）

连接器在 Miscellaneous Connectors.IntLib 库里。在"库"面板的"安装的库名"栏内，从库下拉列表中选择 Miscellaneous Connectors.IntLib 来激活这个库。

（1）我们想要的连接器是两个引脚的插座，所以设置过滤器为 H*2*。

（2）在元件列表中选择 HEADER2 并右击，选择"Place Header 2"命令。按 Tab 键编辑其属性并设置 Designator 为 Y1，检查 PCB 封装模型为 HDR1X2。

（3）在放置连接器之前，按 X 键对其进行水平翻转。在原理图中放下连接器，右击或按 Esc 键退出放置模式。

（4）从菜单中选择"文件"→"保存"命令保存原理图。

现在已经放置完了所有的元件。元件的摆放如图 2-12 所示，从中可以看出元件之间留有间隔，这样就有大量的空间用来将导线连接到每个元件的引脚上。

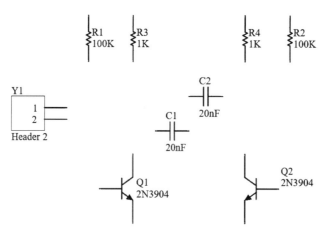

图 2-12　元件摆放完后的原理图

如果设计者需要移动元件，鼠标左击并拖动元件体，拖到需要的位置放开鼠标左键即可。

2.4.2　连接电路

连线起着在电路中的各种元器件之间建立连接的作用。下面我们在原理图中进行连线，参照图 2-1 完成以下步骤：

（1）为了使原理图清晰，可以使用 Page Up 键放大图，或 Page Down 键缩小图；保持 Ctrl 键按下，使用鼠标的滑轮也可以放大或缩小图；如果要查看全部原理图，从菜单选择"查看"→"适合所有对象"命令。

（2）为了将电阻 R1 与三极管 Q1 的基极连接起来，从菜单选择"放置"→"线"命令或从连线工具栏单击 ⇄ 工具进入连线模式，光标将变为十字形状。

（3）将光标放在 R1 的下端，当设计者放对位置时，一个蓝色的连接标记会出现在光标处，这表示光标在元件的一个电气连接点上，如图 2-13 所示。

（4）左击或按 Enter 键固定第一个导线点，移动光标会看见一根导线从光标处延伸到固定点。

（5）将光标移到 R1 下边 Q1 的基极的水平位置上，设计者会看见光标变为一个蓝色连接标记，如图 2-13 所示，左击或按 Enter 键便可在该点固定导线。在第一个和第二个固定点之间的导线就放置好了。

（6）完成了上述导线的放置后，光标仍然为十字形状，这表示设计者仍可继续放置其他导线。要完全退出放置模式恢复箭头形状光标，应该再一次右击或按 Esc 键（但现在还不能这样做）。

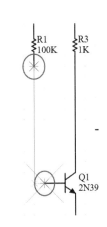

图 2-13　连线时的蓝色标记

（7）将 C1 连接到 Q1 和 R1 的连线上。将光标放在 C1 左边的连接点上，左击或按 Enter 键开始新的连线。

（8）水平移动光标到 Q1 的基极与 R1 的连线上，左击或按 Enter 键放置导线段，然后右击或按 Esc 键表示已经完成该导线的放置。注意两条导线是怎样自动连接上的。

（9）参照图 2-1 连接电路中的剩余部分。

（10）在完成所有的连接导线之后，右击或按 Esc 键退出放置模式，光标恢复为箭头形状。

2.4.3　网络与网络标记

彼此连接在一起的一组元件引脚的连线称为网络（Net）。例如，一个网络包括 Q1 的基极、R1 的一个引脚和 C1 的一个引脚。

在设计中识别重要的网络是很容易的，设计者可以添加网络标记（Net Label）。

在两个电源网络上放置网络标记的方法如下。

（1）从菜单选择"放置"→"网络标签"命令或者在工具栏上单击 Net 按钮，一个带点的 Netlabel1 框将悬浮在光标上。

（2）在放置网络标记之前应先进行编辑，按 Tab 键，弹出 Properties 面板，如图 2-14 所示。

（3）在"Net Name"栏输入+12V，返回原理图。

（4）在原理图上，把网络标记放置在连线的上面，当网络标记跟连线接触时，光标会变成蓝色十字准线，此时左击或按 Enter 键即可（注意：网络标记一定要放在连线上）。

（5）放完第一个网络标记后，设计者仍然处于网络标记放置模式，在放第二个网络标记之前再按 Tab 键则进入编辑状态。

（6）在"Net Name"栏输入 GND，返回原理图，将网络标记 GND 放在最下面的线上，右击或按 Esc 键退出放置网络标记模式。

（7）选择"文件"→"保存"命令保存电路图。

如果原理图有某处画错了，需要删除，方法如下：

方法 1：从菜单栏选择"编辑"→"删除"命令，选择需要删除的元件、连线或网络标记等即可，然后右击或按 Esc 键退出删除状态。

方法 2：先选择要删除的元件、连线或网络标记等，选中的元件会被绿色的小方块包围住，如图 2-15 所示，然后按 Delete 键。

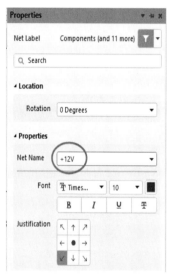

图 2-14　Properties 面板

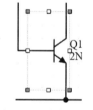

图 2-15　选中的原件

如果想移动某连线：选择该线，按下鼠标左键不放，将光标移动到目的地松开鼠标左键即可。

如果想移动某元件（连接该元件的连线可一起移动）：选择该元件，按下鼠标左键不放，将光标移动到目的地松开鼠标左键即可。

2.4.4　放置电源及接地

对于原理图设计，Altium Designer 专门提供一种电源和接地的符号，它们是特殊的网络标签，其形象可以让设计师比较容易识别。

（1）单击执行图标命令 ⏚，可以直接放置接地符号。

（2）单击执行图标命令 ，可以直接放置电源符号。

（3）单击工具栏中的图标命令 ⏚ ，可以打开如图 2-16 所示的常用电源端口下拉菜单，选择自己想要放置的端口类型进行放置即可。

图 2-16　常用电源端口菜单

祝贺！设计者已经用 Altium Designer 完成了如图 2-1 所示的第一张原理图。在我们将原理图转为电路板之前，需要进行工程检查。

2.5　原理图的编译与检查

在设计完原理图之后但设计 PCB 之前，设计者可以利用软件自带的 ERC 功能对一些常规的电气性能进行检查，避免一些常规性错误并进行查漏补缺，并为完整正确地导入 PCB 进行电路设计做准备。

2.5.1　原理图编译的设置

（1）在原理图编辑界面内，执行菜单命令"工程"→"工程选项"，弹出原理图编译参数设置对话框，如图 2-17 所示，单击 Error Reporting 选项卡。

1）在 Error Reporting 选项卡的"冲突类型描述"栏显示的是"编译查错对象"。

2）在 Error Reporting 选项卡的"报告格式"栏显示的是"报告显示类型"，具体如下：

● 不报告：对检查出来的结果不进行报告显示。

● 警告：对检查出来的结果只进行警告。

● 错误：对检查出来的结果进行错误提示。

● 致命错误：对检查出来的结果提示严重错误，并用红色表示。

如果需要对某项进行检查，建议选择"致命错误"，这样错误信息比较明显并具有针对性，方便查找定位。

（2）对常规检查来说，集中检查以下对象。

1）Duplicate Part Designators：存在重复的元件位号，如图 2-18 所示。

2）Floating Net Labels：存在悬浮的网络标签，如图 2-18 所示。

3）Floating Power Objects：存在悬浮的电源端口，如图 2-18 所示。

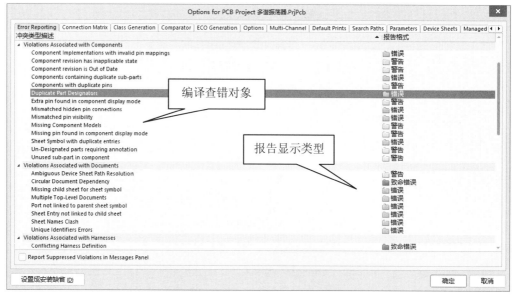

图 2-17　原理图编译参数设置对话框

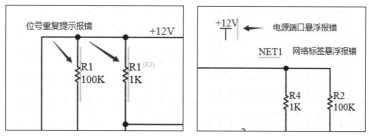

图 2-18　常见编译错误

（3）在图 2-17 所示的对话框中选择 Connectoin Matrix 选项卡，如图 2-19 所示。

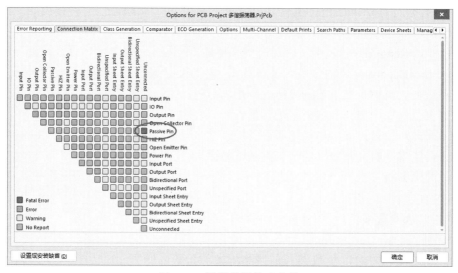

图 2-19　设置错误检查条件

（4）单击图 2-19 中圆框所指示的地方（即 Unconnected 与 Passive Pin 相交处的方块），在方块变为图例中的 Fatal Error 表示的颜色（红色）时停止单击，表示元件管脚如果未连线，报告错误。（默认是一个绿色方块，表示运行时不给出错误报告）

2.5.2　原理图的编译

编译项目可以检查设计文件中的设计草图和电气规则的错误，并提供给设计者一个排除错误的环境。

（1）编译"多谐振荡器.PrjPcb"项目。选择"工程"→"Validate PCB Project 多谐振荡器.PrjPcb"命令。（有的软件版本显示的是"工程"→"Compile PCB Project 多谐振荡器.PrjPcb"，功能一样。）

（2）项目被编译后，所有错误都将显示在 Messages 面板上。如果原理图有严重的错误，Messages 面板将自动弹出，否则 Messages 面板不出现。

（3）如果想查看 Messages 面板的信息，按右下角的 Panels 按钮，在弹出的下拉菜单中选择Messages命令，弹出Messages面板，如图2-20所示。此处显示的信息"Compile successful,no erroes found."表示编译成功，没有发现错误。

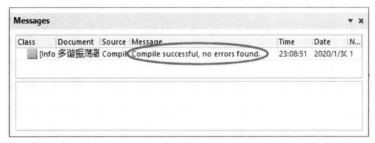

图 2-20　原理图检查没有错误

如果设计者的电路绘制得正确，Messages 面板将显示如图 2-20 所示的信息。如果报告给出错误，则应检查的电路并纠正错误。

现在故意在电路中引入一个错误，并重新编译一次项目。

1）在设计窗口的顶部单击"多谐振荡器.SchDoc"标签，以使该原理图为当前文档。

2）在原理图中将 R1 与 Q1 基极的连线断开。从菜单选择"编辑"→"打破线"命令，光标处"悬浮"着一个切断连线的符号（图 2-21），将该符号放在连线上，按鼠标左键即将该连线切断，如图 2-22 所示。按鼠标右键即可退出该状态。

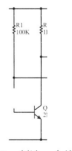

图 2-21　切断连线的符号　　　　　　　　　图 2-22　制造一个错误

3）重新编译项目（执行"工程"→"Validate PCB Project 多谐振荡器.PrjPcb"命令）来检查错误，系统将自动弹出如图 2-23 所示的 Messages 窗口，给出错误信息：Q1-2 脚没有连接。

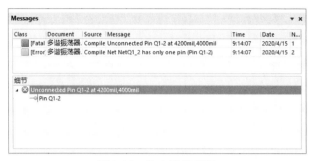

图 2-23　给出错误信息

4）双击 Messages 面板中的错误或者警告，可直接跳转到原理图相应位置去检查或修改错误。

5）将删除的线段连通以后，重新编译项目，Messages 面板没有自动弹出，表示没有错误信息。

6）从菜单选择"查看"→"适合所有对象"命令恢复原理图视图，并保存没有错误的原理图。

"多谐振荡器.PrjPcb"项目文件的 Projects 面板如图 2-24 所示，"多谐振荡器.PrjPcb"项目文件保存的文件夹如图 2-25 所示。

图 2-24　Projects 面板

图 2-25　多谐振荡器文件夹保存的文件

注意：在新建项目的时候，设计者在图 2-2 所示的 Project Name 栏输入项目的名字，如"多谐振荡器"，系统会在相应的文件夹内建立"多谐振荡器"文件夹，之后建立的项目文件、原理图及 PCB 等文件都保存在该文件夹内，如图 2-25 所示。

现在已经完成了原理图设计并对其进行了检查，下一章将介绍创建多谐振荡器的 PCB 文件。

2.6　本章小结

本章主要介绍了工程（项目）的含义，项目及原理图的创建。设计原理图的步骤：建立 PCB 项目→建立原理图文件→放置元器件→连接电路→编译项目（检查原理图的错误）。

对项目文件进行良好的管理，可以使工作效率得以提高，这是一名专业的电子设计工程师应有的素质。

习题 2

1．简述电路原理图绘制的一般过程。

2．在硬盘上建立一个"练习"文件夹，在该文件下建立一个"练习.PrjPcb"的项目文件，并添加"练习.SchDoc"的原理图文件。

3．打开 Bluetooth_Sentinel.PrjPcb 项目文件，文件所在目录为设计者安装 Altium Designer 软件所在硬盘的\Users\Public\Documents\Altium\AD20\Examples\Bluetooth Sentinel 文件夹内。

4．接上题，仔细观察 Projects 面板内的树形目录结构，展开后再收缩导航树内容。

5．接上题，双击 Projects 面板中的 Bluetooth_Sentinel.SchDoc 文档，打开该原理图；双击 Microcontroller_STM32F101.SchDoc 文档，打开该原理图。仔细查看这两张原理图，学习原理图的设计技巧。

6．接上题，双击打开 Bluetooth_Sentinel.PcbDoc 文件，认识 PCB 印制板图；双击打开 Projects 面板中更多的文件，了解库文件等方面的情况。

7．接上题，鼠标右键单击文档栏上的文档标签，选择"并排所有"，这时所有打开的文档都显示在工作区内。

8．接上题，单击并拖动任一文档标签，将其拖放到另一文档标签的旁边，观察是什么情况。

9．接上题，右键单击多个窗口中的任一标签并选择"合并所有"，观察是什么情况。

10．接上题，选择菜单命令：Windows→平铺；Windows→水平平铺；Windows→垂直平铺；Windows→水平放置所有的窗口；Windows→垂直放置所有的窗口；Windows→关闭文档；Windows→关闭所有，观察设计窗口的变化。在原理图与 PCB 印制电路板图下，仔细观察菜单栏、工具栏的变化。

11．绘制如图 2-26 所示电路的原理图，要求用 A4 图纸。

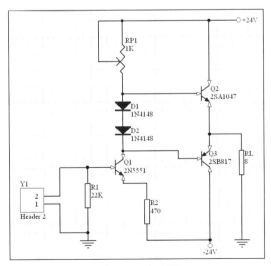

图 2-26　电路图

第3章 多谐振荡器 PCB 图的设计

任务描述

本章利用第 2 章所画的多谐振荡器电路原理图，完成多谐振荡器印制电路板（PCB）的设计（图 3-1）；介绍如何把原理图的设计信息更新到 PCB 文件中以及如何在 PCB 中进行布局、布线，如何设置 PCB 图的设计规则，PCB 图的三维显示等内容。通过第 2 章和第 3 章的学习，读者可初步了解电路原理图、PCB 图的设计过程。

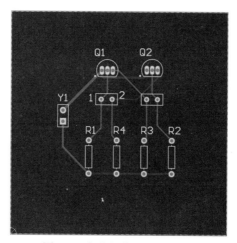

图 3-1　多谐振荡器的 PCB 图

3.1　印制电路板的基础知识

将许多元器件按一定规律连接起来组成电子设备，大多数电子设备包含较多的元器件，如果用大量导线将这些元器件连接起来，不但连接麻烦，而且容易出错。使用印制电路板可以有效解决这个问题。印制电路板，简称印制板，常使用英文缩写 PCB（Printed Circuit Board）表示，如图 3-2 所示。印制电路板的结构原理为：在塑料板上印制导电铜箔，用铜箔取代导线，只要将各种元器件安装在印制电路板上，铜箔就可以将它们连接起来组成一个电路。

1. 印制电路板的种类

根据层数分类，印制电路板可分为单面板、双面板和多层板。

（1）单面板。单面印制电路板只有一面有导电铜箔，另一面没有。在使用单面板时，通常在没有导电铜箔的一面安装元器件，将元器件引脚通过插孔穿到有导电铜箔的一面，导电铜箔将元器件引脚连接起来就可以构成电路或电子设备。单面板成本低，但因为只有一面有导电铜箔，不适用于复杂的电子设备。

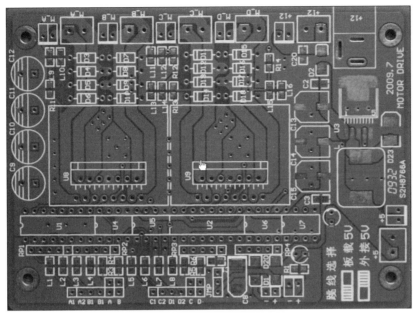

图 3-2　PCB

（2）双面板。双面板包括两层：顶层（Top Layer）和底层（Bottom Layer）。与单面板不同，双面板的两层都有导电铜箔，其结构示意图如图 3-3 所示。双面板的每层都可以直接焊接元器件，两层之间可以通过穿过的元器件引脚连接，也可以通过过孔实现连接。过孔是一种穿透印制电路板并将两层的铜箔连接起来的金属化导电圆孔。

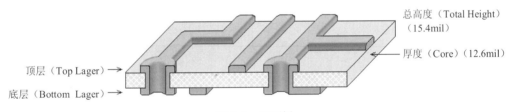

图 3-3　双面板

（3）多层板。多层板是具有多个导电层的电路板。多层板的结构示意图如图 3-4 所示。它除了具有双面板一样的顶层和底层外，在内部还有导电层，内部层一般为电源或接地层，顶层和底层通过过孔与内部的导电层相连接。多层板一般是将多个双面板采用压合工艺制作而成的，适用于复杂的电路系统。

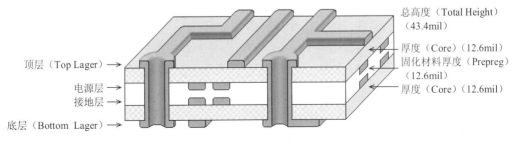

图 3-4　多层板

2. 元器件的封装

印制电路板是用来安装元器件的,而同类型的元件,如电阻,即使阻值一样,也有大小之分。因而在设计印制电路板时,就要求印制电路板上大体积元件焊接孔的孔径要大、距离要远。为了使印制电路板生产厂家生产出来的印制电路板可以安装大小和形状符合要求的各种元件,要求在设计印制电路板时,用铜箔表示导线,而用与实际元件形状和大小相关的符号表示元件。这里的形状与大小是指实际元件在印制电路板上的投影,这种与实际元件形状和大小相同的投影符号称为元件封装。例如,电解电容的投影是一个圆形,那么其元件封装就是一个圆形符号。

(1)元器件封装的分类。按照元器件安装方式,元器件封装可以分为直插式和表面粘贴式两大类。

典型的直插式元件封装外形及其 PCB 板上的焊接点如图 3-5 所示。直插式元件焊接时先要将元件引脚插入焊盘通孔中,然后再焊锡。由于焊点过孔贯穿整个电路板,所以其焊盘中心必须有通孔,焊盘至少占用两层电路板。

(a)器件　　　　　　　(b)PCB 焊盘

图 3-5　穿孔安装式器件外形及其 PCB 焊盘

典型的表面粘贴式封装的器件外形及其 PCB 焊盘如图 3-6 所示。此类封装的焊盘只限于表面板层,即顶层或底层,采用这种封装的器件的引脚占用板上的空间小,不影响其他层的布线,一般引脚比较多的器件常采用这种封装形式,但是采用这种封装形式的器件手工焊接难度相对较大,多用于大批量机器生产。

 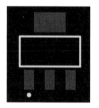

(a)器件　　　　　　　(b)PCB 焊盘

图 3-6　表面粘贴式封装的器件外形及其 PCB 焊盘

(2)元器件封装的编号。常见元件封装的编号原则为:元件封装类型+焊盘距离(焊盘数)+元件外形尺寸。可以根据元件的编号来判断元件封装的规格。例如有极性的电解电容,其封装为 RB.2-.4,其中,".2"为焊盘间距,".4"为电容圆筒的外径;封装为 RB7.6-15 表示极性电容类元件封装,引脚间距为 7.6mm,元件直径为 15mm。

3. 铜箔导线

印制电路板以铜箔作为导线,将安装在电路板上的元器件连接起来,所以铜箔导线简称为导线(Track)。印制电路板的设计主要是布置铜箔导线。

还有一种与铜箔导线类似的线，称为飞线，又称预拉线。飞线主要用于表示各个焊盘的连接关系，指引铜箔导线的布置，它不是实际的导线。

4. 焊盘

焊盘的作用是在焊接元件时放置焊锡，将元件引脚与铜箔导线连接起来。焊盘的形式有圆形、方形和八角形，常见的焊盘如图 3-7 所示。焊盘有针脚式和表面粘贴式两种，表面粘贴式焊盘无须钻孔；而针脚式焊盘要求钻孔，它有过孔直径和焊盘直径两个参数。

在设计焊盘时，要考虑到元件形状、引脚大小、安装形式、受力及振动大小等情况。例如，如果某个焊盘通过电流大、受力大并且易发热，可设计成泪滴状焊盘（将在第 10 章介绍）。

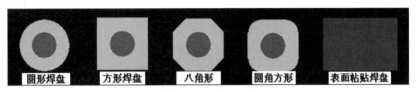

图 3-7　常见焊盘

5. 助焊膜和阻焊膜

为了使印制电路板的焊盘更容易粘上焊锡，通常在焊盘上涂一层助焊膜。另外，为了防止印制电路板上不应粘上焊锡的铜箔部分不小心粘上焊锡，一般在这些铜箔上要涂一层绝缘层（通常是绿色透明的膜），这层膜称为阻焊膜。

6. 过孔

双面板和多层板有两个以上的导电层，导电层之间相互绝缘，如果需要将某一层和另一层进行电气连接，可以通过过孔实现。过孔的制作方法为：在多层需要连接处钻一个孔，然后在孔的孔壁上沉积导电金属（又称电镀），这样就可以将不同的导电层连接起来。过孔主要有穿透式和盲过式两种形式，如图 3-8 所示。穿透式过孔从顶层一直通到底层，而盲过式过孔可以从顶层通到内层，也可以从底层通到内层。

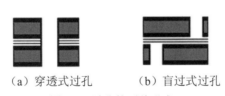

（a）穿透式过孔　　　　（b）盲过式过孔

图 3-8　过孔的两种形式

过孔有内径和外径两个参数，过孔的内径和外径一般要比焊盘的内径和外径小。

7. 丝印层

除了导电层外，印制电路板还有丝印层。丝印层主要采用丝网印刷的方法在印制电路板的顶层和底层印制元件的标号、外形和一些厂家的信息。

3.2　创建一个新的 PCB 文件

在将原理图设计转换为 PCB 设计之前，需要创建一个有最基本的板子轮廓的空白 PCB。

3.2.1 在项目中新建 PCB 文档

（1）启动 Altium Designer，打开"多谐振荡器.PrjPcb"的项目文件，再打开"多谐振荡器.SchDoc"的原理图。

（2）创建一个新的 PCB 文件。方法：选择主菜单中的"文件"→"新的"→PCB 命令，在"多谐振荡器.PrjPcb"项目中新建一个名称为 PCB1.PcbDoc 的 PCB 文件。

（3）如果添加到项目的 PCB 文件是以自由文件（Free Document）打开的，设计者可以直接将自由文件夹下的 PCB1.PcbDoc 文件拖到项目文件夹"多谐振荡器.PrjPcb"下，这样这个 PCB 文件便被列在 Projects 下的 Source Documents 中，并与其他文件相连接。

（4）在新建的 PCB 文件上右击，在弹出的快捷菜单中选择"保存"命令，弹出 Save[PCB1.PcbDoc]As 对话框。

（5）在 Save[PCB1.PcbDoc]As 对话框的文件名编辑框中输入"多谐振荡器"，单击"保存"按钮，将新建的 PCB 文档保存为"多谐振荡器.PcbDoc"文件，如图 3-10 所示。

3.2.2 自定义绘制板框

一些比较常见并简单的圆形或者矩形规则板框，在 PCB 中可以直接利用放置 2D 线来进行自定义绘制，也比较直观简单，板框一般放置在机械（Mechanical 1）层或者禁止布线（Keep-Out Layer）层。下面以放置在"Mechanical 1"层为例进行介绍。

（1）把当前层切换到"Mechanical 1"层，鼠标左击"Mechanical 1"层，执行菜单命令"编辑"→"原点"→"设置"，在某个位置放置一个原点，如图 3-9 所示。

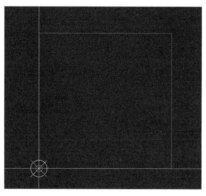

图 3-9 绘制 PCB 边框

（2）执行菜单命令"放置"→"线条"，单击原点位置开始放置 2D 线，正方形边框的 4 个点的坐标分别为(0,0)、(2000,0)、(2000,2000)、(0,2000)，单位为 mil。注意：正方形边框的第一条边的起点与最后一条边终点重合时，有一个绿色的小圆圈，此时按鼠标左键，绘制好的 PCB 边框如图 3-9 所示；按鼠标右键，则退出布线状态。

（3）选中所绘制的闭合的板框（一定是闭合的，否则会定义不成功），在主菜单中选择"设计"→"板子形状"→"按照选择对象定义"命令，即重新定义 PCB 板的形状为正方形，如图 3-10 所示。

（4）选择"视图"→"适合板子"命令将只显示板子形状。

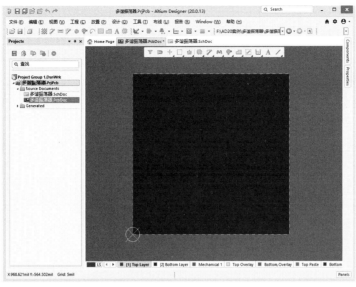

图 3-10　定义好的 PCB 板

3.3　用封装管理器检查所有元件的封装

在将原理图信息导入到新的 PCB 之前，请确保所有与原理图和 PCB 相关的库都是可用的。本例中只用到默认安装的集成元件库，所有元件的封装已经包括在内了。但是为了掌握用封装管理器检查所有元件封装的方法，所以设计者还是应执行以下操作：

在原理图编辑器内，执行"工具"→"封装管理器"命令，系统将显示如图 3-11 所示的封装管理器对话框。在该对话框的元件列表区域显示原理图内的所有元件。用鼠标左键选择每一个元件，当选中一个元件时，在对话框的右边的封装管理编辑框内显示该元件的封装，设计者可以在此添加、删除、编辑当前选中元件的封装。如果对话框右下角的元件封装区域没有出现，可以将鼠标放在"添加"按钮的下方，把这一栏的边框往上拉，就会显示元件封装区域。如果所有元件的封装检查完全正确，单击"关闭"按钮关闭对话框。

图 3-11　封装管理器对话框

3.4　导入设计

如果工程已经编译好并且在原理图中没有任何错误,则可以使用 Update PCB(更新 PCB)命令来产生 ECO(Engineering Change Orders,工程变更指令),它将把原理图信息导入到目标 PCB 文件。

将工程中的原理图信息发送到目标 PCB 即更新 PCB 的步骤如下:

(1)打开原理图文件"多谐振荡器.SchDoc",执行"工程"→"Validate PCB Project 多谐振荡器.PrjPcb"命令,检查原理图是否正确,没有错误则执行下一步。

(2)在原理图编辑器中选择"设计"→"Update PCB Document 多谐振荡器.PcbDoc"命令,弹出"工程变更改指令"对话框,如图 3-12 所示。

图 3-12　"工程变更指令"对话框

(3)单击"验证变更"按钮,验证一下有无不妥之处,如果执行成功,则在"状态"列表(状态-检测)中将会显示✓符号;若执行过程中出现问题将会显示✕符号,此时应关闭对话框,检查 Messages 面板查看错误原因,并清除所有错误。

(4)当单击"验证变更"按钮没有错误出现时,单击"执行变更"按钮,将信息发送到PCB,上述操作完成后,"完成"那一列将被标记,如图 3-13 所示。

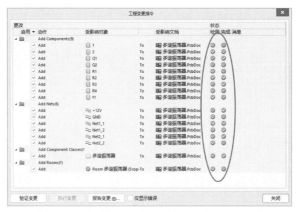

图 3-13　执行了"验证变更"和"执行变更后的"命令后的界面

（5）单击"关闭"按钮，目标 PCB 文件将被打开，并且元件也放在 PCB 板边框的外面以备设计者将其放置到 PCB 板中，如图 3-14 所示。如果设计者在当前视图不能看见元件，可使用"视图"→"适合文件"命令查看文档。

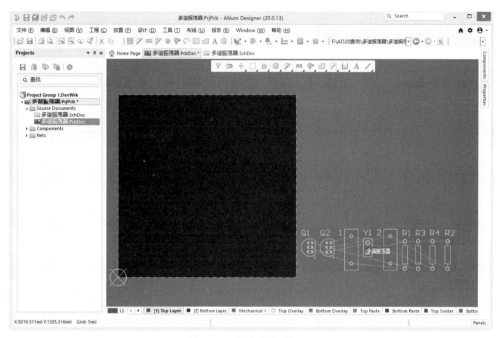

图 3-14　信息导入到 PCB

3.5　印刷电路板（PCB）设计

现在设计者可以开始在 PCB 上放置元件并在板上布线了。在开始设计 PCB 板之前需要完成一些设置，本工程只介绍设计 PCB 板的重要设置，其他的设置使用默认值，详细的介绍将在第 8 章进行。

3.5.1　设置新的设计规则

Altium Designer 的 PCB 编辑器是一个规则驱动环境。这意味着，在设计者改变设计的过程中，如放置导线、移动元件或者自动布线，Altium Designer 都会监测每个动作，并检查设计是否完全符合设计规则。如果不符合，则会立即警告，强调出现错误。在设计之前先设置设计规则能使设计者集中精力设计，因为一旦出现错误，软件就会提示。

设计规则总共有 10 个类，包括电气、布线、制造、放置、信号完整性等的约束。

现在来设置必要的新的设计规则，指明电源线、地线的宽度，具体步骤如下：

（1）激活 PCB 文件，从菜单执行"设计"→"规则"命令。

（2）在弹出的"PCB 规则及约束编辑器"对话框中，每一类规则都显示在对话框左侧的设计规则（Design Rules）面板中，如图 3-15 所示。双击 Routing 将展开显示相关的布线规则，然后在展开的列表中双击 Width 将显示宽度规则。

图 3-15 "PCB 规则及约速编辑器"对话框

（3）单击选择每条规则。当设计者单击每条规则时，对话框右边的上方将显示规则的范围（设计者想要的这个规则的目标），如图 3-16 所示，下方将显示规则的限制。

（4）单击 Width 规则，显示它的范围和约束，如图 3-16 所示，本规则适用于整个电路板。

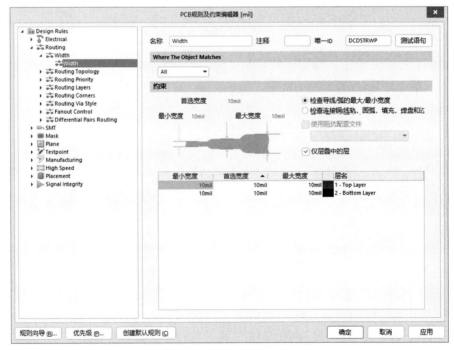

图 3-16 设置 Width 规则

Altium Designer 的设计规则系统的一个强大功能是：同种类型可以定义多种规则，每个规则有不同的对象，每个规则目标的确切设置是由规则的范围决定的，规则系统使用预定义优先级来确定规则适用的对象。

例如，设计者可以有对接地网络（GND）的宽度约束规则，也可以有一个对电源线（+12V）的宽度约束规则（这个规则忽略前一个规则），还可以有一个对整个板的宽度约束规则（这个规则忽略前两个规则，即所有的导线除电源线和地线以外都必须是这个宽度），规则依优先级顺序显示。

现在设计者要为"+12V"和"GND"网络各添加一个新的宽度约束规则，操作步骤如下所述。

1）选择 Design Rules 规则面板的 Width 类，右击并选择"新规则"，一个新的名为 Width_1 的规则出现；然后再右击并选择"新规则"，一个新的名为 Width_2 的规则出现，如图 3-17 所示。

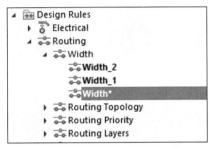

图 3-17　添加 Width_1、Width_2 线宽规则

2）在 Design Rules 面板单击新的名为 Width_1 的规则以修改其范围和约束，界面如图 3-18 所示。

3）在名称（Name）栏输入+12V，名称会在 Design Rules 栏里自动更新。

4）在 Where The Object Matches 栏选择 Net（网络），在其右侧的选择框内单击向下的箭头，选择+12V，如图 3-18 所示。

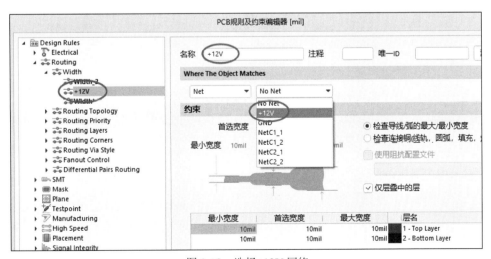

图 3-18　选择+12V 网络

5）在约束栏下单击旧约束文本（10mil）并输入新值，将最小线宽（Min Width）、首选线宽（Preferred Width）和最大线宽（Max Width）均改为 20mil。注意，必须在修改最小线宽之前先设置最大线宽，必须保证下面显示的最小线宽、首选线宽、最大线宽均为 20mil，如图 3-19 所示。

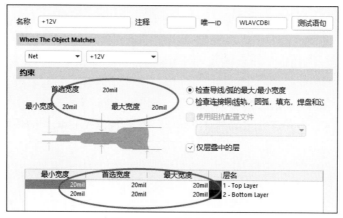

图 3-19　修改线的宽度

6）用以上的方法，在 Design Rules 面板单击名为 Width_2 的规则以修改其范围和约束。在名称栏输入 GND；在 Where The Object Matches 栏选择 Net 项，在其右侧的选择框内单击向下的箭头，选择 GND；将最小宽度、首选宽度和最大宽度均改为 25mil。

注意，导线的宽度由设计者自己决定，主要取决于设计者 PCB 板的大小与元器件的疏密。

7）单击最初的板子范围宽度规则名 Width，将最小宽度、首选宽度和最大宽度栏均设为 15mil，如图 3-20 所示。

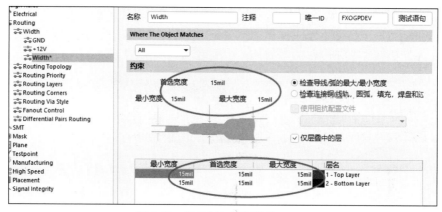

图 3-20　将 Width 线宽设为 15mil

8）单击图 3-16 中的"优先级"按钮，弹出如图 3-21 所示的"编辑规则优先权"对话框，优先级列的数字越小，优先级越高。可以单击"降低优先级"按钮降低选中对象的优先级，单击"增加优先级"按钮增加选中对象的优先级，图 3-21 中所示的 GND 的优先级最高，Width 的优先级最低。单击"关闭"按钮将关闭"编辑规则优先级"对话框，单击"确定"按钮关闭"PCB 规则及约束编辑器"对话框。

图 3-21   "编辑规则优先级"对话框

完成上述设置后,当设计者用手工布线或使用自动布线器时,GND 导线为 25mil,+12V 导线为 20mil,其余的导线均为 15mil。

3.5.2 在 PCB 中放置元件

现在设计者可以在 PCB 中放置元件了。

(1)按快捷键 V、D 将显示整个板子和所有元件。

(2)现在放置连接器 Y1,将光标放在连接器轮廓的中部上方,按下鼠标左键不放,光标会变成一个十字形状并跳到元件的参考点。

(3)不要松开鼠标左键,移动鼠标拖动连接器元件。

(4)拖动连接器时,按下 Space(空格)键将其旋转 90°,然后将其定位在板子的左边,如图 3-22 所示。

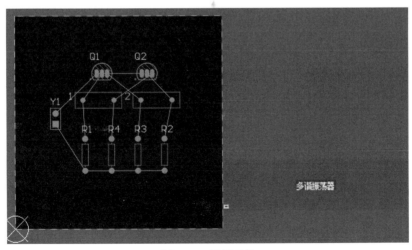

图 3-22   放置元件

(5)元件定位好后,松开鼠标左键将其放下,注意元件的飞线将随着元件被拖动。

(6)参照图 3-22 所示放置其余的元件。当设计者拖动元件时,如有必要,使用空格键来旋转元件，让该元件与其他元件之间的飞线距离最短，交叉线最少，这样布局比较合理，又方便布线，如图 3-22 所示。

元器件文字可以用同样的方式来重新定位：按下鼠标左键不放拖动文字，按空格键旋转。

Altium Designer 具有强大而灵活的放置工具，下面将使用这些工具来放置 4 个电阻，使它们准确地对齐并间隔相等。

1）按住 Shift 键，分别单击 4 个电阻进行选择，或者拖拉选择框包围 4 个电阻。

2）将光标放在被选择的任一个电阻上，使其变成带箭头的白色十字光标，右击并选择"对齐"→"底对齐"命令，如图 3-23 所示，那么四个电阻就会沿着它们的下边对齐；右击并选择"对齐"→"水平分布"命令，那么四个电阻就会水平等距离地摆放好。

图 3-23　排列对齐元件

3）如果设计者认为这 4 个电阻偏左，也可以整体向右移动

4）单击设计窗口的其他任何地方取消选择所有的电阻，可以看到，这 4 个电阻已是对齐并且等间距地摆放。

5）把图 3-22 中 PCB 板边框以外的"多谐振荡器"块删除，选中要删除的块，按 Delete 键即可。

3.5.3　原理图与 PCB 图的交互设置

Altium Designer 拥有强大的交互式选择和交互式探查功能。为了方便元件的寻找，需要把原理图与 PCB 图对应起来，使两者之间能相互映射，简称交互。利用交互式布局可以比较快速地定位元件，从而缩短设计时间，提高工作效率。

（1）单击系统参数设置按钮 ✿，在弹出的系统参数设置界面中选择 System→Navigation 命令，如图 3-24 所示，勾选"交叉选择模式"下的"交互选择"复选框，"交叉选择模式"栏的"元件""网络""Pin 脚"复选框都自动进行勾选，其他选择默认值，单击"确定"按钮，退出该对话框。

图 3-24　勾选"交互选择"复选框

（2）为了达到原理图和 PCB 两两交互，需要在原理图编辑界面和 PCB 设计交互界面中都执行菜单命令"工具"→"交叉选择模式"，激活交叉选择模式，如图 3-25 所示。

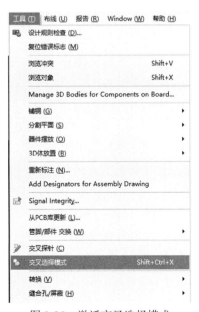

图 3-25　激活交叉选择模式

（3）执行菜单命令"Window"→"平垂直铺"，原理图与 PCB 平分窗口，如图 3-26 所示。

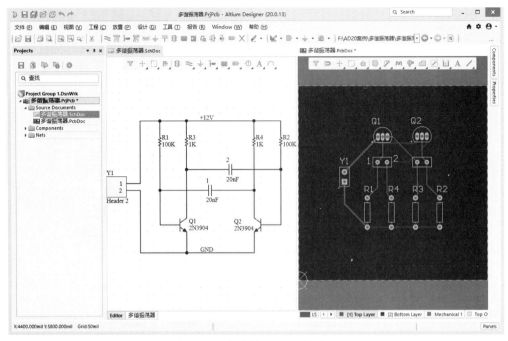

图 3-26　原理图与 PCB 平分窗口

这样，原理图中选中的器件在 PCB 中高亮显示，如图 3-27 所示；原理图中选中的网络，在 PCB 中也高亮显示；原理图中选中的管脚，在 PCB 中也高亮显示。可实现动态交互探测，即在原理图中选中器件，PCB 可以直接移动布局。

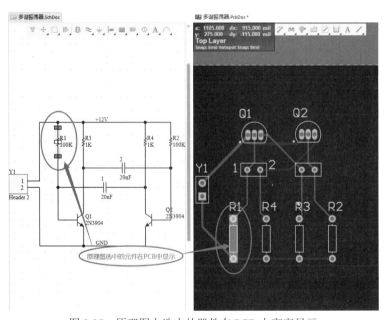

图 3-27　原理图中选中的器件在 PCB 中高亮显示

3.5.4 修改封装

现在已经将封装都定位好了，但电容的封装尺寸太大，需要改成更小尺寸的封装。

在 PCB 板上双击电容 C1，弹出元件 C1 的 Properties 对话框，在 Footprint Name 栏处将名称改为 RAD-0.1，或者单击本栏处的▢按钮，如图 3-28 所示，弹出浏览库对话框，如图 3-29 所示，选择 RAD-0.1，单击"确定"按钮。现在设计者布好元件的 PCB 板如图 3-30 所示。每个对象都定位放置好后，就可以开始布线了。

图 3-28 C1 的 Properties 对话框

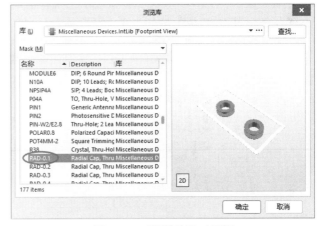

图 3-29 "浏览库"对话框

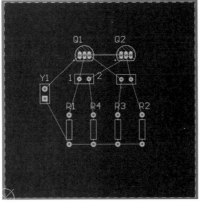

图 3-30 布好元件的 PCB 板

3.5.5 手动布线

布线是在板上通过走线和过孔连接元件的过程。Altium Designer 通过提供先进的交互式布线工具以及 Situs 拓扑自动布线器来简化这项工作，只需轻触一个按钮就能对整个板或其中的部分进行最优化布线。

自动布线器提供了一种简单而有效的布线方式。但在有的情况下，需要设计者精确地控制排布的线，即手动为部分或整块板布线。在下面的例子中，将手动对单面板进行布线，将所有线都放在板的底部。

在 PCB 上的线是由一系列的直线段组成的。每一次改变方向即一条新线段的开始。此外，默认情况下，Altium Designer 会限制走线为纵向、横向或45°角的方向，这样可使设计者的设计更专业。为满足设计者的需要，这种限制可以进行设定（将在第 8 章介绍），但对于本例，将使用默认值。

（1）通过快捷键 L 显示"视图配置"（View Configuration）对话框。在层（Layers）区域中选择底层（Bottom Layer）左边的"眼睛"图标，使其有效（ ），将 Mechanical 13、Mechanical 15（机械层）左边的"眼睛"图标全部取消，使其无效（ ），如图 3-31 所示，按关闭按钮 ，退出"视图配置"对话框，底层标签就显示在设计窗口的底部了。在设计窗口的底部单击 Bottom Layer 标签，使 PCB 板的底部处于激活状态。

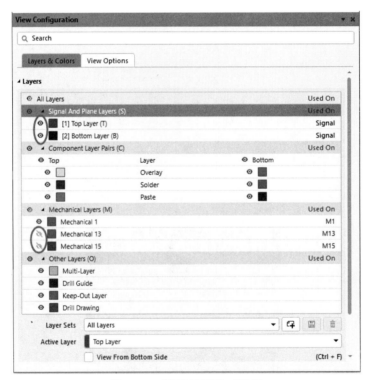

图 3-31   "视图配置"对话框

（2）在菜单中执行"放置"→"走线"命令或者单击放置工具栏的 按钮，光标变成十字形状，表示设计者处于导线放置模式。

（3）检查文档工作区底部的层标签。如果 Top Layer 标签是激活的，按数字键盘上的"*"键，在不退出走线模式的情况下切换到底层。"*"键可用于在信号层之间进行切换。

（4）将光标定位在排针 Y1 较低的焊盘（选中焊盘后，焊盘周围有一个小框围住），单击或按 Enter 按钮，以确定线的起点。

（5）将光标移向电阻 R1 底下的焊盘。这里要注意线段是如何跟随光标路径来回在检查模式中显示的，状态栏显示的检查模式表明它们还没被放置，如果设计者沿光标路径拉回，未连接线路也会随之缩回。在这里，设计者有两种走线的选择。

- Ctrl+单击，使用 Auto-Complete 功能立即完成布线（此技术可以直接使用在焊盘或连接线上）。起始和终止焊盘必须在相同的层内布线才有效，同时还要求板上的任何的障碍不会妨碍 Auto-Complete 的工作。Auto-Complete 路径可能并不总是有效的，这是因为走线路径是一段接一段地绘制的，而对较大的板，从起始焊盘到终止焊盘的完整绘制有可能根本无法完成。

- 使用 Enter 键或单击来接线，设计者可以直接对目标 R1 的引脚接线。在完成了一条网络的布线后，右击或按 Esc 键表示设计者已完成了该条导线的放置，此时光标仍然是一个十字形状，表示设计者仍然处于导线放置模式，准备放置下一条导线。用上述方法就可以布其他导线。要退出连线模式，可按鼠标右键或按 Esc 键。按 End 键可重画屏幕，这样设计者能清楚地看见已经布线的网络。

（6）未被放置的线用虚线表示，已被放置的线用实线表示。

（7）使用上述任何一种方法，可在板上的其他元器件之间布线。在布线过程中按 Space 键可将线段起点模式切换到水平、45°或垂直。

（8）如果认为某条导线连接得不合理，可以删除这条线，方法是选中该条线，按 Delete 键，该线变成飞线，然后可重新布这条线。

（9）完成 PCB 上的所有连线后，如图 3-32 所示，右击或者按 Esc 键以退出布线模式。

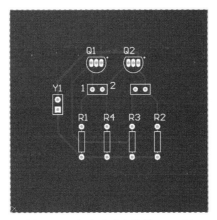

图 3-32　完成手动布线的 PCB 板

（10）保存设计（快捷键 Ctrl+S）。

布线的时候请记住以下几点。

- 单击或按 Enter 键，可以在光标的当前位置放置线。状态栏显示的检查模式代表未被布置的线，已布置的线将以当前层的颜色显示为实体线。

- 可使用"Ctrl+单击"来自动完成连线，但起始引脚和终止引脚必须在同一层上，并且连线上没有障碍物。
- 使用 Shift+Space 组合键来选择各种线的角度模式。角度模式包括：任意角度、45°、弧度 45°、90°和弧度 90°。按 Space 键切换角度。
- 按 End 键刷新屏幕。
- 使用 V→F 键重新调整屏幕以适应所有的对象。
- 按 Page Up 或 Page Down 键，是以光标位置为核心来缩放视图。使用鼠标滚轮可向上边或下边平移。按住 Ctrl 键，用鼠标滚轮来进行放大或缩小。
- 当设计者完成布线并希望开始一个新的布线时，右击或按 Esc 键。
- 为了防止连接不应该连接的引脚，Altium Designer 将不断地监察板的连通性，防止设计者在连接方面的失误。
- 当设计者布置完一条线并右击完成时，冗余的线段会被自动清除。

至此，设计者已经通过手工布线完成了 PCB 板设计。

3.5.6　自动布线

通过以下步骤进行自动布线。

（1）从菜单执行"布线"→"取消布线"→"全部"命令，取消板的布线。

（2）从菜单执行"布线"→"自动布线"→"全部"命令，弹出"Situs 布线策略"对话框，如图 3-33 所示，单击 Route All 按钮，Messages 界面显示自动布线的过程，布线完成时显示的信息如图 3-34 所示（所有线全部布通）。

图 3-33　"Situs 布线策略"对话框

图 3-34　布线完成时显示的信息

Situs Auto Router（自动布线）提供的布线结果可以与一名经验丰富的设计师相比，如图 3-35 所示。这是因为 Altium Designer 在 PCB 窗口中对设计者的板进行直接布线，而不需要导出和导入布线文件。

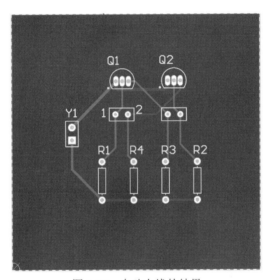

图 3-35　自动布线的结果

（3）执行"文件"→"保存"命令存储设计者设计的板。

注意：线的放置由 Auto Router 通过两种颜色来呈现。红色，表明该线在顶层的信号层；蓝色，表明该线在底层的信号层。设计者也会注意到连接到连接器的两条电源网络（+12V、GND）导线要粗一些，这是由设计者所设置的两条新的 Width 设计规则所指明的。

如果设计中的布线与图 3-32 不完全一样，也是正确的，因为手动布线时，布的是单面板，而自动布线时，布的是双面板，再加上元器件摆放位置不完全相同，布线也会不完全相同。图 3-35 为自动布线的结果。

如果 PCB 中确定的板是双面印刷电路板，设计者可以手工将电路板布线设置为顶层和底层双面板，方法是，从菜单执行"布线"→"取消布线"→"全部"命令，取消板的布线，然后如前所述开始布线，但在放置导线时要用"*"键在层间切换。Altium Designer 软件在切换层的时候会自动地插入必要的过孔。

3.6 验证设计者的板设计

Altium Designer 提供一个规则驱动环境来设计 PCB，并允许设计者通过定义各种设计规则来保证 PCB 板设计的完整性。比较典型的做法是，在设计过程的开始设计者就定义好设计规则，在设计进程的最后用这些规则来验证设计。

在前述例子中设计者已经添加了三个新的线宽度约束规则。为了验证所布线的电路板是符合设计规则，现在要运行设计规则检查（Design Rule Check，DRC）。

用快捷键 L 显示"视图配置"对话框。确认 System Colors 单元的 DRC Error / Waived DRC Error Markers 选项旁的"眼睛"图标 ◉ 有效，这样 DRC 错误标记（DRC Error Markers）才会显示出来。

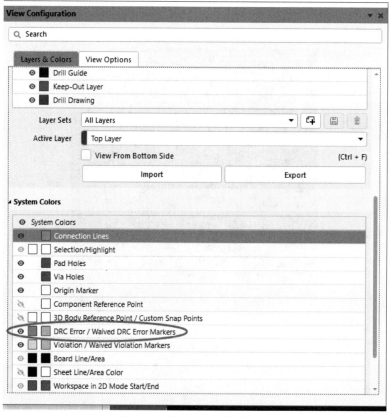

图 3-36　显示 DRC 错误标记

（1）从菜单执行"工具"→"设计规则检查"命令，弹出"设计规则检查器"对话框，如图 3-37 所示，要保证"设计规则检查器"对话框的实时和批处理设计规则检测都被配置好。选择一个类查看其所有原规则，如单击 Electrical，可以看到属于这个类的所有规则。

（2）保留所有选项为默认值，单击"运行 DRC"按钮，DRC 就开始运行，Messages 界面将自动显示，生成 Design Rule Verification Report（设计规则检查报告）文件，如图 3-38 所示。

图 3-37　"设计规则检查器"对话框

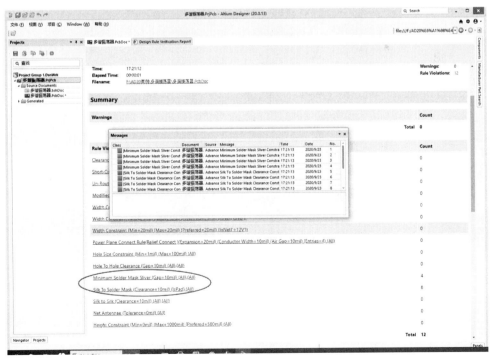

图 3-38　设计规则检查报告

从 Design Rule Verification Report 看出有两个地方出错，错误如下：

1．Minimum Solder Mask Sliver (Gap=10mil) (All),(All)   4
2．Silk To Solder Mask (Clearance=10mil) (IsPad),(All)   8

下面解决这两个违反设计规则的问题。

1）从菜单执行"设计"→"规则"命令，打开"PCB 规则及约束编辑器"对话框。双击 Manufacturing 类，在对话框的右边显示所有制造规则，如图 3-39 所示。可以看出第 1、2 个错误提示信息都属于制造规则类，现在的主要任务是设计 PCB 板，与制造的关系不大，所以可以关闭这两个规则的检查，方法如下：在图 3-39 对话框的右边，找到 Minimum Solder Mask Sliver 和 Silk To Solder Mask Clearance 两行，把"使能的"栏的复选框的"√"去掉即可，表示不进行该两项的规则检查。

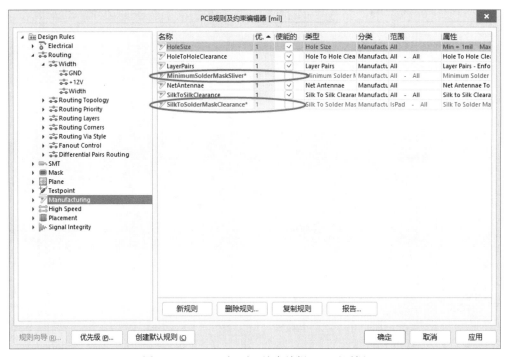

图 3-39　"PCB 规则及约束编辑器"对话框

2）单击图 3-39 中的"确定"按钮，PCB 板上就没有绿色的高亮显示了，如图 3-1 所示。现在单击"设计规则检查器"对话框中的"运行 DRC"按钮重新运行 DRC，就不会有任何错误的提示信息了。

（3）保存已经完成的 PCB 和工程文件。

3.7　在 3D 模式下查看电路板设计

设计者如果能够在设计过程中使用设计工具直观地看到自己设计板子的实际情况，将能提高工作效率。Altium Designer 软件提供了这方面的功能，下面研究它的 3D 模式，在 3D 模式下可以让设计者从任何角度观察自己设计的 PCB 板。

3.7.1 设计时的 3D 显示状态

要在 PCB 编辑器中切换到 3D 模式,只需执行"视图"→"切换到 3 维显示"命令,如图 3-40 所示。如果要返回 2 维模式,按 2 键。键盘上的 2、3 键是 2 维、3 维模式的快捷键。

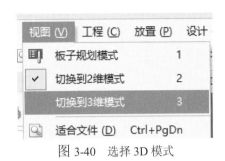

图 3-40 选择 3D 模式

进入 3D 模式时,一定要使用下面的操作来进行 3D 显示,否则就要出错,且给出错误信息:Action not available in 3D view。

(1)缩放:Ctrl 键+鼠标右键拖动;或者按 Ctrl 键+鼠标滚轮;或者按 Page Up/Page Down 键。

(2)平移:用鼠标滚轮向上/向下移动;按 Shift 键+鼠标滚轮向左/右移动;按鼠标右键并拖动向任何方向移动。

(3)旋转:按住 Shift 键不放,再按鼠标右键,进入 3D 旋转模式,以光标处的一个定向圆盘来表示,如图 3-41 所示。该模型的旋转运动是基于圆心的,使用以下方式进行控制。

* 用鼠标右键拖曳圆盘中心点(Center Dot),任意方向旋转视图。
* 用鼠标右键拖曳圆盘水平方向箭头(Horizontal Arrow),关于 Y 轴旋转视图。
* 用鼠标右键拖曳圆盘垂直方向箭头(Vertical Arrow),关于 X 轴旋转视图。

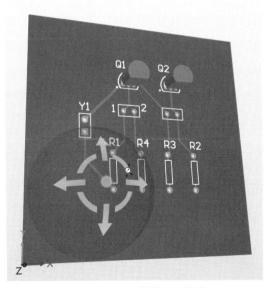

图 3-41 PCB 板的 3D 显示

3.7.2　3D 显示设置

使用上述的操作命令，设计者可以非常方便地在 3D 显示状态实时查看正在设计的板子的每一个细节。使用"视图配置"对话框可以修改这些设置，按快捷键 L 打开此对话框，如图3-42 所示。在该对话框内，设计者可根据板子的实际情况设置相应的板层颜色，或者调用已经存储的板层颜色设置，这样，3D 显示的效果会更加逼真。

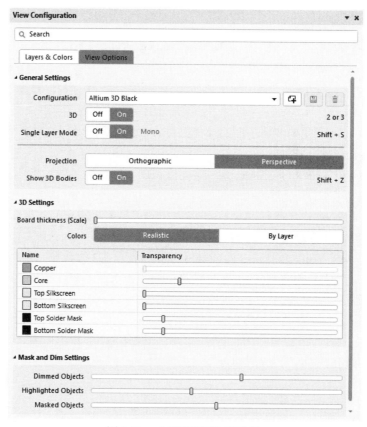

图 3-42　"视图配置"对话框

注意： 任何时候在 3D 模式下，设计者都可以以各种分辨率创建实时"快照"，使用 Ctrl+C快捷键进行复制，这样就可以将图像（Bitmap 格式）存储在 Windows 剪贴板中，用于其他应用程序。

3.8　本章小结

本章介绍了印制电路板的基础知识，建立一个新的 PCB 文件，用封装管理器检查元器件的封装，把原理图的信息导入 PCB 内，建立导线的粗细规则，PCB 的布局布线，原理图与 PCB的交互设置，验证 PCB 板的正确与否。

注意： PCB 布局的好坏直接关系到板子的成败，布局摆放元器件时，应使元器件之间的飞线距离最短，交叉线最少，这样布局比较合理且便于排版。

习题 3

1．简述 PCB 的设计流程。

2．设计一个双层板时，一般的设计层面有哪些？Mechanical 1 层的作用是什么？

3．原理图中的连线（Wire）与 PCB 板中走线（Routing）有什么关系？在 PCB 中"线条"（Line）与"走线"（Routing）的区别是什么？

4．命令"设计→Update PCB Document PCB1.PcbDoc"的功能是什么？

5．在设计 PCB 板的时候，"*"键的作用是什么？

6．完成图 3-43 所示电路的 PCB 设计，PCB 板的大小由自己定义，元件的封装根据实际使用的情况决定。要求先用手动布线设计单面印制电路板，然后用自动布线设计双面印制电路板，并注意比较两者的异同。

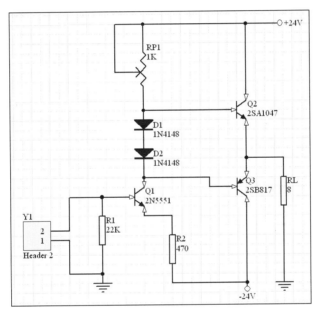

图 3-43　电路图

第4章 创建原理图元器件库

任务描述

尽管 Altium Designer 内置的元器件库已经相当丰富，但有时用户还是无法从这些元器件库中找到自己需要的元件，比如某些很特殊的元件或新开发出来的元件。如要设计第 7 章的"数码管显示电路"原理图，原理图内的元件"单片机 AT89C2051"在系统提供的库内找不到，元件数码管在系统提供的库内能找到，但提供的图形符号又不能满足用户的需求，这就迫使用户创建元件及原理图图像符号库。Altium Designer 提供了相应的制作元器件库的工具。

本章首先介绍集成库、原理图库、封装库、模型的概念，然后介绍原理图库的创建方法。在原理图库内创建 3 个元件：①创建 AT89C2051 单片机；②从已有的库文件复制一个元件，然后修改该元件以满足设计者的需要；③创建多部件元件。通过 3 个实例的学习，掌握原理图库及其元件的创建方法，为后面更深入的学习打下良好的基础。本章包含以下内容：

- 原理图库、模型和集成库的概念
- 创建库文件包及原理图库
- 创建原理图元件
- 为原理图元件添加模型
- 从其他库复制元件
- 创建多部件原理图元件

4.1 原理图库、模型和集成库

设计绘制电路原理图时，在放置元件之前，常常需要添加元件所在的库，因为元件一般保存在一些元器件库中，这样方便用户设计时使用。之后原理图库中的元件会分别使用封装库中的封装。例如，在图 4-1 中，这些看似名称、形状都不一样的元件，在 Altium Designer 工程本身看来，都可以是一样的，因为它们都有着相同的管脚数量和对应的封装形式。这些元件都可以选择同一个两个脚的封装，也可以选择两个脚且两脚之间距离不同，焊盘大小不同的封装（这由具体的元件决定）；同一个原理图元件，也可以选择多个封装（两脚之间距离不同，焊盘大小不同的封装）。

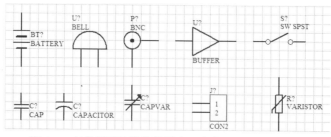

图 4-1　有着相同的管脚数量和对应的封装形式的元件

从本质上而言，PCB 设计关心的只是哪些焊盘需要用导线连在一起；至于哪根导线连接的是哪些焊盘，则是由原理图中的网络决定的；而焊盘所在的位置，是由元器件本身和用户排列所决定的；最后在元器件库内定义的管脚与焊盘一一对应的关系，将整个系统严丝合缝地联系在一起。

整个 Altium Designer 的设计构造可以用图 4-2 来表示。

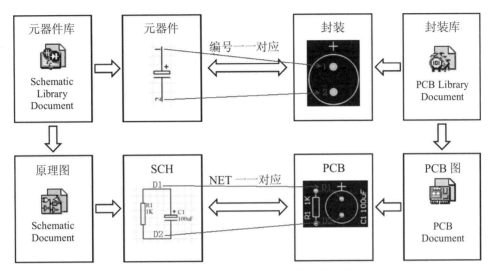

图 4-2　整个 Altium Designer 的设计构造

在 Altium Designer 中，原理图元器件符号是在原理图库编辑环境中创建的（.SchLib 文件）。之后原理图库中的元器件会分别使用封装库中的封装和模型库中的模型。设计者可在各元器件库放置元件，也可以将这些元器件符号库、封装库和模型文件编译成集成库（.IntLib 文件）。在集成库中的元器件不仅具有原理图中代表元件的符号，还集成了相应的功能模块，如 FootPrint 封装、电路仿真模块、信号完整性分析模块等。

元器件符号是元器件在原理图上的表现形式，主要由元器件边框、管脚、元器件名称及元器件说明组成，通过放置的管脚来建立电气连接关系，如图 4-10 所示。元器件符号中的管脚序号是与电子元器件实物的管脚一一对应的。

原理图库是所有元器件原理图符号的集合，PCB 库是所有元器件 PCB 封装符号的集合，集成库的创建是在原理图库和 PCB 库的基础上进行的，是通过分离的原理图库、PCB 库等编译生成的。集成库可以让原理图的元器件关联 PCB 封装、电路的仿真模块、3D 模型等文件，方便设计者直接调用存储。在集成库中的元器件不能够被修改，如要修改元器件，可以在分离的原理图库、PCB 库中编辑，然后再进行编译产生新的集成库。

Altium Designer 的集成库文件位于软件安装路径 D:\Users\Public\Documents\Altium\AD20\Library 文件夹中，它提供了大量的元器件模型（大约 80000 个符合 ISO 规范的元器件）。

设计者可以打开一个集成库文件，在弹出的"解压源文件或安装"的对话框中单击"解压源文件"按钮从集成库中提取库的源文件，在库的源文件中可以对元器件进行编辑。

设计者也可以在原理图文件中执行"设计"→"生成原理图库"命令创建一个包含当前原理图文档上所有元器件的原理图库。

4.2　创建新的库文件包及原理图库

设计者可使用原理图库编辑器创建和修改原理图元器件、管理元器件库。该编辑器的功能与原理图编辑器相似，共用相同的图形化设计对象，唯一不同的是增加了管脚编辑工具。在原理图库编辑器里元件由图形化设计对象构成。设计者可以将元件从一个原理图库复制，然后将其粘贴到另外一个原理图库，或者从原理图编辑器复制，然后将其粘贴到原理图库编辑器。

设计者创建元件之前，需要创建一个新的原理图库来保存设计内容。这个新创建的原理图库可以是分立的库，与之关联的模型文件也是分立的。另一种方法是创建一个可被用来结合相关的库文件编译生成集成库的原理图库，使用该方法需要先建立一个库文件包，库文件包（后缀为.LibPkg 的文件）是集成库文件的基础，它将生成集成库所需的那些分立的原理图库、封装库和模型文件有机地结合在一起。

新建一个集成库文件包和空白原理图库的步骤如下所述。

先在 F:盘创建一个"集成库"文件夹，如：F:\AD20 案例\集成库。

（1）执行"文件"→"新的"→"库"→"集成库"命令，一个默认名为 Integrated_Library.LibPkg 的库文件包在 Projects 面板上出现，如图 4-3 所示。

（2）在 Projects 面板上右击库文件包名，在弹出的菜单上选择"另存为"命令，在弹出的对话框中选择"F:\AD20 案例\集成库"文件夹，使用默认的名 Integrated_ Library.LibPkg，单击 "保存"按钮。注意，如果不输入后缀名的话，系统会自动添加默认名。

（3）添加空白原理图库文件。执行"文件"→"新的"→"库"→"原理图库"命令，Projects 面板将显示新建的原理图库文件，默认名为 Schlibl.SchLib，自动进入原理图新元件的编辑界面，如图 4-3 所示。

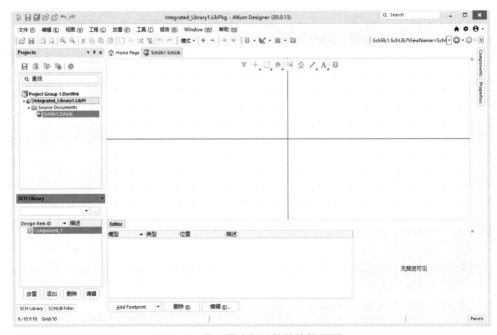

图 4-3　原理图库新元件的编辑界面

（4）执行"文件"→"另存为"命令，将库文件保存为默认名 Schlibl.SchLib。

（5）单击 SCH Library 标签打开原理图库元器件编辑器（SCH Library）面板，如图 4-4 所示。如果 SCH Library 标签未出现，单击主设计窗口右下角的 Panels 按钮并从弹出的菜单中选择 SCH Library 即可（"√"表示选中）。

（6）原理图库元器件编辑器（SCH Library）面板介绍。

原理图库元器件编辑器管理面板如图 4-4 所示，其各组成部分介绍如下：

图 4-4　原理图库元器件编辑器管理面板

- "元器件"区域用于对当前元器件库中的元件进行管理。可以在"元器件"区域对元件进行放置、添加、删除和编辑等操作。在图 4-4 中，由于是新建的一个原理图元件库，其中只包含一个元件。
- 元器件区域上方的空白区域为"过滤"区域，用于设置元器件过滤项，在其中输入需要查找的元器件起始字母或者数字，在"元器件"区域便显示相应的元器件。
- "放置"按钮将"元器件"区域中所选择的元器件放置到一个处于激活状态的原理图中。如果当前工作区没有任何原理图打开，则建立一个新的原理图文件，然后将选择的元器件放置到这个新的原理图文件中。
- "添加"按钮可以在当前库文件中添加一个新的元件。
- "删除"按钮可以删除当前元器件库中所选择的元件。
- "编辑"按钮可以编辑当前元器件库中所选择的元件。单击此按钮，将弹出如图 4-12 所示的界面，可以在此对该元件的各种参数进行设置。

4.3　创建新的原理图元件

设计者可在一个已打开的库中执行"工具"→"新器件"命令新建一个原理图元件。由于新建的库文件中通常已包含一个空的元件，因此一般只需要将 Component_1 重命名即可开始对第一个元件进行设计。这里以 AT89C2051 单片机（图 4-10）为例介绍新元件的创建步骤。

（1）在 SCH Library 面板上的器件列表中双击 Component_1 选项，弹出 Properties 控制面板，在 Design Item ID 项输入一个新的、可唯一标识该元件的名称：AT89C2051，如图 4-5 所示。

（2）如有必要，执行"编辑"→"跳转"→"原点"命令，将设计图纸的原点定位到设计窗口的中心位置。检查窗口左下角的状态栏，确认光标已移动到原点位置（X:0,Y:0）。新的元件将在原点周围生成，此时可看到在图纸中心有一个十字准线。设计者应该在原点附近创建新的元件，因为在以后放置该元件时，系统会根据原点附近的电气热点定位该元件。

（3）可在 Properties 控制面板中设置单位（Units）、捕捉网格（Snap Grid）和可视网格（Visible Grid）等参数。执行"工具"→"文档选项"命令，弹出 Properties 控制面板，在该面板中单击 Units 栏，选中 mils，设置 Visible Grid 为 100mil，设置 Snap Grid 为 100mil，如图 4-6 所示。如果回到原理图库的编辑界面内看不到原理图库编辑器的网格，可按 Page Up 键进行放大，直到栅格可见。注意缩小和放大均围绕光标所在位置进行，所以在缩放时需保持光标在原点位置。

图 4-5　Properties 控制面板 1

图 4-6　Properties 控制面板 2

下面介绍捕捉网格（Snap Grid）和可见网格（Visible Grid）的概念。

● 捕捉网格是指设计者在放置或移动对象（如元件等）的时候，光标一次移动的距离。

● 可见网格：是指在区域内以线或者点的形式显示的格点的大小。

注意： 并不是在每次需要调整网格时都要打开 Schematic Library Options 对话框，也可按 G 键使 Snap Grid 在 10、50、100 单位这 3 种设置中快速轮流切换。这 3 种设置可在 "优选项" 对话框的 Schematic - Grids 页面指定（具体方法在第 6 章介绍）。

（4）为了创建 AT89C2051 单片机，首先需定义元件主体。在第 4 象限画 1000*1400 的矩形框；执行 "放置" → "矩形" 命令或单击工具栏中的 ▢ 图标（图 4-7），此时光标箭头变为十字光标，并带有一个矩形的形状。在图纸中移动十字光标到坐标原点(0,0)，单击鼠标左键确定矩形的一个顶点；然后继续移动十字光标到另一位置(1000,-1400)，单击鼠标左键，确定矩形的另一个顶点。这时矩形放置完毕，十字光标仍然带有矩形的形状，可以继续绘制其他矩形。

单击鼠标右键，退出绘制矩形的工作状态。在图纸中双击矩形，弹出如图 4-8 所示的对话框，供设计者设置矩形的属性（请设计者按照图 4-8 显示的尺寸绘制矩形框）。设置完成矩形的属性之后，返回工作窗口。

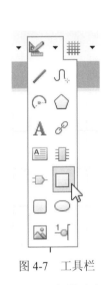

图 4-7　工具栏

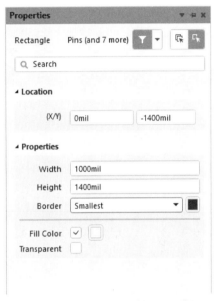

图 4-8　"设置矩形属性" 对话框

在工作窗口的图纸中单击矩形，即可在矩形周围显示出它的节点。拖动这些节点，即可调整矩形的高度、宽度，或者同时调整高度和宽度。

（5）元件管脚代表了元件的电气属性，为元件添加管脚的步骤如下：

1）执行 "放置" → "管脚" 命令或单击工具栏中的按钮 ⌐，光标处浮现带电气属性的管脚。

2）放置管脚之前，按 Tab 键打开管脚属性（Properties）控制面板，如图 4-9 所示。如果设计者在放置管脚之前设置好各项参数，则放置管脚时，这些参数成为默认参数，连续放置管脚时，管脚的编号和管脚名称中的数字会自动增加。

3）在管脚属性（Properties）控制面板中，在管脚名字（Name）文本框中输入管脚的名字：P3.0(RXD)，在标识（Designator）文本框中输入唯一（不重复）的管脚编号：2。此外，如果设计者想在放置元件时管脚名和标识符可见，则需将相应的 "眼睛" 图标 ◉ 设置为有效。

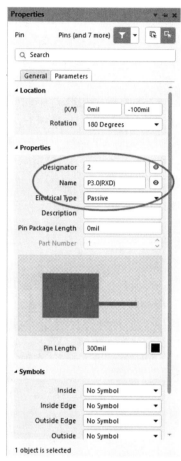

图 4-9　管脚属性控制面板

4）在电气类型（Electrical Type）栏，从下拉列表中选择管脚的电气类型。该参数可用于在原理图设计图纸中编译项目或分析原理图文档时检查电气连接是否错误。在本例的 AT89C2051 单片机中，将大部分管脚的电气类型设置成 Passive；VCC 或 GND 管脚的电气类型设置成 Power。

注意：电气类型即管脚的电气性质，包括以下 8 类：

①Input　　　　　输入管脚
②I/O　　　　　　双向管脚
③Output　　　　　输出管脚
④Open Collector　集电极开路管脚
⑤Passive　　　　无源管脚（如电阻、电容管脚）
⑥HiZ　　　　　　高阻管脚
⑦Emitter　　　　射击输出
⑧Power　　　　　电源（VCC 或 GND）

5）符号（Symbols）区域为管脚符号设置域，其中各项说明如下：

● 　里面（Inside）：元器件轮廓的内部。
● 　内边沿（Inside Edge）：元器件轮廓边沿的内侧。

- 外部边沿（Outside Edge）：元器件轮廓边沿的外侧。
- 外部（Outside）：元器件轮廓的外部。

根据需要进行每一项的设置。

6）绘图（Graphical）区域为引脚图形（形状）设置域，其中各项说明如下：

- 位置（Location）：管脚位置坐标 X、Y。
- 定位（Rotation）：管脚的方向。
- 管脚长度（Pin Length）：管脚的长度。
- 管脚颜色（Pin Color）：管脚的颜色。

本例设置所有管脚长度为 30mil。

7）当管脚"悬浮"在光标上时，设计者可按 Space 键以 90°间隔逐级增加来旋转管脚。记住，管脚只有其末端［也称热点（Hot End）］具有电气属性，也就是在绘制原理图时，只能通过热点与其他元件的管脚连接。不具有电气属性的另一端靠近该管脚的名字字符。

在图纸中移动十字光标，在适当的位置单击鼠标左键，就可放置元器件的第一个管脚。此时鼠标箭头仍保持为十字光标，可以在适当位置继续放置元件管脚。

8）继续添加元件剩余管脚，确保管脚名、编号、符号和电气属性是正确的。

注意：管脚 6（P3.2）、管脚 7（P3.3）的外部边沿（元器件轮廓边沿的外侧）处选择"Dot"。放置了所有需要的管脚之后，单击鼠标右键，退出放置管脚的工作状态。放置完所有管脚的元件如图 4-10 所示。

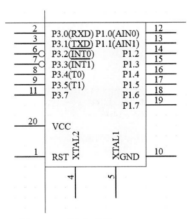

图 4-10　新建元件 AT89C2051

9）完成绘制后，执行"文件"→"保存"命令保存建好的元件。

添加管脚注意事项：

- 放置元件管脚后，若想改变其属性，可双击该管脚打开管脚属性控制面板。
- 在管脚名的字母后使用"\"（反斜线符号）表示管脚名中该字母带有上划线，如 I\N\T\0\ 将显示为 $\overline{INT0}$。
- 选择"工具"→"文档选项"命令弹出 Properties 控制面板（图 4-6）后，勾选 Show Hidden Pins 前的复选框，可查看管脚的名称和编号；反之，隐藏管脚的名称和编号。
- 设计者可在"元件管脚编辑器"对话框中直接编辑若干管脚属性，如图 4-11 所示，而无须通过"管脚属性"（Pin Properties）对话框逐个编辑管脚属性。［在元件属性

（Properties）对话框（图 4-12）中，单击![edit]按钮可打开"元件管脚编辑器"对话框。]

● 对于多部件的元件，被选中部件的管脚在"元件管脚编辑器"对话框中将以白色背景方式加以突出，而其他部件的管脚为灰色。设计者仍可以直接选中那些当前未被选中的部件的管脚，双击该管脚打开"元件管脚编辑器"对话框对管脚属性进行编辑。

图 4-11　"在元件管脚编辑器"对话框

4.4　设置原理图中元件的属性

每个元件的属性都与默认的标识符、PCB 封装、模型以及定义的其他元件属性相关联。设置元件属性的步骤如下：

（1）在 SCH Library 面板的器件列表中选择元件，单击"编辑"按钮或双击元件名，打开 Properties 对话框，如图 4-12 所示。

基本属性栏中包含元件位号（也称标识）、Comment 值、描述等，如图 4-12 所示。

● Designator（元件位号）：识别元件的编码，常见的有"R?""C?""U?"。
● Comment 值：一般用来填写元件的大小或者型号参数，相当于 Value 值的功能。
● Description（描述）：用来填写元件的一些备注信息，如元件型号、高度参数等。

（2）设置 Designator 处的值为"U?"，这是为了方便在原理图中放置元件时自动放置元件的标识符。如果放置元件之前已经定义好了其标识符（按 Tab 键进行编辑），则标识符中的"?"将使标识符数字在连续放置元件时自动递增，如 U1、U2……要显示标识符，需使 Designator 区的图标![icon]有效。

（3）在 Comment 处为元件输入注释内容，如 AT89C2051，在元件放置到原理图设计图纸上时会显示该注释。该功能需要使 Comment 区的图标![icon]有效。

图 4-12　Properties 对话框

（4）在 Description 区输入描述字符串。如对于单片机可输入"单片机 AT89C2051"，在库搜索时，该字符串会显示在 Libraries 面板上。

（5）根据需要设置其他参数。

4.5　为原理图元件添加模型

可以为一个原理图元件添加任意数目的 PCB 封装模型、仿真模型和信号完整性分析模型。如果一个元件包含多个模型，如多个 PCB 封装，设计者在放置该元件到原理图中时，可通过元件属性对话框选择合适的模型。

模型的来源可以是设计者自己建立的模型，也可以是使用 Altium 库中现有的模型，或者是从芯片供应商官网上下载的相应模型。

Altium 所提供的 PCB 封装模型包含在安装盘符下的 Users\Public\Documents\Altium\AD20\Library 目录下的各类 PCB 库中（.PcbLib 文件）。一个 PCB 库可以包括任意数目的 PCB 封装模型。

一般用于电路仿真的 SPICE 模型（.ckt 和.mdl 文件）包含在 Altium 安装目录 Library 文件夹下的各类集成库中。如果设计者自己建立新元件的话，一般需要通过该器件供应商获得 SPICE 模型，设计者也可以执行"工具"→XSpice Model Wizard 命令，使用 XSpice Model Wizard 功能为元件添加某些 SPICE 模型。

"原理图库编辑器"提供的"模型管理器"对话框允许设计者预览和组织元件模型，如可以为多个被选中的元件添加同一模型，选择"工具"→"符号管理器"命令可以打开模型管理器对话框，如图 4-20 所示。

设计者可以单击 Properties 面板中 Footprint 栏下方的 Add 按钮为当前元件添加封装模型，如图 4-12 所示。

4.5.1　模型文件搜索路径设置

在"原理图库编辑器"中为元件和模型建立连接时，模型数据并没有复制或存储在元件中，因此当设计者在原理图上放置元件和建立库的时候，要保证所连接的模型是可获取的。使用原理图库编辑器时，元件到模型的连接方法有以下几种搜索方式：

- 软件搜索项目当前所安装的库文件。
- 软件搜索当前库安装列表中可用的 PCB 库文件。
- 搜索位于项目指定搜索路径下的所有模型文件，搜索路径由 Options for Integrated 对话框指定（执行"工程"→"工程选项"命令可以打开该对话框）。

这里将使用不同的方法连接元件和它的模型，当库文件包（Library package）被编译产生集成库（Integrated library）文件时，各种模型被从它们的原文件中复制到集成库里。

4.5.2　为原理图元件添加封装模型

封装在 PCB 编辑器中代表了元件，在其他设计软件中可能称其为 Pattern。下面将通过一个例子来说明如何为元件添加封装模型，在例子中需要选取的封装模型名为 DIP-20。

注意：在原理图库编辑器中，为元件指定一个 PCB 封装连接，要求该模型在 PCB 库中已经存在。

（1）在图 4-12 中的 Properties 对话框中的 Footprint 区域，单击 Add 按钮，弹出"PCB 模型"对话框 1，如图 4-13 所示。

图 4-13　"PCB 模型"对话框 1

（2）在图 4-13 中选择"库路径"单选按钮，单击"选择"按钮，弹出 AD20 软件的库文件安装文件夹，如图 4-14 所示。如果库文件的安装文件夹是对的，单击"取消"按钮；如果不对，请选择正确的文件夹。

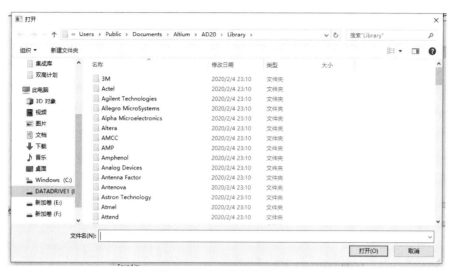

图 4-14　库文件的安装路径

（3）在图 4-13 中单击"浏览"按钮，弹出"浏览库"对话框，如图 4-15 所示，在该对话框中单击"查找"按钮，弹出 File-based Libraries Search（库搜索）对话框，如图 4-16 所示。

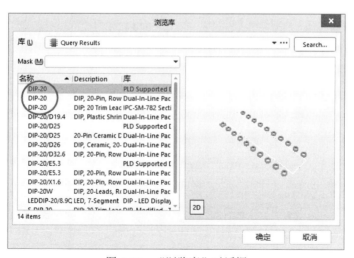

图 4-15　"浏览库"对话框

（4）选择"过滤器"选项区域，在"字段"处，选择 Name（名字）；在"运算符"处选择 contains（包含）；在"值"处输入封装的名字"DIP-20"。

（5）选择"范围"选项区域，在"搜索范围"处选择默认的 Footprints；选中单选按钮"搜索路径中的库文件"并设置"路径"为 Altium Designer 安装目录下的 Library 文件夹（D:\Users\Public\Documents\Altium\AD20\Library），同时确认选中了"包含子目录"复选框。单击"查找"按钮，弹出"浏览库"对话框并开始查找，找到的结果如图 4-15 所示。

图 4-16 "库搜索"对话框

（6）在图 4-15 中可以看到，有 3 个 DIP-20 封装，分别属于不同的库。选中第 1 个 DIP-20，弹出 Confirm（确认）对话框，如图 4-17 所示，提示"PLD 库当前是无效的，需要安装吗？"单击"是"按钮，该库被安装，成功安装后的界面如图 4-18 所示。

图 4-17 "确认"对话框

图 4-18 "PCB 模型"对话框 2

（7）在图 4-18 所示的"PCB 模型"对话框中单击"确定"按钮添加封装模型，此时在工作区底部 Editor 列表中会显示该封装模型，如图 4-19 所示。

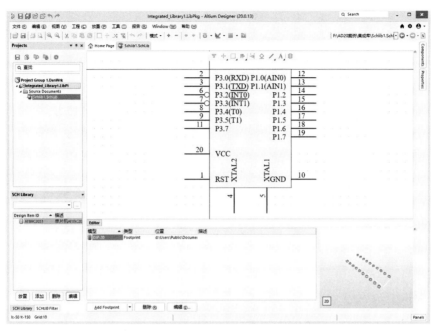

图 4-19 封装模型已被添加到 AT89C2051

4.5.3 用模型管理器为元件添加封装模型

（1）在 SCH Library 面板中，选中要添加封装的元件。

（2）执行"工具"→"符号管理器"命令，弹出的图 4-20 所示的"模型管理器"对话框。

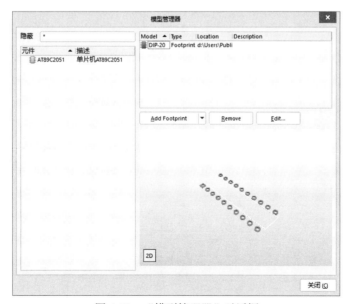

图 4-20 "模型管理器"对话框

（3）单击 Add Footprint 按钮，弹出如图 4-13 所示的"PCB 模型"对话框 1，以下的操作与 4.5.2 节介绍的方法相同，即为选中的元件添加封装模型。

本书只介绍了为原理图元件添加封装模型，实际上还可以为原理图元件添加仿真（SPICE）模型、信号完整性模型等，如图 4-21 所示。本书不对这方面的内容进行介绍，设计者可查看相关资料。

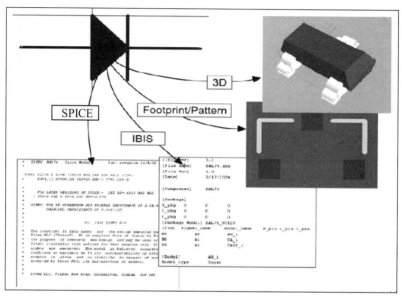

图 4-21   将元件的各个模型添加到原理图符号中

4.6   从其他库复制元件

有时设计者需要的元件可以在 Altium Designer 提供的库文件中找到，但其所提供的元件图形可能无法满足设计者的需要，这时可以把该元件复制到自己建的库里，然后对该元件进行修改，以满足需要。本节将介绍该方法，并为后续的数码管显示电路准备数码管元件 DPY Blue-CA。

4.6.1   在原理图中查找元件

（1）在原理图中查找数码管 DPY Blue-CA，在"库"面板中单击 ≡ 按钮，弹出下拉菜单，选择 File-based Libraries Search 命令，如图 4-22 所示，弹出"库搜索"对话框，如图 4-16 所示。

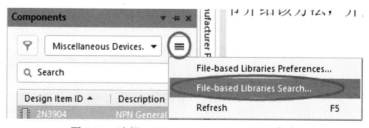

图 4-22   选择 File-based Libraries Search 命令

（2）在"搜索库"对话框中选择"过滤器"选项区域，在"字段"处选择 Name（名字）；在"运算符"处选择 contains（包含）；在"值"处输入数码管的名字"*DPY B*"（*符号表示匹配所有的字符）。

（3）在"搜索库"对话框中选择"范围"选项区域，在"搜索范围"处选择 Components，选中单选按钮"搜索路径中的库文件"，并设置"路径"为 Altium Designer 安装目录下的 Library 文件夹（D:\Users\Public\Documents\Altium\AD17\Library），同时确认选中了"包括子目录"复选框，单击"查找"按钮。

（4）查找的结果如图 4-23 所示。如果元件图形符号不能显示，单击"库"面板右边的展开符号 ⯅ 。

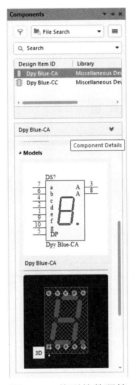

图 4-23　找到的数码管

4.6.2　从其他库中复制元件

设计者可从其他已打开的原理图库中复制元件到当前原理图库，然后根据需要对元件属性进行修改。如上面找到的数码管元件 Dpy Blue-CA 在系统提供的集成库 Miscellaneous Devices.IntLib 中，如需要它则需要先打开此集成库文件。为了保护系统提供的库，通常不采用此方法，而是将该库复制到 F:盘，然后打开 F:盘上的集成库，操作方法如下：

（1）进入源文件夹（D:\Users\Public\Documents\Altium\AD20\Library），找到集成库文件 Miscellaneous Devices.IntLib，将它复制到 F:盘。

（2）双击该文件，弹出如图 4-24 所示的"解压源文件或安装"对话框，单击"解压源文件"按钮，释放的库文件如图 4-25 所示。

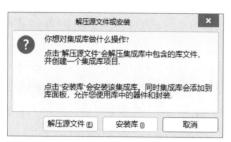

图 4-24　"解压源文件或安装"对话框

图 4-25　释放的集成库

（3）在 Projects 面板中鼠标双击该文件名（Miscellaneous Devices.Schlib），打开该库文件。

（4）在 SCH Library 面板的"过滤区"中输入"Dpy*"后，将在"器件"列表区显示以 Dpy 开头的元件，选择需要复制的元件 DPY Blue-CA，该元件将显示在设计窗口中，如图 4-26 所示。如果 SCH Library 面板没有显示，可单击窗口底部的 Panels 按钮，在弹出的上拉菜单中选择 SCH Library。

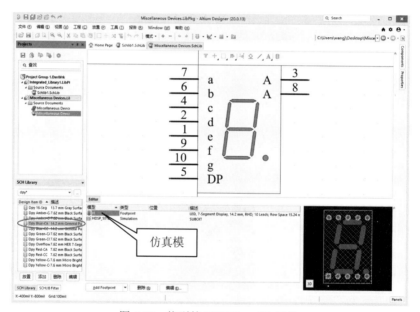

图 4-26　找到的 DPY Blue-CA 元件

（5）执行"工具"→"复制器件"命令，将弹出目标库（Destination Library）对话框，如图 4-27 所示。

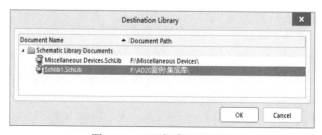

图 4-27　"目标库"对话框

（6）选择想将元件复制到的某目标库（Schlib1.SchLib）的库文件，如图 4-27 所示，单击 OK 按钮，元件将被复制到目标库文件中（元件可从当前库中复制到任一个已打开的库中）。

设计者可以通过 SCH Library 面板一次复制一个或多个元件到目标库，按住 Ctrl 键单击元件名可以离散地选中多个元件，按住 Shift 键单击元件名可以连续地选中多个元件，保持选中状态并右击，在弹出的快捷菜单中选择"复制"命令；打开目标文件库，选择 SCH Library 面板，右击器件列表区域，在弹出的菜单中选择"粘贴"命令即可将选中的多个元件复制到目标库。

如果要在目标库中删除复制的多余元件，则选中该元件并右击，在弹出的快捷菜单中选择"删除"命令。

注意：元件从源库复制到目标库，一定要通过 SCH Library 面板进行操作。复制完成后，请将 Miscellaneous Devices.Schlib 库关闭，以避免破坏该库内的元器件。

4.6.3　修改元件

把数码管改成需要的形状的方法如下所述。

（1）选择图 4-26 中的黄色的矩形框，把它改成左下角坐标为(0,-700)、右上角坐标为(900,0)的矩形框。

（2）移动管脚 a—g、DP 到顶部，选中管脚时，按 Tab 键，可编辑管脚的属性；按 Space 键可按 90° 间隔逐级增加来旋转管脚。把管脚移到如图 4-30 所示的位置。

（3）移动中间的"8"字。Altium Designer 状态显示条（底端左边位置）会显示当前网格信息，按 G 键可以在定义好的 3 种网格（10mil、50mil、100mil）设置中轮流切换。本例中设置网格值（Grid）为 10。选中要移动的线段[选择时将在弹出的选择对话框中显示"Rectangle(0.-70), Polygon(42,-35)"，其中，Rectangle(0.-70)代表矩形框，Polygon(42,-35)代表线段，选择线段 Polygon(42,-35)]，把它移到需要的地方即可。

（4）也可以重新画"8"字，方法是，执行"放置"→"线"命令，在弹出的如图 4-28 所示的界面中按 Tab 键，可编辑线段的属性，如图 4-28 所示。选线宽为 Medium，线种类为 Solid，选择需要的颜色。设置好后，返回库编辑器界面，即可画出需要的"8"字。

（5）小数点的画法。执行"放置"→"椭圆"命令，在弹出的如图 4-29 所示的界面中按 Tab 键，可编辑椭圆的属性，如图 4-29 所示。选边界的宽度为 Medium，边界颜色与填充色的颜色一致（与线段的颜色相同）。设置好后，返回库编辑器界面，此时在光标处"悬浮"着椭圆轮廓，首先用鼠标在需要的位置定圆心，再定 X 方向的半径，最后定 Y 方向的半径，即可画好小数点。

图 4-28　设置 Line（线）的属性

图 4-29　设置 Ellipse（椭圆）的属性

修改好的数码管如图 4-30 所示，把网格 Grid 改为 100。

（6）设置数码管元件属性。在 SCH Library 面板的元器件列表中选择 Dpy Blue-CA 元件，单击"编辑"按钮或双击元件名，打开 Library Component Properties 对话框，如图 4-31 所示。

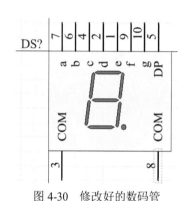

图 4-30　修改好的数码管

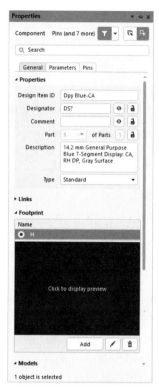

图 4-31　设置数码管元件属性

在 Designator 处设置"DS?"，在 Comment 处输入"Dpy Blue CA"；选中 Parameters 栏内的所有参数的复选框，单击"移除"按钮，把所有参数删除；把图 4-26 中"模型"栏的 HDSP_501B 的仿真模型删除，以避免在第 7 章中绘制数码管显示电路原理图时出现模型找不到的错误。

4.7　创建多部件元件原理图

前面示例中所创建的两个元件的模型代表了整个元件，即单一模型代表了元器件制造商所提供的全部物理意义上的信息（如封装）。但有时一个物理意义上的元件只代表某一部件会更好。比如一个由 8 个分立电阻构成，每一个电阻可以被独立使用的电阻网络。再比如 2 输入四与门芯片 74LS08，如图 4-32 所示，该芯片包括四个 2 输入与门，这些 2 输入与门可以独立地被随意放置在原理图上的任意位置，此时将该芯片描述成四个独立的 2 输入与门部件，比将其描述成单一模型更方便实用。四个独立的 2 输入与门部件共享一个元件封装，如果在一张原理图中只用了一个与门，在设计 PCB 板时还是用一个元件封装，只是闲置了三个与门；如果在一张原理图中用了四个与门，在设计 PCB 板时还是只用一个元件封装，没有闲置与门。多部件元件是将元件按照独立的功能块进行描绘的一种方法。

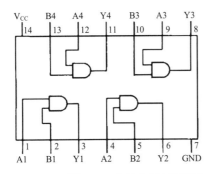

图 4-32　2 输入四与门芯片 74LS08 的管脚图及实物图

创建 74LS08 2 输入四与门电路的步骤如下：

（1）在原理图库（Schematic Library）编辑器中执行"工具"→"新器件"命令，弹出 New Component 对话框。另一种方法：在 SCH Library 库面板中单击"器件"列表处的"添加"按钮，弹出 New Component 对话框。

（2）在 New Component 对话框内输入新元件名称：74LS08，单击"确定"按钮，在 SCH Library 面板器件列表中将显示新元件名，同时显示一张中心位置有一个巨大十字准线的空元件图纸以供编辑时使用。

下面将详细介绍如何建立第一个部件及其管脚，其他部件将以第一个部件为基础来建立，只需要更改管脚序号即可。

4.7.1　建立元件轮廓

元件体由若干线段和圆角组成，执行"编辑"→"跳转"→"原点"命令使元件原点在编辑页的中心位置，同时要确保网格清晰可见。

1. 放置线段

（1）为了使画出的符号清晰、美观，Altium Designer 状态显示条会显示当前网格信息，本例中设置网格值为 50。

（2）执行"放置"→"线"命令或单击工具栏按钮，光标变为十字准线，进入放置折线模式。

（3）按 Tab 键设置线段属性，在图 4-28 所示的对话框中的 Polyline 选项卡下设置线段宽度为 Small，颜色为蓝色。

（4）参考状态显示条左侧 X、Y 坐标值，将光标移动到(250,-50)位置，按 Enter 键选定线段起始点，之后用鼠标单击各分点位置从而分别画出折线的各段［单击位置分别为(0,-50)、(0,-350)、(250,-350)］，如图 4-33 所示。

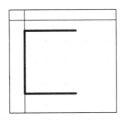

图 4-33　放置折线（确定元件体第一部件的范围）

（5）完成折线绘制后，右击或按 Esc 键退出放置折线模式。注意要保存元件。

2．绘制圆弧

放置一个圆弧需要设置 4 个参数：中心点、半径、圆弧的起始角度、圆弧的终止角度。

注意：可以按 Enter 键代替单击方式放置圆弧。

（1）执行"放置"→"弧"命令，光标处显示最近绘制的圆弧，进入圆弧绘制模式。

（2）移动光标到(250,-20)位置，按鼠标左键选定圆弧的中心点位置，按鼠标左键选定圆弧半径、起始角度、终止角度，按鼠标右键退出圆弧放置模式，刚绘制的圆弧处于选中状态。

（3）按 Tab 键弹出 Arc（弧）对话框，在此设置圆弧的属性。这里将半径设置为 150mil，起始角度设置为 270，终止角度设置设置为 90，线条宽度设置为 Small，颜色设置为与折线相同的颜色，如图 4-34 所示。

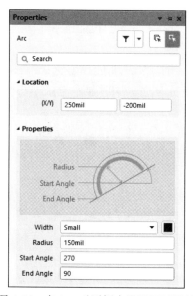

图 4-34　在 Arc 对话框中设置圆弧属性

4.7.2　添加信号管脚

设计者可使用"创建 AT89C2051 单片机"所介绍的方法为元件第一部件添加管脚，如图 4-35 所示，管脚 1 的 Name 处输入 A1，取消显示，在 Electrical Type 上设置为输入管脚（Input）；管脚 2 的 Name 处输入 B1，取消显示，在 Electrical Type 上设置为输入管脚（Input）；管脚 3 的 Name 处输入 Y1，取消显示，在 Electrical Type 上设置为输出管脚（Output）；所有管脚长度（Pin Length）均为 200mil。

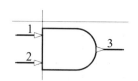

图 4-35　元件 74LS08 的部件 A

如图 4-35 所示，图中管脚方向可在放置管脚时按 Space 键以 90°间隔逐级增加来旋转确定。

4.7.3　建立元件其余部件

（1）执行"编辑"→"选择"→"全部"命令选择目标元件。

（2）执行"编辑"→"复制"命令将前面所建立的第一部件复制到剪贴板。

（3）执行"工具"→"新部件"命令显示空白元件页面，此时若在 SCH Library 面板"器件"列表中单击元件名左侧的"+"标识，将看到 SCH Library 面板元件部件计数被更新，包括 Part A（部件 A）和 Part B（部件 B）两个部件，如图 4-36 所示。

（4）选择部件 B，执行"编辑"→"粘贴"命令，光标处将显示元件部件轮廓，以原点（黑色十字准线为原点）为参考点，将其作为部件 B 放置在页面的对应位置，如果位置没对应好可以移动部件调整位置。

（5）根据图 4-32 所示的管脚编号，对部件 B 的管脚编号逐个进行修改。双击管脚，在弹出的"管脚属性"对话框中修改管脚编号和名称，修改后的部件 B 如图 4-37 所示。

图 4-36　部件 B 被添加到元件

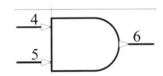

图 4-37　元件 74LS08 的部件 B

（6）重复步骤（3）～（5）生成余下的两个部件：部件 C 和部件 D，如图 4-38 所示。然后保存库文件。

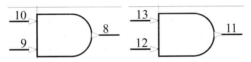

图 4-38　74LS08 的部件 C 和部件 D

4.7.4　添加电源管脚

为元件定义电源管脚有以下两种方法。

（1）建立元件的第五个部件，在该部件上添加 VCC 管脚和 GND 管脚，这种方法需要选中 Component Properties 对话框的 Locked 复选框（即 Part Part1 ▾ of Parts 5 🔒），以确保在对元件部件进行重新注释的时候电源部分不会跟其他部件交换。

（2）直接添加电源与接地管脚。选中部件 A，为元件添加 VCC（Pin14）和 GND（Pin7）管脚，将"Electrical Type（电气类型）"设置为 Power，如图 4-39 所示。

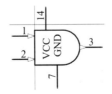

图 4-39　部件 A 显示出隐藏的电源管脚

4.7.5　设置元件属性

（1）在 SCH Library 面板的"器件"列表中选中目标元件后，单击"编辑"按钮进入 Component Properties 对话框，设置 Designator 为"U？"，设置 Description 为 2 输入四与门，并在 Models 列表中添加名为 DIP-14 的封装（下一章介绍使用 PCB Component Wizard 建立 DIP14 封装模型）。

（2）选择"工具"→"文档选项"命令，弹出如图 4-6 所示的 Properties 控制面板，在该面板中可设置相应的单位及其他图纸属性，勾选 Show Comment/Designator 前的复选框，可查看 Comment、Designator 内容。

（3）执行"文件"→"保存"命令保存该元件。

本章在原理图库内创建了 3 个元件（图 4-40），掌握了在原理图库内创建元件的基本方法，设计者可以根据需要在该库内创建多个元件。

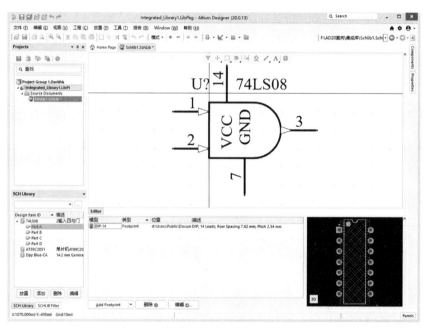

图 4-40　在原理图库内创建了 3 个元件

4.8　检查元件并生成报表

对建立一个新元件是否成功进行检查，会生成 3 个报表，生成报表之前需确认已经对库文件进行了保存，关闭报表文件后系统会自动返回 Schematic Library Editor 界面。

4.8.1　元件规则检查器

元件规则检查器会检查出管脚重复定义或者丢失等错误，步骤如下：

（1）执行"报告"→"元件规则检查"命令，弹出"库元件规则检测"对话框，如图 4-41 所示。

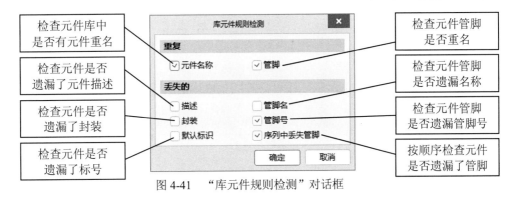

图 4-41　"库元件规则检测"对话框

（2）设置想要检查的各项属性（一般选择默认值），单击"确定"按钮，将在 Text Editor 中生成 Schlib1.ERR 文件，如图 4-42 所示（对话框中显示没有错误）。如果库内创建的元件有错，则对话框中将列出所有违反了规则的元件。

（3）如果有错误，需要对原理图库进行修改，修改后重新检查，直到没有错误为止。

（4）保存原理图库。

图 4-42　生成的元件规则检测报告

4.8.2　元件报表

生成包含当前元件可用信息的元件报表的步骤如下：

（1）执行"报告"→"器件"命令。

（2）系统显示 Schlib1.cmp 报表文件，里面包含了选中元件各个部分及管脚细节信息，如图 4-43 所示。

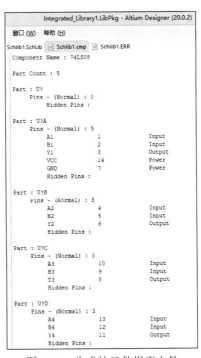

图 4-43　生成的元件报表文件

4.8.3　库报表

为库里面所有元件生成完整报表的步骤为：执行"报告"→"库报告"命令，弹出"库报告设置"对话框，如图 4-44 所示。在设计者的集成库的文件夹内生成 Schlib1.doc 的 Word 报告文件，如图 4-45 所示，该报告文件列出了库内所有元件的信息。

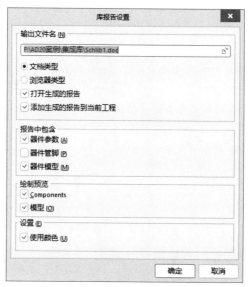

图 4-44　"库报告设置"对话框

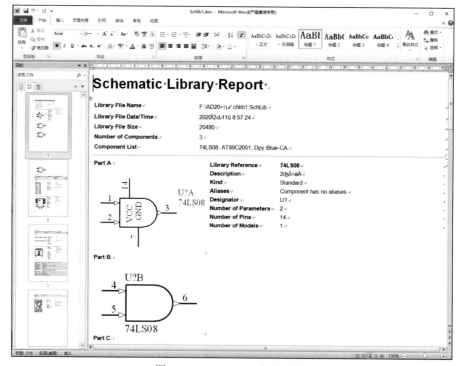

图 4-45　Schlib1.doc 报告文件

4.9 本章小结

本章介绍了集成库、原理图库、PCB 库的含义，使读者熟悉原理图库编辑器，并讲解了单部件元件及多部件元件的创建方法，从系统提供的库中复制元件并将其修改为自己需要的元件，以减少设计的工作量。希望设计者掌握以上内容，因为绘制原理图前一般都需要建立系统库内找不到的元器件。

习题 4

1．在 Altium Designer 中使用集成库可以给设计者带来哪些方便？

2．集成库内可以包括哪些库文件？

3．在 Altium Designer 的安装库文件夹下，查看有哪些公司的库文件？哪些是集成库？哪些是原理图库？哪些是封装库？

4．复制安装盘符下的\Users\Public\Documents\Altium\AD20\Library\Altera\Altera Cyclone III.IntLib 集成库到自己新建的文件夹内，双击该文件名，自动启动 Altium Designer，执行"解压源文件"命令从集成库中提取库的源文件，查看该集成库是由哪些库编译而成，在原理图库编辑内，查看该库元器件添加了哪些模型。

5．能否对集成库进行修改？如果要修改集成库，该怎么操作？

6．在 Altium Designer 的库文件中，能找到 AT89C2051 单片机吗？

7．在硬盘上以自己的姓名建立一个文件夹，在该文件夹下新建一个集成库文件包，命名为 Integ_Lib.LibPkg，再新建一个原理图库文件，命名为 MySchlib.SchLib。

8．在原理图库文件 MySchlib.SchLib 内，建立以下元件：AT89C2051 单片机、数码管、74LS00 等元件，并为建立的这 3 个元件添加封装模型。

9．将库文件 Miscellaneous Devices.IntLib 中的 2N3904 复制到 MySchlib.SchLib 库文件中。

第 5 章　元器件封装库的创建

任务描述

前一章介绍了原理图元器件库的建立，本章进行封装库的介绍。为前一章介绍的 3 个元器件建立封装，并为这 3 个封装建立 3D 模型。本章包含以下内容：

- 建立一个新的 PCB 库
- 使用 PCB Component Wizard 为一个原理图元件建立 PCB 封装
- 手动建立封装
- 介绍一些特殊的封装要求（如添加外形不规则的焊盘）
- 创建元器件三维模型
- 创建集成库

元器件封装指与实际元器件形状和大小相同的投影符号。Altium Designer 为 PCB 设计提供了比较齐全的各类直插元器件和表面贴装元器件（SMD）的封装库，这些封装库位于 Altium Designer 安装文件夹 D:\Users\Public\Documents\Altium\AD20\Library\PCB 中。由于电子技术的飞速发展，一些新型元器件不断出现，这些新元器件的封装在元器件封装库中无法找到，解决这个问题的方法就是利用 Altium Designer PCB 库编辑器制作新的元器件封装。

在实际应用中，电阻、电容的封装名称分别是 AXIAL 和 RAD，对于具体的对应可以不作严格的要求，因为电阻、电容都有两个管脚，管脚之间的距离可以不作严格的限制。直插元件有双排和单排之分，双排的被称为 DIP，单排的被称为 SIP。表面贴装元器件的名称是 SMD，贴装元件又有宽窄之分：窄的代号是 A，宽的代号是 B。在电路板的制作过程中，往往会用到插头，它的名称是 DB。

5.1　建立 PCB 元器件封装

封装可以从电路板编辑器（PCB Editor）复制到 PCB 库，从一个 PCB 库复制到另一个 PCB 库，也可以通过 PCB 库编辑器（PCB Library Editor）的 PCB Component Wizard 或绘图工具画出来。在一个 PCB 设计中，如果所有的封装已经放置好，设计者可以在电路板编辑器（PCB Editor）中执行"设计"→"生成 PCB 库"命令生成一个只包含所有当前封装的 PCB 库。

为了介绍 PCB 封装建立的一般过程，本章介绍的示例采用手动方式创建 PCB 封装，这种方式所建立的封装其尺寸大小也许并不准确，实际应用时需要设计者根据器件制造商提供的元器件数据手册进行检查。

5.1.1 建立一个新的 PCB 库

1. 建立新的 PCB 库

建立新的 PCB 库的步骤如下：

（1）执行"文件"→"新建"→"库"→"PCB 元件库"命令，建立一个名为 PcbLibl.PcbLib 的 PCB 库文档，同时显示名为 PCB Component_1 的空白元件页，并显示 PCB Library 库面板（如果 PCB Library 库面板未出现，单击设计窗口右下方的 Panels 按钮，在弹出的上拉菜单中选择"PCB Library"命令）。

（2）可以执行"文件"→"保存"命令，以默认文件名 PcbLibl.PcbLib 保存该文档。新 PCB 封装库是库文件包的一部分，如图 5-1 所示。

图 5-1　添加了封装库的库文件包

（3）单击 PCB Library 标签进入 PCB Library 面板。

（4）单击 PCB 库编辑器（PCB Library Editor）工作区的灰色区域并按 Page Up 键进行放大，直到能够看清网格，如图 5-2 所示。

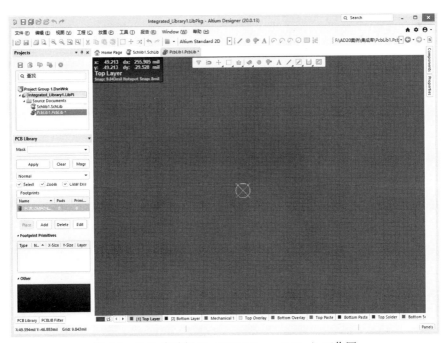

图 5-2　PCB 库编辑器（PCB Library Editor）工作区

现在就可以使用 PCB 库编辑器（PCB Library Editor）提供的命令在新建的 PCB 库中添加、删除或编辑封装了。

PCB 库编辑器用于创建和修改 PCB 元器件封装，管理 PCB 元器件库。PCB 库编辑器还提供 Component Wizard，它将引导设计者创建标准类的 PCB 封装。

2. PCB Library 编辑器面板

PCB 库编辑器的 PCB Library 面板提供操作 PCB 元器件的各种功能。PCB Library 面板的 Footprints（封装）区域列出了当前选中库的所有元器件。

（1）在 Footprints 区域中单击右键将显示菜单选项，设计者可以新建空白元件、编辑元件属性、复制或粘贴选定元件，或更新开放 PCB 的元件封装。

请注意右键菜单的"复制""剪切"命令可用于选中的多个封装并支持：

● 在库内部执行复制和粘贴操作。

● 从 PCB 板进行复制，然后将复制内容粘贴到库。

● 在 PCB 库之间执行复制、粘贴操作。

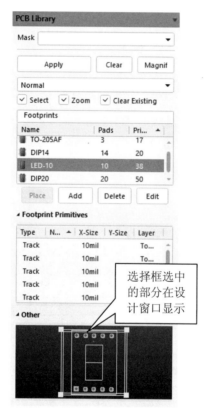

图 5-3　PCB Library 面板

（2）Footprints Primitives 区域列出了属于当前选中元器件的图元。单击列表中的图元，在设计窗口中加亮显示。

（3）在元件的图元区域下的 Other 区域是元器件封装模型显示区，该区有一个选择框，该选择框选择哪一部分，设计窗口就显示哪部分，且可以调节选择框的大小。

5.1.2 使用"PCB 元器件向导"创建封装

对于标准的 PCB 元器件封装，Altium Designer 为用户提供了"PCB 元器件封装向导"（PCB Component Wizard），帮助用户完成 PCB 元器件封装的制作。PCB 元器件封装向导使设计者在输入一系列设置后就可以建立一个器件封装。接下来将演示如何利用该向导为单片机 AT89C2051 建立 DIP20 的封装。

（1）执行"工具"→"元器件向导"命令，或者直接在 PCB Library 工作面板的"元件"列表中单击右键，在弹出的菜单中选择 Footprint Wizard 命令，弹出"封装向导"对话框，单击 Next 按钮，进入向导。

（2）对所用到的选项进行设置。建立 DIP20 封装需要进行如下设置：在模型样式栏内选择 Dual In-line Package(DIP)选项（封装的模型是双列直插），选择单位项选择 Imperial(mil)，如图 5-4 所示，单击 Next 按钮。

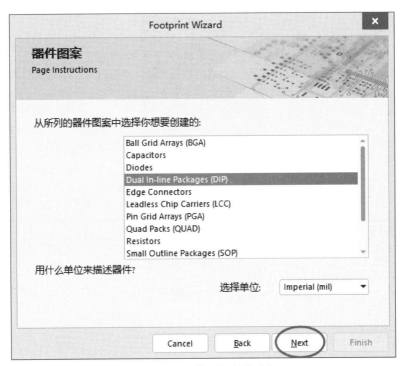

图 5-4　封装模型与单位选择

（3）进入焊盘大小选择对话框，如图 5-5 所示，对圆形焊盘，选择外径 60mil、内径 30mil（直接输入数值修改尺度大小）。单击 Next 按钮，进入焊盘间距选择对话框，如图 5-6 所示，分别设置水平方向为 300mil、垂直方向为 100mil。单击 Next 按钮，进入元器件轮廓线宽的选择对话框，选择默认设置（10mil）。单击 Next 按钮，进入焊盘数选择对话框，设置焊盘（引脚）数目为 20。单击 Next 按钮，进入元器件名选择对话框，默认的元器件名为 DIP20，用该默认的名即可。单击 Next 按钮，进入最后一个对话框，单击 Finish 按钮结束向导。

（4）在 PCB Library 面板的"元件"列表中会显示新建的 DIP20 封装名，同时设计窗口会显示新建的封装，如有需要可以对该封装进行修改，如图 5-7 所示。

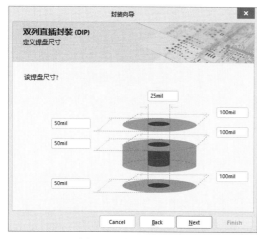 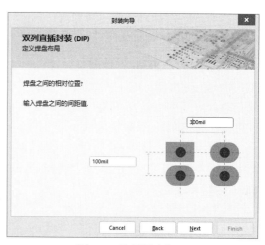

图 5-5 选择焊盘大小　　　　　　图 5-6 选择焊盘间距

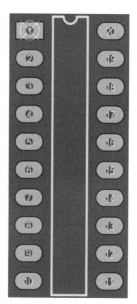

图 5-7 使用"PCB 元器件向导"建立的 DIP20 封装

（5）执行"文件"→"保存"命令保存库文件。

请用"PCB 元器件向导"建立 DIP14 的元件封装，注意两排焊盘之间的距离为 300mil。

5.1.3 使用 IPC Compliant Footprint Wizard 创建封装

IPC Compliant Footprint Wizard 用于创建 IPC 器件封装。IPC Compliant Footprint Wizard 不参考封装尺寸，而是根据 IPC 发布的算法直接使用器件本身的尺寸信息。IPC Compliant Footprint Wizard 使用元器件的真实尺寸作为输入参数，该向导基于 IPC-7351 规则使用标准的 Altium Designer 对象（如焊盘、线路）来生成封装。从 PCB 库编辑器菜单栏的"工具"菜单中启动 IPC Compliant Footprint Wizard 向导，在出现的 IPC Compliant Footprint Wizard 对话框中单击 Next 按钮，进入元件类型选择（Select Component Type）对话框，选择 BGA，单击 Next 按钮，进入 BGA Package Dimensions 对话框，如图 5-8 所示。

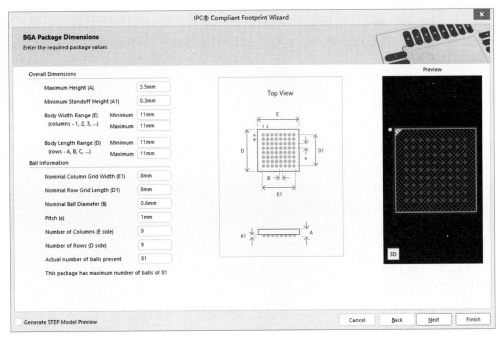

图 5-8　IPC Compliant Footprint Wizard 利用元器件尺寸参数建立封装

在图 5-8 所示的界面中，根据提示输入实际元器件的参数，即可建立该器件的封装。

该向导支持 BGA、BQFP、CFP、CHIP、CQFP、DPAK、LCC、MELF、MOLDED、PLCC、PQFP、QFN、QFN-2ROW、SOIC、SOJ、SOP/TSOP、SOT143/343、SOT223、SOT23、SOT89 和 WIRE WOUND 等类型的封装。

IPC Compliant Footprint Wizard 还包括以下功能：

- 整体封装尺寸、管脚信息、空间、阻焊层和公差，这些信息在输入后都能立即看到。
- 可输入机械尺寸，如 Courtyard、Assembly 和 Component Body 等信息。
- 可以重新进入向导，以便进行浏览和调整。每个阶段都有封装预览。
- 在任何阶段都可以单击 Finish 按钮，生成当前的封装预览。

5.1.4　手工创建封装

对于形状特殊的元器件，用"PCB 元器件向导"不能完成该器件的封装建立，这个时候就要用手工方法创建该器件的封装。

创建一个元器件封装，需要为该封装添加用于连接元器件引脚的焊盘和定义元器件轮廓的线段和圆弧。设计者可将所设计的对象放置在任何一层，但一般的做法是将元器件外部轮廓放置在 Top Overlay 层（即丝印层），将焊盘放置在 Multilayer 层（对于直插元器件）或顶层信号层（对于贴片元器件）。当设计者放置一个封装时，该封装包含的各对象会被放到其本身所定义的层中。

虽然数码管的封装可以用"PCB 元器件向导"来完成，但为了掌握手动创建封装的方法，下面用数码管作为示例，介绍手动创建数码管 Dpy Blue-CA 封装的方法。

（1）检查当前使用的单位和网格显示是否合适：按 Q 键，设置单位（Units）为 Imperial（英制）；按 G 键，设置 Grid（网格）为 50mil。

注意：Q 键是公制与英制相互转换的快捷键；G 键是设置 Grid 的快捷键。计量单位有英制（Imperial）和公制（Metric）两种。1 英寸=2.54 厘米，1 英寸=1000mil，1 厘米（cm）=10 毫米（mm）。

（2）执行"工具"→"新的空元件"命令，建立一个默认名为 PCBCOMPONENT_1 的新的空白元件，如图 5-2 所示。在 PCB Library 面板双击该空的封装名（PCBCOMPONENT_1），弹出"PCB 库封装"对话框，在对话框中的名称处，输入新名称 LED-10 为该元件重新命名。

推荐在工作区(0,0)参考点位置（有原点定义）附近创建封装，在设计的任何阶段，使用快捷键 J、R 即可使光标回到原点位置。

单击 PCB 库编辑器工作区的灰色区域并按 Page Up 键进行放大，直到能够看清网格，如图 5-2 所示。

提示：参考点就是放置元件时"拿起"元件的那个点。一般将参考点设置在第一个焊盘中心点或元件的几何中心。设计者可执行"编辑"→"设置参考"命令随时设置元件的参考点。

按 Ctrl+G 快捷键可以在工作时改变捕获网格大小，按 L 键在"视图配置"（View Configurations）对话框中设置网格是否可见。

（3）为新封装添加焊盘。放置焊盘是创建元器件封装中最重要的一步，焊盘放置是否正确，关系到元器件是否能够被正确焊接到 PCB 板，因此焊盘位置需要严格对应于器件引脚的位置。在本例中，数码管管脚之间的距离是 100mil，两排管脚之间的距离是 600mil。放置焊盘的步骤如下：

1）执行"放置"→"焊盘"命令或单击工具栏 ◎ 按钮，光标处将出现焊盘，放置焊盘之前按 Tab 键，弹出 Pad（焊盘）属性对话框，如图 5-9 所示。

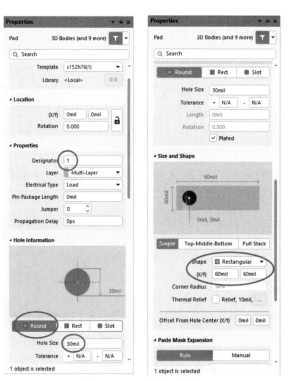

图 5-9   Pad 属性对话框

2）在图 5-9 所示的对话框中编辑焊盘各项属性。在属性（Properties）选择框内，在标识（Designator）处，输入焊盘的序号 1，在层（Layer）处，选择 Multi-Layer（多层）；在孔洞信息（Hole Information）选择框内，设置通孔尺寸（Hole Size）为 30mil，孔的形状为圆形（Round）；在尺寸和外形（Size and Shape）选择框内，设置 X-Size 为 60mil，设置 Y-Size 为 60mil，设置外形（Shape）为 Rectangular（方形）；其他项选择默认值。返回库编辑器界面，便建立了第一个方形焊盘。

3）利用状态栏显示坐标，将第一个焊盘拖到(X:0,Y:0)位置，单击或者按 Enter 键确认放置。

4）放置完第一个焊盘后，光标处自动出现第二个焊盘，按 Tab 键，弹出 Pad（焊盘）属性对话框，将焊盘外形（Shape）改为 Round（圆形），其他参数与上一步的值相同，将第二个焊盘放到(X:100,Y:0)位置。

注意： 焊盘标识会自动增加。

5）在(X:200,Y:0)处放置第三个焊盘（该焊盘参数与上一步的值相同）。X 方向间隔为 100mil，Y 方向不变，依次放好第 4、5 个焊盘。

6）在(X:400,Y:600)处放置第 6 个焊盘（Y 的距离由实际数码管的尺寸而定）。X 方向每次减少 100mil，Y 方向不变，依次放好第 7～10 个焊盘。

7）右击或者按 Esc 键退出放置模式，放置好的焊盘如图 5-10 所示。

图 5-10 放置好焊盘的数码管

8）执行"文件"→"保存"保存封装。

（4）为新封装绘制轮廓。PCB 丝印层的元器件外形轮廓在 Top Overlay（顶层）中定义，如果元器件放置在电路板底面，则该丝印层自动转为 Bottom Overlay（底层）。按 G 键设置 Grid（网格）为 10mil。

1）在绘制元器件轮廓之前，先确定它们所属的层，单击编辑窗口底部的 Top Overlay 标签。

2）执行"放置"→"线条"命令或单击 ✏ 按钮，放置线段前可按 Tab 键编辑线段属性，这里选默认值。将光标移到(-60,-60)处按鼠标左键，绘出线段的起始点，移动光标到(460,-60)处按鼠标左键绘出第一条线段，移动光标到(460,660)处按鼠标左键绘出第二条线段，移动光标到(-60,660)处按鼠标左键绘出第三条线段，然后移动光标到起始点(-60,-60)处按鼠标左键绘出

第四条线段，数码管的外框绘制完成，如图 5-11 所示。右击或按 Esc 键退出线段放置模式。

3）接下来绘制数码管的"8"字。执行"放置"→"走线"命令，光标左击以下坐标(100,100)、(300,100)、(300,500)、(100,500)、(100,100)绘制"0"字，按鼠标右键，鼠标再左击(100,300)、(300,300)这两个坐标，绘制出"8"字，右击或按 Esc 键退出线段放置模式。建好的数码管封装如图 5-11 所示。

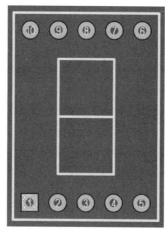

图 5-11　建好的数码管封装

注意：①画线时，按 Shift+Space 快捷键可以切换线段转角（转弯处）形状。

②画线时如果出错，可以按 Backspace 删除最后一次所画线段。

③按 Q 键可以将坐标显示单位从 mil 改为 mm。

④在手工创建元器件封装时，一定要与元器件实物相吻合；否则 PCB 板做好后，元器件安装不上。

下面介绍相关知识点。

1. 焊盘标识符

焊盘由标识符（通常是元器件引脚号）进行区分，标识符由数字和字母组成，最多允许 20 个数字和字母，也可以为空白。

如果标识符以数字开头或结尾，则当设计者连续放置焊盘时，该数字会自动增加，使用 Paste Array 功能可以实现字母（如 1A、1B）的递增或数字以步进值 1 以外的其他数值的递增（如 A1、A3 的递增）。

不使用鼠标定位光标处浮现的焊盘的方法：按 J、L 快捷键弹出 Jump to Location 对话框，按 Tab 键在 X、Y 数值域切换，按 Enter 键接受所作的修改，再一次按 Enter 键放置焊盘。

2. 阵列粘贴功能

在设置好前一个焊盘标识符的前提下，使用阵列粘贴功能可以在连续多次粘贴时，自动为焊盘分配标识符。通过设置 Paste Array 对话框中的 Text Increment 选项，可以使焊盘标识按以下方式递增：

- 数字方式（1、3、5）。
- 字母方式（A、B、C）。
- 数字和字母组合方式（A1 A2、1A 1B、A1 B1 或 1A 2A 等）。

- 以数字方式递增时，需要设置文本增量（Text Increment）选项为所需要的数字步进值。
- 以字母方式递增时，需要设置文本增量（Text Increment）选项为字母表中的字母，代表每次所跳过的字母数。比如焊盘初始标识为 1A，设置文本增量（Text Increment）选项为 A（字母表中的第一个字母）则标识符每次递增 1；设置文本增量（Text Increment）选项为 C（字母表中的第三个字母），则标识符将为 1A，1D，1G…（每次增加 3）。

使用阵列粘贴的步骤如下：

（1）创建原始焊盘，输入起始标识符，如 1，执行"编辑"→"复制"命令将原始焊盘复制到剪粘板，单击焊盘中心复制参考点。

（2）执行"编辑"→"特殊粘贴"命令弹出"选择性粘贴"对话框，如图 5-12 所示。

（3）单击"粘贴阵列"按钮，弹出"设置粘贴阵列"对话框，如图 5-13 所示。在"对象数量"处输入需要复制的焊盘数；在"文本增量"处输入焊盘标识符的增量值；在"阵列类型"处可设置焊盘阵列的形状为"圆形"或"线性"；在"线形阵列"项设置 X 轴和 Y 轴的间距。根据需要进行设置后单击"确定"按钮。在需要的位置左击即可放置焊盘，如图 5-14 所示。

图 5-12　"选择性粘贴"对话框

图 5-13　"设置粘贴阵列"对话框

图 5-14　按图 5-13 的设置值粘贴的焊盘

5.1.5　创建带有不规则形状焊盘的封装

有时设计者需要创建一些包含不规则焊盘的封装，典型的不规则焊盘有金手指、大型的元件焊盘等，使用 PCB 库编辑器（PCB Library Editor）可以实现这类要求。但有一个很重要的因素需要注意：Altium Designer 会根据焊盘形状自动生成阻焊和锡膏层。

如果设计者使用多个焊盘创建不规则形状，系统会为之生成匹配的不规则形状层；而如果设计者使用其他对象，如线段对象、填充对象、区域对象或圆弧对象来创建不规则形状，则需要同时在阻焊和锡膏层定义大小适当的阻焊和锡膏蒙板。

图 5-15 给出了不同设计者所创建的同一封装 SOT-89 的两个不同版本。图 5-15（a）使用了两个焊盘来合成中间那个大的不规则焊盘；而图 5-15（b）则使用了"焊盘+线段"方式，因此需要手动定义阻焊和锡膏层。

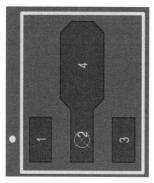 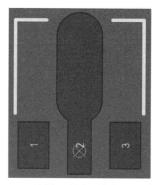

（a）使用两个焊盘　　　　　　　　（b）使用"焊盘+线段"方式

图 5-15　通过多个对象合成不规则焊盘

（1）图 5-15（a）使用了两个焊盘来合成中间那个大的不规则焊盘，焊盘是表贴焊盘。下面焊盘 2 的形状是 Rectangular（长方形），X=60mil，Y=150mil；上面焊盘 4 的形状是 Octagonal（八边形），X=120mil，Y=240mil。具体参数如图 5-16 所示。

图 5-16　表贴焊盘的参数

（2）图 5-15（b）中间那个大的不规则焊盘使用了"焊盘+线段"方式，下面焊盘 2 的形状是 Rectangular（长方形），X=60mil，Y=150mil；上面焊盘用的是线段，线段的宽是 120mil。由于是用线段代替焊盘，所以要注意绘制阻焊层（Solder Mask）、锡膏层（Past Mask），Past Mask 也可翻译为钢网层。一般，Solder Mask 比焊盘单边大 2mil，Past Mask 和焊盘区域是一样大的，具体参数如图 5-17 所示。

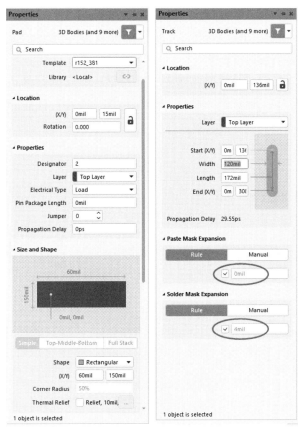

图 5-17　异性焊盘的参数

5.1.6　其他封装属性

1. 阻焊层和锡膏层

阻焊层（Solder Mask）：阻焊层有顶部阻焊层（Top Solder Mask）和底部阻焊层（Bootom Solder Mask）两层，是 Altium Designer PCB 对应于电路板文件中的焊盘和过孔数据自动生成的板层，主要用于铺设阻焊漆。本板层采用负片输出，所以板层上显示的焊盘和过孔部分代表电路板上不铺阻焊漆的区域，也就是可以进行焊接的部分。

锡膏层（Past Mask）：锡膏层有顶部锡膏层（Top Past Mask）和底部锡膏层（Bottom Past mask）两层，是过焊炉时用来对应 SMD 元件焊点的，也是负片形式输出。

对于每一个焊点，系统会在阻焊层和锡膏层为其自动创建阻焊和锡膏蒙板，其形状与焊盘形状一致，其大小则根据 PCB 板编辑器（PCB Editor）中的"Solder Mask and Paste Mask"设计规则和 Pad 对话框的设置进行了适当缩放。

设计者在编辑焊盘属性时会看到阻焊和锡膏蒙板设置项，该功能用于限定焊盘的区域范围，一般应用中不会用到该功能。通常在 PCB 板编辑器中设定适当的设计规则更易于满足阻焊和锡膏蒙板控制的需求。设计者可以通过规则方式为板上全部元器件的范围建立一个设计规则，然后可以根据需要为某些特殊应用情形（如板上某一封装对应的所有元器件或某一元件的某个焊盘）添加设计规则。

2. 显示隐藏层

在 PCB 库编辑器（PCB Library Editor）检查系统自动生成的阻焊和锡膏层，设计者需要打开 Top Solder Layer 并检查以下内容。

（1）设置系统显示隐藏层：按快捷键为 L 进入 View Configurations（视图配置）对话框，如图 5-18 所示，分别让 Top Solder、Bootom Solder、Top Paste、Bottom Paste 等各项左边的图标 ◉ 有效。

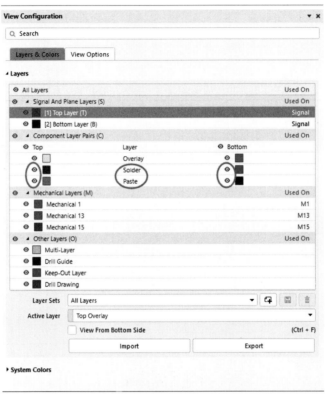

图 5-18　"视图配置"对话框

（2）单击设计窗口底部的层标签，如 Top Solder，显示 Top Solder 层，如图 5-19 所示。

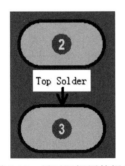

图 5-19　显示阻焊层的焊盘

注意：围绕焊盘边缘的显示颜色为 Top Solder Mask 层颜色的环形，即为阻焊层的形状，该形状由 Multilayer 层下面的焊盘形状经过适当放大而成。

5.2　添加元器件的三维模型信息

鉴于现在所使用的元器件的密度和复杂度越来越高，PCB 设计入员必须考虑元器件水平间隙之外的其他设计需求，必须考虑元器件高度的限制、多个元器件空间叠放情况。此外，要将最终的 PCB 转换为一种机械 CAD 工具，以便用虚拟的产品装配技术全面验证元器件封装是否合格，这已逐渐成为一种趋势。Altium Designer 拥有许多功能，其中的三维模型可视化功能就是为这些不同的需求而研发的。

5.2.1　为 PCB 封装添加高度属性

设计者可以用一种最简单的方式为封装添加高度属性，双击 PCB Library 面板的"元件"（Component）列表中的封装（图 5-20），例如双击 DIP20，打开"PCB 库封装"对话框，如图 5-21 所示，在"高度"文本框中输入适当的高度数值。

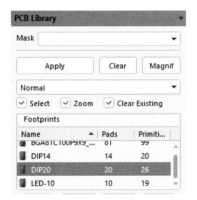

图 5-20　双击 PCB Library 面板的 DIP20　　　　图 5-21　为 DIP20 封装输入高度值

可在电路板设计时定义设计规则。在 PCB 板编辑器中执行"设计"→"规则"命令，弹出"PCB 规则及约束编辑器"（PCB Rules and Constraints Editor）对话框，在 Placement 选项卡的 Component Clearance 处对某一类元器件的高度或空间参数进行设置。

5.2.2　为 PCB 封装添加三维模型

为封装添加三维模型对象可使元器件在 PCB 库编辑器（PCB Library Editor）的三维视图模式下显得更为真实（PCB 库编辑器中的快捷键：2—二维，3—三维），设计者只能在有效的机械层中为封装添加三维模型。在 3D 应用中，一个简单条形三维模型是由一个包含表面颜色和高度属性的 2D 多边形对象扩展而来的。三维模型可以是球体或圆柱体。

多个三维模型组合起来可以定义元器件任意方向的物理尺寸和形状，这些尺寸和形状应用于限定 Component Clearance 设计规则。使用高精度的三维模型可以提高元器件间隙检查的精度，有助于提升最终 PCB 产品的视觉效果，有利于产品装配。

Altium Designer 还支持直接导入 3D STEP 模型（*.step 或*.stp 文件）到 PCB 封装中生成 3D 模型，该功能十分有利于在 Altium Designer PCB 文档中嵌入或引用 STEP 模型，但在 PCB 库编辑器（PCB Library Editor）中不能引用 STEP 模型。

5.2.3　手工放置三维模型

在 PCB 库编辑器中执行"放置"→"3D 元件体"命令可以手工放置三维模型，也可以在 3D Body Manager 对话框（执行"工具"→Manage 3D Bodies for Library/Current Component 命令弹出该对话框）中设置自动为封装添加三维模型。

注意：既可以用 2D 模型方式放置三维模型，也可以用 3D 模型方式放置三维模型。以下例子采用 2D 模型方式。

（1）下面将演示如何为前面所创建的 DIP20 封装添加三维模型。在 PCB 库编辑器中手工添加三维模型的步骤如下：

1）在 PCB Library 面板中双击 DIP20 打开"PCB 库封装"对话框（图 5-21），该对话框中详细列出了元器件名称、高度等信息。这里元器件的高度设置最重要，因为需要三维模型能够体现元器件的真实高度。

注意：如果器件制造商能够提供元器件尺寸信息，则尽量使用器件制造商提供的信息。

2）执行"放置"→"3D 元件体"命令，按 Tab 键显示"3D Body"对话框，如图 5-22 所示，在 3D Model Type（3D 模型类型）选项区域选中 Extruded。

图 5-22　在"3D Body"对话框中定义三维模型参数

3）设置 Properties（属性）选项区域各选项。为三维模型对象定义一个名称（Identifer）以标识该三维模型；在 Board 侧面（Board Side）下拉列表中选择 Top，该选项决定三维模型垂直投影到电路板的哪一面。

注意：设计者可以为那些穿透电路板的部分，如引脚，设置负的支架高度值，设计规则检查（Design Rules Checker）不会检查支架高度。

4）设置 Overall Height（全部高度）为 180mil，Standoff Height（支架高度）为 0，在 Display 栏选择 3D 的颜色，选择适当（自己喜欢）的颜色。

5）返回库编辑器操作界面，进入放置模式。在 2D 模式下，光标变为十字准线，在 3D 模式下，光标为蓝色锥形。

6）移动光标到适当位置，单击选定三维模型的起始点，接下来连续单击选定若干个顶点，组成一个代表三维模型形状的多边形。

7）选定好最后一个点，右击或按 Esc 键退出放置模式，系统会自动连接起始点和最后一个点，形成闭环多边形，如图 5-23 所示。

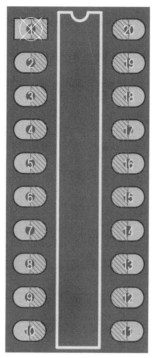

图 5-23　带三维模型的 DIP20 封装

定义形状时，按 Shift+Space 快捷键可以轮流切换线路转角模式，可用的模式有任意角度、45°、45°圆弧、90°和 90°圆弧；按 Shift+句号快捷键或 Shift+逗号快捷键可以增大或减少圆弧半径，按 Space 键可以选定转角方向。

当设计者选定一个扩展三维模型时，该三维模型的每一个顶点会显示成可编辑点，当光标变为↗时，可单击并拖动光标到顶点位置。当光标在某个边沿的中点位置时，可通过单击并拖动的方式为该边沿添加一个顶点，并按需要进行位置调整。

将光标移动到目标边沿，光标变为✛时，可以单击拖动该边沿。

将光标移动到目标三维模型，光标变为✛时，可以单击拖动该三维模型；拖动三维模型时，可以旋转或翻动三维模型，编辑三维模型形状。

（2）下面为 DIP20 的管脚创建三维模型。

1）～2）仿照上面的步骤 2）～3）。

3）设置 Overall Height（全部高度）为 100mil，Standoff Height（支架高度）为-40mil，在

Display 栏选择 3D 的颜色为淡黄色。

4）返回库编辑器操作界面，进入放置模式。在 2D 模式下，光标变为十字准线。按 Page Up 键，将第一个引脚放大到足够大，在第一个引脚的孔内放一个小的封闭的正方形。

5）选中小的正方形，按 Ctrl+C 键将它复制到粘贴板，然后按 Ctrl+V 键，将它粘贴到其他引脚的孔内。

（3）用上面的方法为 DIP20 封装创建引脚标识 1 的小圆点。

1）执行"放置"→"3D 元件体"命令，按 Tab 键显示 3D Body 对话框，如图 5-22 所示，在 3D Model Type（3D 模型类型）选项区域选中 Cylinder（圆柱体）。

2）选择圆参数 Radius（半径）为 20mil，Height（高度）为 181mil，Standoff Height（支架高度）为 0mil，3D 颜色为淡黄色，设置好后返回库编辑器操作界面，光标处出现一个小方框，把它放在焊盘 1 的附近，然后按鼠标左键即可，单击"取消"按钮或按 Esc 键退出放置状态。

增加了三维模型的 DIP20 封装如图 5-24 所示。

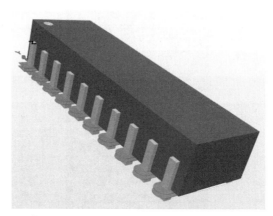

图 5-24　DIP20 三维模型实例

注意：放置模型时，可按 BackSpace 键删除最后放置的一个顶点，重复使用该键可以"还原"轮廓所对应的多边形，回到起点。

设计者可以随时按 3 键进入 3D 显示模式，最后要记得保存 PCB 库。

DIP20 的三维模型如图 5-24 所示，它包括 22 个三维模型对象：轮廓主体、20 个引脚和一个标识引脚 1 的圆点。

5.2.4　从其他来源添加封装

为了介绍交互式创建三维模型的方法，需要一个三极管 TO-205AF 的封装。该封装在 Miscellaneous Devices.Pcblib 库内。设计者可以将已有的封装复制到自己建的 PCB 库，并对封装进行重命名和修改以满足特定的需求，复制已有封装到 PCB 库可以参考 4.6.2 中介绍的方法。如果该元器件在集成库中，则需要先打开集成库文件。

（1）在 Projects 面板中双击打开源库文件 Miscellaneous Devices.Pcblib。

（2）在 PCB Library 面板中查找 TO-205AF 封装，找到后，在 Footprints（封装）的 Name（名称）列表中选择想复制的元器件 TO-205AF，该器件将显示在设计窗口中。

（3）按鼠标右键，从弹出的下拉菜单内选择 Copy 命令，如图 5-25 所示。

（4）选择目标库的库文档（如 PcbLib1.PcbLib 文档），再单击 PCB Library 面板，在 Footprints（封装）区域按鼠标右键，在弹出的下拉菜单（图 5-26）中选择 Paste 1 Compoents 命令，器件将被复制到目标库文档中（器件可从当前库中复制到任一个已打开的库中）。如有必要，可以对器件进行修改。

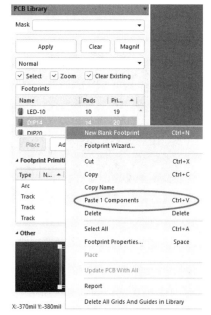

图 5-25 选择想复制的封装元件 TO-205AF　　　图 5-26 粘贴封装元件到目标库

（5）在 PCB Library 面板中，按"Shift 键+单击"或按"Ctrl 键+单击"选中一个或多个封装，右击选择 Copy 命令，然后切换到目标库，在封装列表栏中右击选择 Paste 命令，即可一次复制一个或多个元器件到目标库。

复制完需要的元器件后，关闭 Miscellaneous Devices.LibPkg 库文件包。

5.2.5 交互式创建三维模型

使用交互式方式创建元器件封装三维模型对象的方法与手动方式类似，最大的区别是在该方法中，Altium Designer 会检测那些闭环形状，这些闭环形状包含了封装细节信息，可被扩展成三维模型。该方法通过设置 3D Body Manager 对话框内的参数实现。

注意：只有闭环多边形才能够创建三维模型对象。

接下来将介绍如何使用 3D Body Manager 对话框为三极管封装 TO-205AF 创建三维模型，该方法比手工定义形状更简单。

（1）在封装库中激活 TO-205AF 封装。

（2）执行"工具"→Manage 3D Bodies for Current Component 命令，将弹出"元件体管理器 for component：TO-205AF"对话框，如图 5-27 所示。

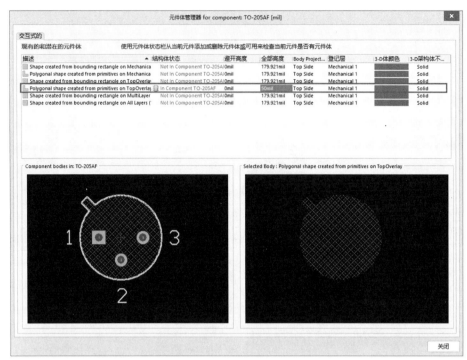

图 5-27　通过元件体管理器对话框在现有基元的基础上快速建立三维模型

（3）依据器件外形在三维模型中定义对应的形状，在"描述"栏依次选择查看形状，选择列表中的第四个选项 Polygonal shape created from primitives on TopOverlay；在该选项所在行位置单击"结构体状态"列的 Not In Component TO-205AF 位置，图像显示区域右侧的图像添加到左侧，再单击"结构体状态"列的 In Component TO-205AF 位置，添加到左侧的图形被删除；"避开高度"保持默认值 0；设置"全部高度"为合适的值，如 50mil；设置 Body Projection（3D 实体所在的层面）为缺省值 Top Side（顶层）；将"登记层"设置为三维模型对象所在的机械层（本例中为 Mechanical1）；设置"3-D 体颜色"为合适的颜色（灰色）；"3-D 架构体"选择默认值 Solid（实体），如图 5-27 所示。

（4）单击"关闭"按钮，会在元器件上面显示三维模型形状，如图 5-28 所示，保存库文件。

图 5-29 给出了 TO-205AF 封装的一个完整的三维模型图，该模型包含以下 5 个三维模型对象。

图 5-28　添加了三维模型后的 TO-205AF 2D 封装

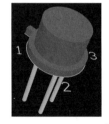

图 5-29　TO-205AF 3D 模型

1）一个基础性的三维模型对象。该对象是用交互式方式，根据封装轮廓建立的。"避开高度"保持默认值 0；"全部高度"为 50mil；"3-D 体颜色"为合适的颜色（灰色）。

2）一个代表三维模型的外围。该对象通过放置圆柱体实现，方法为：执行"放置"→"3D 元件体"命令，按 Tab 键，弹出"3D Body"对话框，如图 5-30 所示，在 3D Model Type 栏选择 Cylinder（圆柱体），选择圆参数 Radius（半径）为 150mil，Height（高度）为 180mil，Standoff Height（支架高度）为 50mil，3D 颜色为合适的颜色（灰色），设置好后，返回库编辑器界面，光标处出现一个方框，把它放在圆心处，按鼠标左键即可，单击"取消"按钮或按 Esc 键退出放置状态。

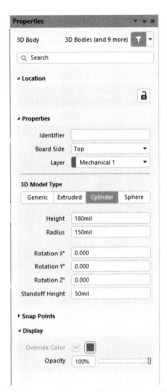

图 5-30　在"3D Body"对话框中定义三维模型参数

3）其他 3 个对象对应于 3 个引脚。该对象也是通过放置圆柱体的方法实现。在 3D Model Type 栏选择 Cylinder（圆柱体），选择圆参数 Radius（半径）为 15mil，Height（高度）为 450mil，Standoff Height（支架高度）为-450mil，3D 颜色为金黄色，设置好后，返回库编辑器界面，光标处出现一个方框，把它放在焊盘 1 处，按鼠标左键即可；光标处出现一个小方框，把它放在焊盘 2 处，按鼠标左键即可；同样方法放置焊盘 3 的引脚。设计者也可以先只为其中一个引脚创建三维模型对象，再复制、粘贴两次分别建立剩余两个引脚的三维模型对象。

设计者在掌握了以上三维模型的创建方法后，就可以建立数码管 LED-10 的三维模型了，建好的三维模型如图 5-31 所示。

建数码管 LED-10 的三维模型的步骤及数据如下（详细叙述参见上述 TO-205AF 三维模型的创建）：

a．管脚：

执行"放置"→"3D 元件体"命令，选择 Cylinder（圆柱体），3D 颜色为白色，半径为 15mil，高度为 200mil，支架高度为-200mil。

b. "8"字：

执行"放置"→"3D 元件体"命令，选择 Extruded，3D 颜色为蓝色，全部高度为 182mil，支架高度为 0。

c. 小数点：

执行"放置"→"3D 元件体命令，选择 Cylinder（圆柱体），3D 颜色为蓝色，半径为 15mil，高度为 182mil，支架高度为 0。

d. 主体：

执行"工具"→"Manage 3D Bodies for Current Component"命令，选择 Shape created from bounding rectangle on All Layers 行，在该选项所在行位置单击"结构体状态"列的 Not In Component LED-10 位置，避开高度为 0，全部高度为 180mil，3D 体颜色为灰色。

图 5-31　数码管 LED-10 的三维模型

5.2.6　检查元器件封装并生成报表

1. 检查元器件封装

PCB 库编辑器提供了一系列输出报表供设计者检查所创建的元器件封装是否正确以及当前 PCB 库中有哪些可用的封装。设计者可以通过元件规则检查（Component Rule Check）输出报表检查当前 PCB 库中所有元器件的封装，Component Rule Checker 可以检验是否存在重叠部分、焊盘标识符是否丢失、是否存在浮铜、元器件参数是否恰当等。

（1）使用这些报表之前，先保存库文件。

（2）执行"报告"→"元件规则检查"命令打开"元件规则检查"（Component Rule Check）对话框，如图 5-32 所示。

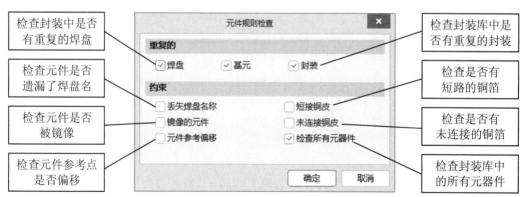

图 5-32　在封装应用于设计之前对封装进行查错

（3）检查所有项是否可用，选择默认值，单击"确定"按钮，生成 PcbLib1.ERR 文件并自动将其在 Text Editor 中打开。系统会自动标识出所有错误项，如果没有提示信息表明没有错误，如图 5-33 所示，由此看出，封装库内的 7 个元件没有错误。

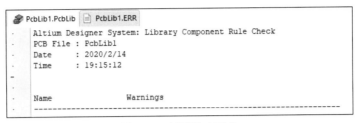

图 5-33　错误检查报告

（4）关闭报表文件返回 PCB 库编辑器。

2. 元件报表

生成包含当前元件可用信息的元件报表的步骤如下。

（1）执行"报告"→"器件"命令。

（2）系统显示 PcbLib1.CMP 报表文件，里面包含了选中封装元件的焊盘、线段、文字等信息，如图 5-34 所示。

```
 PcbLib1.PcbLib   PcbLib1.CMP   PcbLib1.ERR
1   Component    : TO-205AF
.   PCB Library  : PcbLib1.PcbLib
.   Date         : 2020/2/14
.   Time         : 19:29:19
.

.
.
.   Dimension : 0.519 x 0.48 in
.
10  Layer(s)            Pads(s)  Tracks(s)  Fill(s)  Arc(s)  Text(s)
.   ------------------------------------------------------------------
.   Multi Layer            3         0        0        0        0
.   Top Overlay            0         3        0        1        3
-   ------------------------------------------------------------------
.   Total                  3         3        0        1        3
```

图 5-34　生成的元件报表文件

3. 库清单

为库里面所有元件生成清单的步骤如下：

（1）执行"报告"→"库列表"命令。

（2）系统显示 PcbLib1.REP 清单文件，里面包含了库内所有元件封装的名字，如图 5-35 所示。

4. 库报表

为库里面所有元件生成 Word 格式的报表文件的步骤如下：

（1）执行"报告"→"库报告"命令。

（2）系统弹出"库报告设置"（Library Report Settings）对话框，如图 5-36 所示，选择产生输出文件的路径，其他选择默认值，单击"确定"按钮，产生 PcbLib1.doc 文件并自动显示，里面包含了库内所有封装元件的信息，如图 5-37 所示。

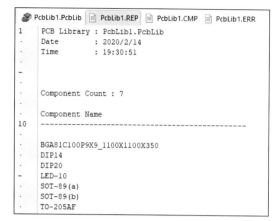

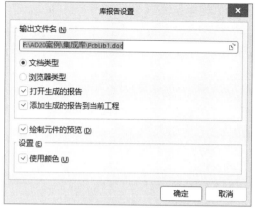

图 5-35　生成的元件库清单文件　　　　　　　图 5-36　　"库报告设置"对话框

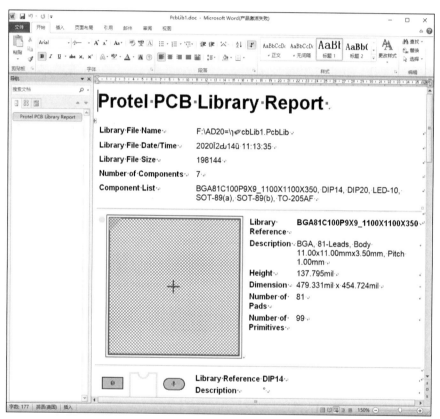

图 5-37　生成的 Word 格式的元件库报告文件

5.3　创建集成库

（1）建立集成库文件包——集成库的原始工程文件。

（2）为库文件包添加原理图库和 PCB 封装库。

（3）为元器件指定可用于板级设计和电路仿真的多种模型（本书只介绍封装模型）。

为第 4 章新建的原理图库文件内的三个器件（单片机 AT89C2051、与非门 74LS08、数码管 Dpy Blue-CA）重新指定设计者在本项目新建的封装库 PCB FootPrints.PcbLib 内的封装。

为 AT89C2051 单片机更新封装的步骤如下：

在 SCH Library 面板的"元器件"列表中选择 AT89C2051 器件，单击"编辑"按钮或双击元件名，打开 Component Properties 对话框，如图 5-38 所示。

在 Footprint 栏删除原来添加的 DIP-20 封装，选中该 DIP-20，单击"删除"按钮 🗑，然后添加设计者新建的 DIP20 封装。单击 Add 按钮，弹出"PCB 模型"对话框，如图 5-39 所示，单击"浏览"按钮，弹出"浏览库"对话框，如图 5-40 所示，查找新建的 PCB 库文件（PcbLib1.PcbLib），选择 DIP20 封装，单击"确定"按钮。

图 5-38　Component Properties 对话框

图 5-39　"PCB 模型"对话框

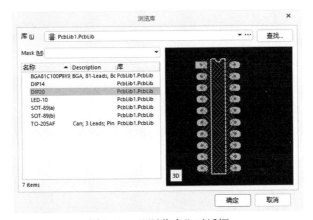

图 5-40　"浏览库"对话框

用同样的方法为与门 74LS08 添加新建的封装 DIP14。

用同样的方法为数码管 Dpy Blue-CA 添加新建的封装 LED-10。

在原理图库（Schlib1.Schlib）内复制 Miscellaneous Device.Schlib 库内的 2N3904 器件，并为其添加 TO-205AF 的封装。

（4）检查库文件包 Integrated_Library1.LibPkg 是否包含原理图库文件 Schlib1.Schlib 和 PCB 图库文件 Pcblib1.Pcblib，如图 5-41 所示。

图 5-41　库文件包包含的文件

（5）在本章的最后，将编译整个库文件包以建立一个集成库。该集成库是一个包含了第 4 章建立的原理图库（Schlib1.SchLib）及本章建立的 PCB 封装库（Pcblib1.PcbLib）的文件。即便设计者可能不需要使用集成库而是使用源库文件和各类模型文件，也很有必要了解如何去编译集成库文件，这一步工作将对元器件和跟元器件有关的各类模型进行全面的检查。编译库文件包的步骤如下：

1）在原理图库编辑界面内，执行"工程"→"Compile Integrated Library Integrated_Library1.LibPkg"命令，弹出 Confirm 对话框，如图 5-42 所示，单击 OK 按钮，便将库文件包中的源库文件和模型文件编译成一个集成库文件，并在"库"面板显示集成库文件，如图 5-43 所示。如果没有错误，集成库生成成功。如果有错误，系统将在 Messages 面板显示编译过程中的所有错误信息（单击 Panels 按钮，执行 Messages 命令），在 Messages 面板双击错误信息可以查看更详细的描述。直接跳转到对应的元件，设计者可在修正错误后进行重新编译，直到没有错误为止。

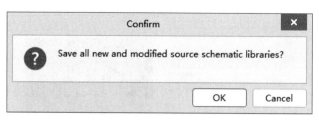

图 5-42　编译集成库的确认信息

2）系统会生成名为 Integrated_Library1.IntLib 的集成库文件（该文件名 Integrated_Library1 是在 4.2 节创建新的库文件包时建立的），并将其保存于当前文件夹下的 Project Outputs for Integrated_Library1 子文件夹下，同时新生成的集成库会自动添加到当前安装库列表中，以供使用。

图 5-43　"库"面板显示产生的集成库文件

现在设计者已经学会了建立电路原理图库文件、PCB 库文件和集成库文件。

5.4　集成库的维护

用户自己建立集成库后，可以给设计工作带来极大的方便。但是，随着新元器件的不断出现和设计工作范围的不断扩大,用户的元器件库也需要不断地进行更新和维护以满足设计的需要。

5.4.1　将集成零件库文件拆包

系统通过编译打包处理，将所有的关于某个特定元器件的所有信息封装在一起，存储在一个文件扩展名为 IntLib 的独立文件中构成集成元件库。对于该种类型的元件库，用户无法直接对库中内容进行编辑修改。对于用户自己建立的集成库文件，如果在创建时保留了完整的集成库库文件包，就可以通过再次打开库文件包的方式，对库中的内容进行编辑修改。修改完成后只要重新编译库文件包，就可以重新生成集成库文件。若用户只有集成库文件，这时，如果要对集成库中的内容进行修改，则需要先将集成库文件拆包，方法：打开一个集成库文件，弹出"解压源文件或安装"（Extract Sources or Install）对话框，单击"解压源文件"（Extract Sources）按钮，从集成库中提取库的源文件，在库的源文件中对元件进行编辑、修改、编译，才能最终生成新的集成库文件。

5.4.2 集成库维护的注意事项

集成库的维护是一项长期的工作。随着用户开始使用 Altium Designer 进行自己的设计，就应该随时注意收集整理，形成自己的集成元件库。在建立并维护自己的集成库的过程中，用户应注意以下问题。

1. 对集成库中的元器件进行验证

为保证元器件在印制电路板上的正确安装，用户应随时对集成零件库中的元器件封装模型进行验证。验证时，应注意以下几个方面的问题：元器件的外形尺寸；元器件焊盘的具体位置；每个焊盘的尺寸，包括焊盘的内径与外径。

穿孔式焊盘尤其需要注意内径，内径太大有可能导致焊接问题，内径太小则可能导致元器件引脚根本无法插入进行安装。在决定具体选用焊盘的内径尺寸时，还应考虑尽量减少孔径尺寸种类的数量。因为在印制电路板的加工制作时，对于每一种尺寸的钻孔，都需要选用一种不同尺寸的钻头，减少孔径种类，也就减少了更换钻头的次数，相应地也就减少了加工的复杂程度。贴片式焊盘则应注意为元器件的焊接留有足够的余量，以免造成虚焊盘或焊接不牢。另外，还应仔细检查封装模型中焊盘的序号与原理图元器件符号中管脚的对应关系。如果对应关系出现问题，无论是在对原理图进行编译检查时，还是在对印制电路板文件进行设计规则检查时，都不可能发现此类错误，只能是在制作成型后的硬件进行调试时才有可能发现，这时想要修改错误，通常只能重新另做板，会带来浪费。

2. 不要轻易对系统安装的元器件库进行改动

Altium Designer 系统在安装时，会将自身提供的一系列集成库安装到系统的 Library 文件夹下。对于这个文件夹中的库文件，建议用户轻易不要对其进行改动，以免破坏系统的完整性。另外，为方便用户的使用，Altium Designer 的开发商会不定时地对系统发布服务更新包。当这些更新包被安装到系统中时，有可能会用新的库文件将系统中原有的库文件覆盖。如果用户修改了原有的库文件，则系统更新时会将用户的修改结果覆盖；如果系统更新时不覆盖用户修改结果，则无法反映系统对库其他部分的更新。因此，正确的做法是将需要改动的部分复制到用户自己的集成库中，再进行修改，以后使用时从用户自己的集成库中调用相应内容。

熟悉并掌握 Altium Designer 的集成库，不仅可以大量减少设计时的重复操作，而且会减少出错的机率。对一个专业电子设计人员而言，对系统提供的集成库进行有效的维护和管理，以及具有一套属于自己的经过验证的集成库，将会极大地提高设计效率。

5.5 本章小结

本章主要介绍了 PCB 库编辑界面、标准 PCB 封装、异形 PCB 封装与 3D 封装的创建方法，集成库的创建与维护。希望设计者熟练掌握原理图库、PCB 库、集成库的创建方法，随着电子产品的增加，集成库内的元器件也相应增加，这样可方便设计并提高设计效率。

习题 5

1．简述进入 PCB 库编辑器的步骤。

2．简述创建集成库的步骤。

3．在第 4 章习题第 8 题的基础上，在集成库文件包 Integ_Lib.LibPkg 下，新建一个 PCB 图库文件，将其命名为 MyFootPrints.PcbLib。

4．在 MyFootPrints.PcbLib 库文件内，使用 PCB Component Wizard 向导创建一个双列直插元件封装 DIP14（两排焊盘间距 300mil），并为该元件建立 3D 模型。

5．在 MyFootPrints.PcbLib 库文件内，用手工方法为单片机 AT89C51 创建一个 DIP40 的封装（两排焊盘间距为 600mil），并为该元件建立 3D 模型。

6．在第 4 章习题第 9 题的基础上，为 2N3904 器件建立封装及 3D 模型。

7．为第 4 章建立的原理图库和本章建立的封装库建立集成库，并指出集成库存放的位置。

第 6 章　原理图绘制的环境参数及设置方法

任务描述

在掌握了前几章的内容后，设计者绘制一个简单的原理图、设计印制电路板应该没有问题了。但为了设计复杂的原理图，提高设计者的工作效率，把该设计软件的功能充分发掘出来，还需要进行后续章节的学习。本章主要介绍原理图编辑环境下的相关参数设置，涵盖以下内容：

- 原理图编辑的操作界面设置
- 原理图图纸设置
- 创建原理图图纸模板
- 原理图工作环境设置

6.1　原理图编辑的操作界面设置

启动 Altium Designer 后，系统并不会进入原理图编辑的操作界面，只有当用户新建或打开一个 PCB 工程中的原理图文件后，系统才会进入原理图编辑的操作界面，如图 6-1 所示。本章介绍的所有操作，都是在原理图编辑的操作界面内完成。所以用户一定要用前面介绍的方法，打开原理图编辑器。

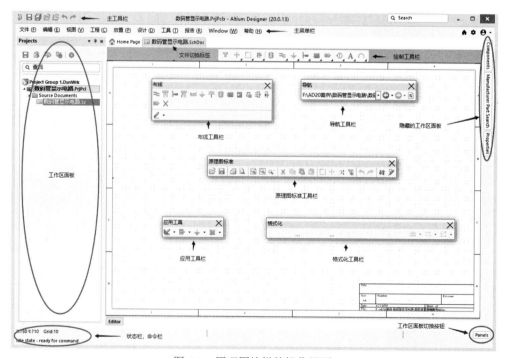

图 6-1　原理图编辑的操作界面

原理图绘制的环境，就是原理图编辑器以及它提供的设计界面。为了更好地利用强大的电子线路辅助设计软件 Altium Designer 进行电路原理图设计，首先要根据设计的需要对软件的设计环境进行正确的配置。Altium Designer 的原理图编辑的操作界面，顶部为主工具栏和主菜单栏，左侧部为工作区面板，右边大部分区域为编辑区，底部左边为状态栏及命令栏，还有布线工具栏、应用工具栏等。除主工具栏和主菜单外，上述各部件均可根据需要打开或关闭。工作区面板与编辑区之间的界线可根据需要左右拖动。几个常用工具栏除可将它们分别置于屏幕的上下左右任意一个边上外，还可以以活动窗口的形式出现。下面分别介绍各个环境组件的打开和关闭。

Altium Designer 的原理图编辑的操作界面中多项环境组件的切换可通过选择主菜单"视图"中的相应命令实现，如图 6-2 所示。"工具栏"为常用工具栏切换命令；"命令状态"为命令栏切换命令。菜单上的环境组件切换具有开关特性，例如，如果屏幕上有状态栏，当执行一次"状态栏"命令时，状态栏从屏幕上消失，当再执行一次"状态栏"命令时，状态栏又会显示在屏幕上。

1. 状态栏的切换

要打开或关闭状态栏，可以执行菜单命令"查看"→"状态栏"。状态栏中包括光标当前的坐标位置、当前的 Grid 值。

2. 命令栏的切换

要打开或关闭命令栏，可以执行菜单命令"查看"→"命令状态"。命令栏用来显示当前操作下可用的命令。

3. 工具栏的切换

Altium Designer 的工具栏中常用的有布线工具栏、导航工具栏、应用工具栏、原理图标准工具栏等。这些工具栏的打开与关闭可通过菜单"视图"→"工具栏"中子菜单的相关命令的执行来实现。工具栏菜单及子菜单如图 6-2 所示。

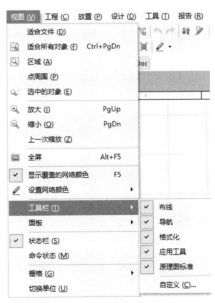

图 6-2　工具栏的切换

6.2 图纸设置

6.2.1 图纸尺寸

在电路原理图绘制过程中，对图纸的设置是原理图设计的第一步。虽然在进入原理图设计环境时，Altium Designer 系统会自动给出默认的图纸相关参数。但是对于大多数原理图的设计，这些默认的参数不一定适合设计者的要求。尤其是图纸幅面的大小，一般都要根据设计对象的复杂程度和需要对图纸的大小重新定义。在图纸参数的设置中，除了要对图幅进行设置外，还包括图纸选项、图纸格式以及栅格等的设置。

1. 选择标准图纸

（1）双击默认原理图页的边缘，设置原理图页大小的界面如图 6-3 所示。

（2）进入原理图图纸参数设置界面，如图 6-4 所示。

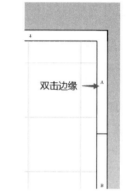

图 6-3　设置原理图页大小

图 6-4　原理图图纸的参数设置

（3）可以在 Selection Filter（选择过滤器）栏选择在原理图中显示的对象，如 Components（元器件）、Wires（导线）、Buses（总线）等，默认所有的对象全部显示。

（4）在 Page Options（图纸页面选择）栏有 3 个选项：Template（模板）、Standard（标准）、

Custom（定制）。鼠标单击 Template 标签，该标签用于设定文档模板，单击该区域的▼按钮，即可选择 Altium Designer 提供的标准图纸模板。

（5）在图 6-4 所示的界面中选择 Standard（标准），单击 Sheet Size（图纸尺寸）处的▼按钮，可选择各种规格的图纸。Altium Designer 系统提供了 18 种规格的标准图纸，各种规格的图纸尺寸见表 6.1。

表 6.1 各种规格的图纸尺寸

代号	尺寸/英寸	代号	尺寸/英寸
A4	11.5×7.6	E	42×32
A3	15.5×11.1	Letter	11×8.5
A2	22.3×15.7	Legal	14×8.5
A1	31.5×22.3	Tabloid	17×11
A0	44.6×31.5	OrCADA	9.9×7.9
A	9.5×7.5	OrCADB	15.4×9.9
B	15×9.5	OrCADC	20.6×15.6
C	20×15	OrCADD	32.6×20.6
D	32×20	OrCADE	42.8×32.8

在 Altium Designer 给出的标准图纸格式中主要有公制图纸格式（A4～A0）、英制图纸格式（A～E）、OrCAD 格式（OrCADA～OrCADE）以及其他格式（Letter、Legal）等。选择后，返回原理图编辑器就可更新当前图纸的尺寸。

2. 自定义图纸

如果需要自定义图纸尺寸，选择 Custom（自定义），如图 6-5 所示。自定义风格栏中其他各项设置的含义如下：

- Width（宽度）：设置图纸的宽度。
- Height（高度）：设置图纸的高度。
- Orientation（方向或定位）：设置图纸的方向（横向或纵向）。
- Title Block（标题栏）：设置图纸的标题栏。
- Margin and Zones（边缘区域）：设置图纸的边缘。
- Show Zones（显示区域）：勾选此项前面的复选框，显示图纸的边缘区域，否则不显示边缘区域。
- Vertical（垂直）：设置图纸边缘垂直显示格数，4 就是 4 格，用字母表示为 ABCD。
- Horizontal（水平）：设置图纸边缘水平显示格数，6 就是 6 格，用数字表示 123456。
- Origin（原点）：指出图纸边缘标识的起始位置，可以是 Upper Left（左上角）或 Bottom Right（右下角）。
- Margin Width（边缘宽度）：设置图纸边框宽度，如在图 6-5 中设置为 5.08mm，就是将图纸的边框宽度设置为 5.08mm。

一般来说，这个自定义尺寸是画完原理图之后根据实际需要来定义的，这样可以让原理图不至于过大或者过小。

图 6-5　自定义图纸参数

6.2.2　图纸方向

1. 设置图纸方向

在图 6-4 中的 Orientation（方向或定位）处，使用下拉列表可以选择图纸的布置方向，单击右边的 ▼ 按钮可以选择 Landscape（横向）或 Portrait（纵向）。

2. 设置图纸标题栏

图纸标题栏是对图纸的附加说明。Altium Designer 提供了两种预先定义好的标题栏，分别是标准格式（Standard）和美国国家标准协会支持的格式（ANSI），分别如图 6-6（a）和图 6-6（b）所示。设置时应首先勾选 Title Block（标题块）左边的复选框，然后单击右边的 ▼ 按钮即可选择 Standard 或 ANSI；若未勾选该复选框，则不显示标题栏。

（a）标准格式（Standard）标题栏

（b）美国国家标准模式（ANSI）标题栏

图 6-6　图纸标题栏

6.3　常规（General）设置

在常规栏可以设置图纸的单位、可视栅格、捕捉栅格、捕捉距离、文字字体大小、图纸边框的颜色及显示与否、图纸的底色等参数，如图 6-7 所示。

图 6-7　General 栏

Units（单位）：设置图纸的单位是用公制还是用英制。选择 mm 表示用公制；选择 mils 表示用英制。

6.3.1　Grid 设置

在设计原理图时，图纸上的栅格（Grid）为放置元器件、连接线路等设计工作带来了极大的方便。栅格的设置有利于放置元器件及绘制导线的对齐，以达到规范和美化设计的目的。

在原理图编辑器中，可以设置网格的种类（在 6.6.6 节介绍）以及是否显示网格。

- Visible Grid（可视栅格）：可以设置可视网格的大小，通过眼睛图标 ◉ 控制网格的显示。眼睛图标有效（ ◉ ），网格显示；眼睛图标无效（ ◌ ），原理图编辑界面不显示网格。
- Snap Grid（捕捉栅格）：可以设置捕捉栅格的大小，选中复选框则 Snap Grid 有效。

● Snap to Electrical Object（捕捉电子物体）：选中复选框表示在绘制原理图图纸上的连线时捕捉电气节点有效。

● Snap Distance（捕捉距离）：设置在绘制图纸上的连线时捕捉电气节点的半径。

具体设置内容介绍如下：

（1）可视栅格（Visible Grid）表示图纸上可见的栅格。

（2）捕捉栅格（Snap Grid）表示设计者在放置或者移动"对象"时，光标移动的距离。捕捉功能的使用，可以在绘图中能快速地对准坐标位置，若要使用捕捉栅格功能，先选中"捕捉栅格"（Snap Grid）选项右边的复选框，然后在右边的输入框中输入设定值。

（3）捕捉距离（Snap Distance）用来设置在绘制图纸上的连线时捕捉电气节点的半径。该选项的设置值决定系统在绘制导线时，以鼠标当前坐标位置为中心，以设定值为半径向周围搜索电气节点，然后自动将光标移动到搜索到的节点表示电气连接有效。实际设计时，为能准确快速地捕捉电气节点，捕捉距离应该设置得比当前捕捉栅格稍微小点，否则电气对象的定位会变得相当的困难。

栅格的正确设置和使用可以使设计者在原理图的设计中准确地捕捉元器件。使用可见栅格，可以使设计者大致把握图纸上各个元素的放置位置和几何尺寸，捕捉距离的使用大大地方便了电气连线的操作。在原理图设计过程中恰当地使用栅格设置，可方便电路原理图的设计，提高电路原理图绘制的速度和准确性。

6.3.2 文档字体设置

Document Font（文档字体）：单击 Document Font 右边的字体将弹出系统字体设置下拉菜单，如图 6-8 所示，可以对字体、字号等进行设置。

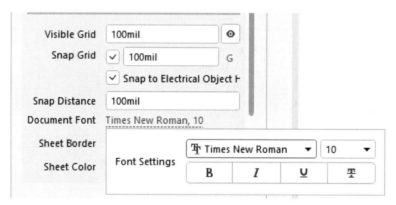

图 6-8　文档字体设置

6.3.3 图纸颜色设置

图纸颜色设置包括图纸边框（Sheet Border）和图纸底色（Sheet Color）的设置。

在图 6-7 中，Sheet Border（图纸边框）选择项用来设置边框的颜色，默认值为黑色。单击右边的颜色框，系统将弹出选择颜色下拉菜单，如图 6-9 所示，我们可通过它来选取新的边框颜色；勾选 Sheet Border 右边的复选框，显示图纸边框，否则不显示边框。

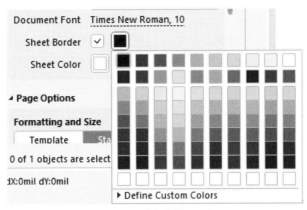

图 6-9　选择颜色界面

　　Sheet Color（图纸底色）：设置图纸的底色，默认为浅黄色。要改变底色时，单击右边的颜色框，打开选择颜色界面，在此选取新的图纸底色。

6.4　其他设置

　　图纸的设计信息记录了电路原理图的设计信息和更新记录。Altium Designer 的这项功能使原理图的设计者可以更方便、有效地对图纸的设计进行管理。在图 6-7 中用鼠标单击 Parameters（参数）标签，打开图纸设计信息设置对话框，如图 6-10 所示。Parameters（参数）标签下为原理图文档提供 20 多个文档参数，供用户在图纸模板和图纸中进行放置。当用户为参数赋了值，并选中"显示没有定义值的特殊字符串的名称"复选框后（单击主菜单"工具"→"原理图优先项"→Schematic→Graphical Editing，将出现"显示没有定义值的特殊字符串的名称"复选框），图纸上将显示所赋参数值。

　　在图 6-10 所示对话框中可以设置的选项很多，其中常用的有以下几个：

　　Address：设计者所在的公司以及个人的地址信息。

　　ApprovedBy：原理图审核者的名字。

　　Author：原理图设计者的名字。

　　CheckedBy：原理图校对者的名字。

　　CompanyName：原理图设计公司的名字。

　　CurrentDate：系统日期。

　　CurrentTime：系统时间。

　　DocumentName：该文件的名称。

　　ModifiedDate：修改日期。

　　ProjectName：工程名称。

　　SheetNumber：原理图页面数。

　　SheetTotal：整个设计项目拥有的图纸数目。

　　Title：原理图的名称。

　　如果完成了参数赋值后标题栏内没有显示任何信息，例如在图 6-10 中的 Title 栏处，若赋了"数码管显示电路"的值，而标题栏无显示，则需要进行如下操作：

单击工具栏中的绘图工具按钮 ，在弹出的工具面板中单击添加放置文本按钮 A，按 Tab 键，打开 Text Properties（文本属性）对话框，如图 6-11 所示，在 Properties（属性）选项区域中的 Text 下拉列表框中选择"=Title"，在 Font（字体）处可设置字体的颜色、大小等属性，然后返回原理图编辑器，鼠标在标题栏中 Title 处的适当位置，按鼠标左键即可。

图 6-10　图纸设计信息设置对话框

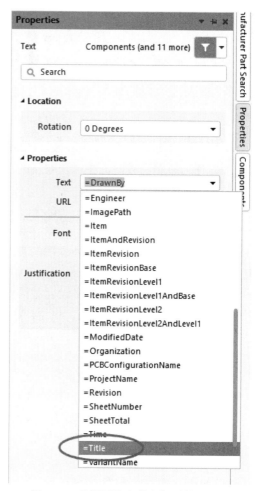

图 6-11　使设置的参数在标题栏内可见

6.5　原理图图纸模板设计

Altium Designer 提供了大量的原理图的图纸模板供用户调用，这些模板存放在 Altium Designer 安装盘的\User\Public\Documents\Altium\AD20\Templates 子目录里，用户可根据实际情况调用。但是针对特定的用户，这些通用的模板常常无法满足需求，因此 Altium Designer 提供了自定义模板的功能。下面将介绍原理图图纸模板的创建和调用方式。

6.5.1　创建原理图图纸模板

本节将通过创建一个纸型为 B5 的文档模板的实例，介绍如何自定义原理图图纸模板，以及如何调用原理图图纸参数。

（1）执行菜单命令"文件"→"新的"→"原理图"，如图 6-12 所示，新建一个原理图，命名为 B5_Template.SchDoc。新建的原理图上显示默认的标题栏和图纸边框。

图 6-12　新建原理图

（2）用 6.2～6.3 介绍的方法，删除标题栏与图纸边框的显示，并设置 Unit（单位）为公制。

（3）自定义图纸幅面。在 Page Options（页面选择）栏选择 Custom（定制），在 Width（宽度）编辑框中输入 257mm，在 Height（高度）编辑框中输入 182mm。

（4）在 Margin and Zones（边缘区域）栏，勾选 Show Zones（显示区域）前的复选框；勾选 Sheet Border（图纸边框）后的复选框，显示图纸边框；在 Vertical（垂直）编辑框中输入 3；在 Horizontal（水平）编辑框中输入 4；在 Origin（原点）编辑框中选择 Upper Left（左上角）；在 Margin Width（边缘宽度）编辑框中输入 5。

通过以上操作，创建了如图 6-13 所示的 B5 规格的无标题栏的空白图纸。

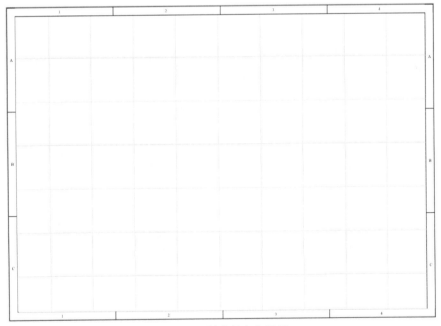

图 6-13　创建的空白图纸

（5）单击工具栏中的绘图工具按钮🖊，在弹出的工具面板中单击绘制直线工具按钮╱，按 Tab 键打开直线属性编辑对话框，然后设置直线的颜色为黑色。

（6）在图纸的右下角绘制如图 6-14 所示的标题栏边框。

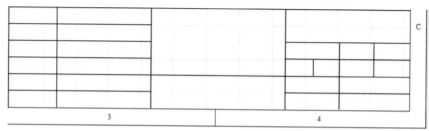

图 6-14　绘制的标题栏边框

（7）单击工具栏中的绘图工具按钮 ✎，在弹出的工具面板中单击添加放置文本按钮 A，按 Tab 键打开 Text 对话框，然后设置文字的颜色为黑色，字体为黑体，字形为常规，字体大小为 16，文字内容为"标题:"，返回原理图纸编辑界面，然后将文字移动到如图 6-15 所示的位置。

		标题:			

图 6-15　输入标题

（8）按 Tab 键打开 Text 对话框，然后设置字体大小为 12，字体颜色为黑色，按照如图 6-16 所示的标题栏添加其他的文字。

设　计		标题:	图号:		
审　核					
工　艺			阶段标记	质量	比例
标准化					
批　准		公司:	第　张	共　张	
日　期					

图 6-16　添加标题文字后的标题栏

（9）鼠标双击图纸边缘打开 Document Options（文档选项）控制面板，选择 Parameters（参数）标签，为 Technologist（工艺）（单击 Add 按钮，添加一行参数 Parameter1，把它更名为 Technologist 即可）、Normalizer（标准化）、Ratifies（批准）设置参数，如图 6-17 所示。

（10）单击绘制工具栏上的放置文本按钮 A，按 Tab 键打开 Text 对话框，设置文字的颜色为蓝色，设置字体为 12，在 Text 下拉列表框中选择"=Title"，单击"确定"按钮，然后在标题栏中"标题:"处的适当位置按鼠标左键，即把"=Title"参数放在标题区。

（11）按照步骤（10）的方法为标题栏添加如图 6-18 所示的参数，设置好的标题栏如图 6-19 所示。

Properties
Document Options
ponents (and 11 more)
Search
General
Parameters
Application_BuildNuml *
ApprovedBy *
Author *
CheckedBy *
CompanyName *
CurrentDate *
CurrentTime *
Date *
DocumentFullPathAnd F:\AD20案例\原理图...
DocumentName B5_Demo.SchDoc
DocumentNumber *
DrawnBy *
Engineer *
ImagePath *
ModifiedDate 2020/2/19
Normalizer *
Organization *
ProjectName *
Ratifies *
Revision *
SheetNumber *
SheetTotal *
Add

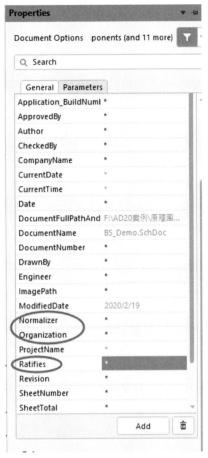

图 6-17　添加参数控制面板

设 计
=Author
审 核
=ApprovedBy
工 艺
=Technologist
标准化
=Normalizer
批 准
=Ratifier
日 期
=CurrentDate
标题：
=Title
公司：=CompanyName
图号：=SheetNumber
阶段标记
质量
比例
第　张
共　张

图 6-18　添加参数后的标题栏

设 计
*
审 核
*
工 艺
*
标准化
*
批 准
*
日 期
2020/2/19
标题：
*
公司：*
图号：*
阶段标记
质量
比例
第　张
共　张

图 6-19　设计好的标题栏

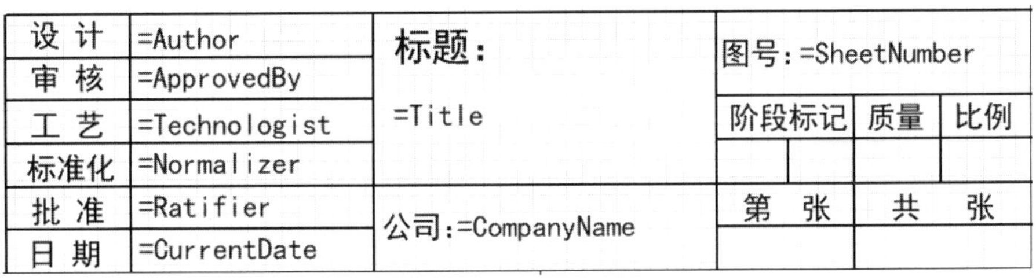

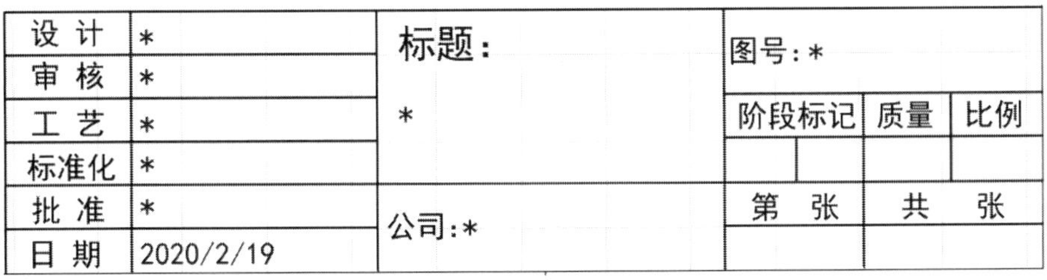

（12）执行"文件"→"另存为"命令，在弹出的"保存"对话框中设置文件名为 B5_Template.SchDot，注意，保存类型为原理图模板文件（.SchDot），单击"保存"按钮。

注意：日期这一栏的参数为 CurrentDate，所以显示的是绘图时计算机内的系统日期。

6.5.2　原理图图纸模板文件的调用

1. 系统模板的调用

在原理图编辑器中，在主菜单中执行"设计"→"模板"→"通用模板"命令，进行如图 6-20（a）所示的选择之后，系统会弹出一个提示模板更新的"更新模板"对话框，如图 6-20（b）所示，选择适配的范围更新即可。

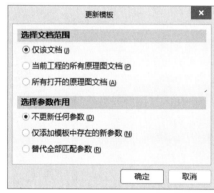

（a）"通用模板"命令　　　　　　　　　　　（b）"更新模板"对话框 1

图 6-20　系统模板调用

2. 自定义模板的调用

（1）如果要调用 6.5.1 节中创建的原理图图纸模板 B5_Template.SchDot，在主菜单中执行"设计"→"模板"→"通用模板"→"Choose Another File"命令，弹出打开文件对话框，找对路径，选择 6.5.1 中创建的原理图图纸模板文件 B5_Template.SchDot，单击"打开"按钮，弹出"更新模板"对话框 2，如图 6-21 所示。

1）图 6-21 所示对话框中的"选择文档范围"有三个选项，用来设置操作的对象范围，其中：

- "仅该文档"表示仅仅对当前原理图文件进行操作，即移除当前原理图文件模板，调用新的原理图图纸模板。
- "当前工程的所有原理图文档"表示将对当前原理图文件所在工程中的所有原理图文件进行操作，即将移除当前原理图文件所在工程中所有的原理图文件模板，调用新的原理图图纸模板。
- "所有打开的原理图文档"表示将对当前所有已打开的原理图文件进行操作，即移除当前打开的所有原理图文件模板，调用新的原理图图纸模板。

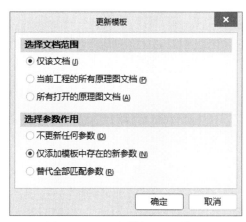

图 6-21　"更新模板"对话框 2

2）图 6-21 所示对话框中的"选择参数作用"有三个选项用于设置对于参数的操作，其意义如下：

- "不更新任何参数"表示在模板中新建的参数不能添加，仅保留系统的参数。
- "仅添加模板中存在的新参数"表示将原理图图纸模板中的新定义的参数添加到调用原理图图纸模板的文件中。
- "替代全部匹配参数"表示用原理图图纸模板中的参数替换当前文件的对应参数。

（2）在图 6-21 所示的"更新模板"对话框 2 中，选择"仅该文档"和"仅添加模板中存在的新参数"单选按钮（由于在创建 B5_Template.SchDot 模板时建立了"工艺""标准化""批准"参数），单击"确定"按钮，弹出如图 6-22 所示的 Information 消息框，要求用户确认在一个原理图文档中调用新的原理图模板。

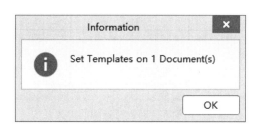

图 6-22　Information 消息框

单击 Information 消息框中的 OK 按钮，即调出了原理图图纸模板，如图 6-23 所示。

调用的原理图图纸模板与 6.5.1 节中建立的标题栏的格式完全相同，只是标题栏里的参数需要用户根据实际的原理图进行设置。

注意：日期这一栏的内容是计算机内的系统日期。

如果在图 6-21 所示的"更新模板"对话框 2 中，选择"仅该文档"和"不更新任何参数"单选按钮，单击"确定"按钮，则调用的模板标题栏如图 6-24 所示，模板 B5_Template.SchDot 文件新增的"工艺""标准化""批准"参数无效。

3. 模板的删除

如果设计当中考虑到保密或者有不需要的模板时，可以对模板进行删除。在主菜单中执行"设计"→"模板"→"移除当前模板"命令，可以删除当前使用的模板。

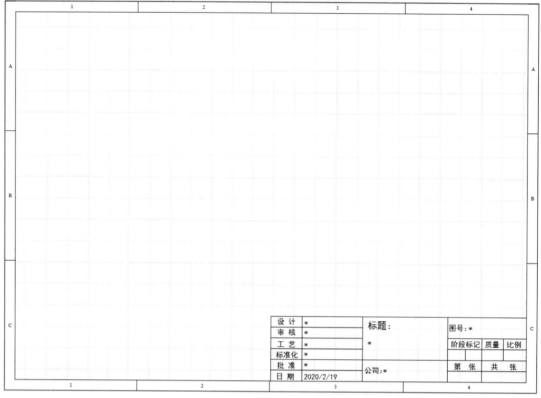

图 6-23　调用的原理图图纸模板

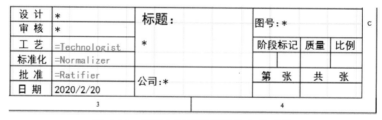

图 6-24　模板中标题栏新增的参数无效

6.6　原理图工作环境设置

Altium Designer 的原理图绘制模块为用户提供了灵活的工作环境设置选项,这些选项和参数主要集中在"优选项"（Preferences）对话框内的 Schematic 选项组内,如图 6-25 所示,通过对这些选项和参数的合理设置,可以使原理图绘制模块更能满足用户的操作习惯,有效提高绘图效率。在原理图编辑环境下,通过以下操作打开图 6-25 所示的对话框。

- 在菜单中执行"工具"→"原理图优先项"菜单命令。
- 使用右键快捷菜单。在原理图编辑环境中的工作区任意位置右击,这时系统弹出原理图编辑的快捷菜单,选择其中的"原理图优先项"选项。
- 在主菜单栏右边单击图标 ✿,在弹出的界面中选择 Schematic 标签。

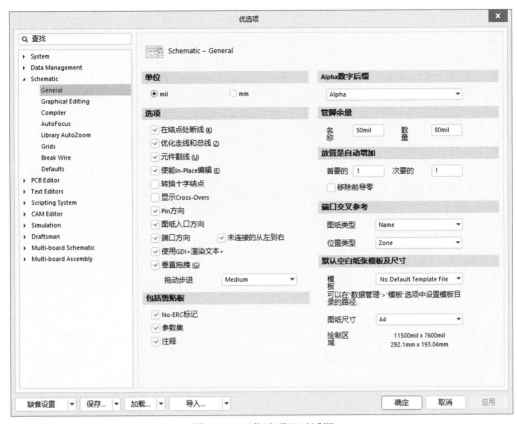

图 6-25　"优选项"对话框

　　"优选项"对话框中的 Schematic 选项组中共有 8 个选项卡，它们分别是 General（常规设置）、Graphical Editing（图形编辑）、Compiler（编译器）、AutoFocus（自动获取焦点）、Library AutoZoom（库扩充方式）、Grids（栅格）、Break Wire（断开连线）、Defaults（默认）。下面对常用的选项进行介绍（没有提到的参数一般采取默认设置即可，提及的参数建议参照设置）。

6.6.1　General（常规设置）

　　General 选项卡如图 6-25 所示，主要用于原理图编辑过程中的常规项的设置。按照选项功能细分，共分为 8 个选项区域，下面就其常用功能进行介绍。

1. 选项（Options）

本部分通过复选的方式设置下列参数。

● 在节点处断线（Break Wires At Autojunctions）。选中该复选框后，在两条交叉线处自动添加节点，节点两侧的导线将被分割成两段。

● 优化走线和总线（Optimize Wires and Buses）。选中该复选框后，在进行导线或总线的连接时，系统将自动选择最优路径，并且可以避免各种电气连线和非电气连线的相互重叠，此时，下面的"元件割线"复选框也呈现可选状态；若不选中该复选框，则用户可以进行连线路径的选择。图 6-26 是两根独立的导线连接在一起成为一根导线时使用优化走线和不使用优化走线的效果。

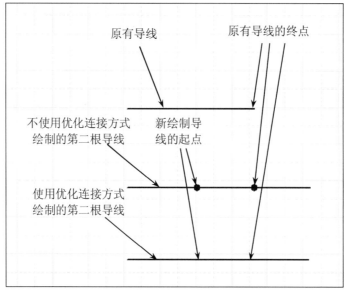

图 6-26　优化连线举例

- 元件割线（Component Cut Wires）。放置一个元件过程中，当选中此复选框时，若元件的两个管脚同时落在一根导线上，该导线将被元件的两个管脚切割成两段，并将切割的两个端点分别与元件的管脚相连接；如果未选中该复选框，系统不会自动切除连线夹在元件引脚中间的部分。图 6-27 所示为将一个电容符号移动到一条导线上时，选中"元件割线"复选框前后的结果对比。

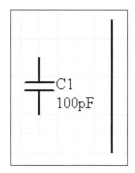

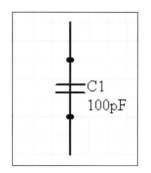
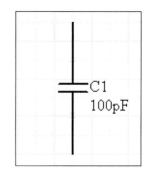

（a）移动电容前　　　（b）未选中"元件割线"复选框　　　（c）选中"元件割线"复选框

图 6-27　选中"元件割线"复选项前后的区别

- 使能 In-Place 编辑（Enable In-Place Editing）。该项用于设置在原理图中是否可直接编辑文本。选中该项后，用户可通过在原理图中的文本上单击鼠标左键或使用快捷键 F2，直接进入文本编辑框，修改文本内容。建议选中该复选项。
- 转换十字节点（Convert Cross-Junctions）。若选中该复选框，向三根导线的交叉处再添加一根导线时，系统自动将四条导线的连接形式转换成两个三线的连接，以保证四条导线之间在电气上是连通的。如果未选中该复选框，一个四线连接会被视为两根不相交的导钱，其在电气上是不连通的，但可以通过放置手动节点将其相连，如图 6-28 所示。

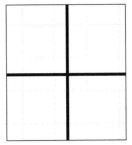

（a）未选中"转换十字节点"复选框　　　　　（b）选中"转换十字节点"复选框

图 6-28　选中"转换十字节点"复选框前后的区别

- 显示 Cross-Overs（显示交叉弧）。选中该复选框时，原理图中的交叉接点处会显示为一个弧形，以明确指出两条导线不具有电气上的连通，如图 6-29 所示。一般推荐不勾选此项。

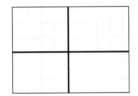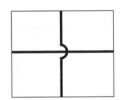

（a）未选中"显示 Cross-Overs"复选框　　　　（b）选中"显示 Cross-Overs"复选框

图 6-29　选中"显示 Cross-Overs"复选框前后的区别

- Pin 方向（显示管脚方向）。该项用于控制是否显示引脚上的信号流向。选中该复选框时，系统在元器件的管脚处用三角箭头明确指出管脚的信号输入、输出方向，否则不显示管脚的信号流方向，如图 6-30 所示。

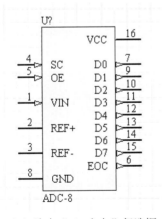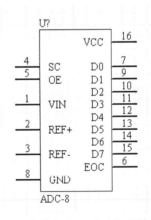

（a）选中"Pin 方向"复选框　　　　　　（b）未选中"Pin 方向"复选框

图 6-30　选中"Pin 方向"复选框前后的区别

- 图纸入口方向（Sheet Entry Direction）。该项用于控制在层次化原理图设计中，是否显示图纸连接端口的信号流向。选中该选项后，原理图中的图纸连接端口将通过箭头的方式显示该端口的信号流向，这样能避免原理图中电路模块间信号流向矛盾的错误出现。

- 端口方向（Port Direction）。该项用于控制是否显示连接端口的信号流向。选中该选项后，电路端口将通过箭头的方式显示该端口的信号流向，这样能避免原理图中信号流向矛盾的错误出现。
- 未连接的从左到右（Unconnected Left to Right）。勾选该复选框时，对于未连接的端口，一律显示为从左到右的方向（相当于 Right 显示风格），如图 6-31 所示。

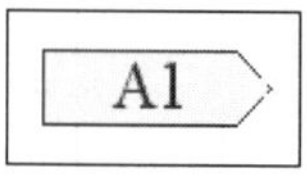

（b）选中"未连接从左到右"复选框 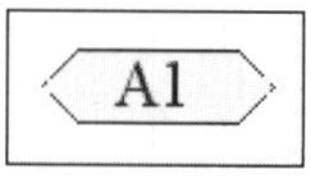　　　　（b）未选中"未连接从左到右"复选框

图 6-31　选中"未连接从左到右"复选框前后的区别

- 使用 GDI+渲染文本+。选中该复选框后，可使用 GDI 渲染功能，精细到字体的粗细、大小等功能。
- 垂直拖曳（Drag Orthogonal）。若选中此复选框，在绘图过程中拖动元器件或其他对象时，与之连接的导线将始终保持与屏幕坐标的正交（与拖动方向的平行或垂直）关系；若未选中此复选框，拖动时导线将以任意角度保持原有的连接关系。

2. 包含剪贴板（Include with Clipboard）

这一部分设置是否将红色标出的"No-ERC 标志"（忽略 ERC 检查符号）和设置对象的参数复制到剪贴板中。本部分共有三个复选框，说明如下：

- No-ERC 标记（No-ERC Markers）。此复选框决定在使用剪贴板进行复制、剪切操作时，对象的"No-ERC 标志"是否随图形文件被复制。选中该复选框，则使用剪贴板进行复制操作时，包含图纸的忽略 ERC 检查符号。
- 参数集（Parameter Sets）。这个复选框决定在使用剪贴板进行复制、剪切操作时，对象的参数设置是否随图形文件被复制。选中该复选框，则使用剪贴板进行复制操作时，包含元器件参数信息。
- 注释（Notes）。这个复选框决定在使用剪贴板进行复制、剪切操作时，对象的注释信息是否随图形文件被复制。选中该复选框，则使用剪贴板进行复制操作时，包含元器件注释信息。

3. Alpha 数字后缀（Alpha Numeric Suffix）

这一部分用于在放置一个包括多个部件的器件时，定义每个部件序号的表示形式。选 Alpha 表示字母，选 Numeric 表示数字。例如，对于一个器件的第二部分，一般有两种表示方式：使用英文字母顺序的表示方式（U1:B）和使用数字顺序的表示方式（U1:2）。

- 选"字母"，子部件的后缀以字母表示，如 U1:A、U1:B 等。
- 选"数字"，子部件的后缀以数字表示，如 U1:1、U1:2 等。

4. 管脚余量（Pin Margin）

这一部分用来设置在图纸上标注电路中元器件的引脚名称和引脚的序号时，它们相对于元器件引脚的位置。这个值设置得越大，引脚与之相对应的名称和标号的距离就越远。

- "名称"框：用来设置元器件的引脚名称与元器件符号边缘之间的距离，系统默认值为 50mil。

- "数字"框：用来设置元器件的引脚数字与元器件符号边缘之间的距离，系统默认值为 80mil。

5. 放置是自动增加（Auto-Increment During Placement）

这一部分定义当放置一个支持自动增量的对象时，自动增量值的大小。在 Altium Designer 电路原理图编辑环境中，支持自动增量的对象包括：元器件的标号、元器件的引脚以及所有与网络有关的标号（网络的标号、端口的标号和电源端口等）。第二增量域值（次要的），用于包含两个可以增加/减少增量值的对象，例如，对于元器件的引脚，就有与名称有关的序号和与引脚相关的序号。

注意："首要的"和"次要的"域的值都可以设置为数字或者英文字母顺序的值。

- 移除前导零（Remove Leading Zeroes）。若选中该复选框，当放置一个数字字符时，前面的 0 自动去掉。如，放置 000456 时，显示为 456，前面的 0 自动去掉。

6. 默认空白纸张模板及尺寸（Default Blank Sheet Template or Size）

此部分用于当新建一个空白的原理图文档时，设置其初始的图纸尺寸。用户可以将其设置为最经常使用的一种图纸尺寸。

- "模板"编辑框用于设定默认的模板文件。用户可在模板编辑框内选择需要的模版文件，设定完成后，新建的原理图文件将自动套用设定的文件模板。该选项的默认值为 No Default Template File，表示没有设定默认模板文件。
- "图纸尺寸"编辑框用来选择图纸的大小。
- "绘制区域"用于显示选择图纸的尺寸。

6.6.2 Graphical Editing 选项页

Graphical Editing 选项页如图 6-32 所示。该选项页主要用于对原理图编辑中的图像编辑属性进行设置，如鼠标指针类型、始终拖曳等。下面对常用选项进行介绍，其他采取默认设置即可。

图 6-32 Graphical Editing 选项页

1. 选项（Options）

"选项"区域用于设定原理图文档的操作属性。

- 剪贴板参考（Clipboard Reference）。该复选项用于设置在剪贴板中使用的参考点。选中该项后，当用户在进行复制和剪切操作时，系统会要求用户设定所选择对象复制到剪贴板时的参考点。当把剪贴板中的对象粘贴到原理图上时，将以参考点为基准。如果没有选择此项，进行复制和剪切时系统不会要求指定参考点。

- 添加模板到剪贴板（Add Template to Clipboard）。该复选项用于设置剪贴板中是否包含模版内容。选中该项后，在使用复制或剪切命令时，包含图形边界、标题栏和任何附加图形的当前页面模板将被复制到 Windows 的剪贴板。若未选中该复选项，用户可以直接将原理图复制到 Word 文档。建议用户取消选中该复选框。

- 显示没有定义值的特殊字符串的名称（Display Name of Special String that have No Value Defined）。选中该复选项后，系统会将原理图中的特殊字符串转换成它所代表的内容，例如，Date 将会转换成显示它们实际代表的意义，这里显示的将会是系统当前的日期。若未选中此项，原理图中的特殊字符串将不进行转换。

- 对象中心（Center of Object）。该复选项用于设置对象的中心点为操作的基准点，选中该项后，当使用鼠标调整元件位置时，将以对象的中心点为操作的基准点，此时鼠标指针将自动移到元件的中心点。

- 对象电气热点（Object's Electrical Hot Spot）。该复选项用于设置元件的电气热点作为操作的基准点。选中该项后，当使用鼠标调整元件位置时，以元件离鼠标指针位置最近的热点（一般是元件的引脚末端）为基准点。

- 自动缩放（Auto Zoom）。选中该复选项后，当选中某元件时，系统会自动调整视图显示比例，以最佳比例显示所选择的对象。

- 单一'\'符号代表负信号（Single '\' Negation）。该复选项用于设置在编辑原理图符号时，以'\'字符作为引脚名上加短横线的标识。选中该复选项后，在引脚 Name 后添加'\'符号后，引脚名上方就显示短横线。图 6-33 所示为一个 Name 项设置为"R\E\S\E\T\"的引脚在选择"单一'\'符号"复选框前后的显示情况。

（a）未选择"单一'\'符号"复选框　　　　　　（b）选择"单一'\'符号"复选框

图 6-33　选择"单一'\'符号"复选框的显示效果

- 选中存储块清空时确认（Confirm Selection Memory Clear）。该复选项用于设置在清除选择存储器的内容时，显示确认消息框。若选中该项，当用户单击存储器选择对话框的 Clear 按钮欲清除选择存储器的内容时，系统将弹出一个"确认"对话框，请求确认。若未选中该项，在清除选择存储器的内容时将不会出现"确认"对话框，而是直接进行清除。建议选中该项，这样可以防止由于疏忽而删除已选存储器的内容。

- 始终拖曳（Always Drag）。该复选项用于设置在移动具有电气意义的对象位置时，将保持对象的电气连接状态，即系统会自动调整导线的长度和形状。选中该复选框，当移动某一元件时，与其相连的导线也会被随之被拖动，保持连接关系；否则，移动元件时，与其相连的导线不会被拖动。
- Shift+单击选择（Shift Click to Select）。该复选项用于指定需要按住 Shift 键，然后单击鼠标左键才能选中的对象。选中该项后，该项右侧的"元素"（Primitives）按钮被激活，单击"元素"按钮，打开如图 6-34 所示的"必须按住 Shift 选择"（Must Hold Shift To Select）对话框。在该对话框内的列表中勾选对象类型对应的"使用 Shift"栏，所有在"必须按定 Shift 选择"对话框中勾选的对象类型都需要按住 Shift 键，然后单击鼠标左键才能被选中。

图 6-34　"必须按住 Shift 选择"对话框

- 单击清除选中状态（Click Clears Selection）。该复选项用于设置通过单击原理图编辑窗口内的任意位置来清除其他对象的选中状态。若未选中该复选项，单击原理图编辑窗口内已选中对象以外的任意位置，只会增加已选中的对象，无法清除其他对象的选中状态。
- 保护锁定的对象（Protect Locked Object）。选中该复选框，系统会对锁定的图元进行保护；取消选中该复选框，则锁定的对象不会被保护。
- 粘贴时重置元件位号（Reset Parts Designators On Paste）。选中该复选框，将对复制粘贴后的元件位号进行重置。

2. 自动平移选项（Auto Pan Options）

该区域主要用于设置系统的自动平移功能。自动平移是指当鼠标处于放置元件的状态时，如果将光标移动到编辑区边界上，图纸边界自动向窗口中心移动。

- "使能 Auto Pan"前的复选框被选中，才能在原理图编辑器中放置元件。

- "类型"下拉列表框：单击该选项右边的下拉按钮，将弹出如图 6-35 所示的下拉列表。
  - ➢ Auto Pan Fixed Jump：以步进步长（Step Size）和移位步进步长（Shift Step Size）所设置的值进行自动移动。系统默认为 Auto Pan Fixed Jump。
  - ➢ Auto Pan ReCenter：重新定义编辑区的中心位置，即以光标所指的边为新的编辑中心。

图 6-35　"自动平移选项"区域

- "速度"滑块用于设定自动移动速度。滑块越向右，移动速度越快。
- 步进步长用于设置滑块每一步移动的距离，系统默认值为 300mil。
- 移位步进步长用来设置在按下 Shift 键时，原理图自动移动的步长，一般该栏的值大于"步进步长"中的值，这样按下 Shift 键时，可以加速原理图图纸的移动速度，系统默认值为 1000mil。

3. 颜色选项（Color Options）

"颜色选项"区域用于设定有关对象的颜色属性。

"选择"（Selections）彩色条用来设定被选中对象边框的高亮显示颜色。单击"选择"彩色条，打开"选择颜色"（Choose Color）对话框。用户可以从该对话框中选择合适的颜色，然后单击"确定"按钮。建议选择比较鲜艳的色彩，以便与普通对象有明显区别。系统默认的色彩为亮绿色。

4. 光标（Cursor）

"光标"区域用于定义鼠标指针的显示类型。

"光标类型"（Cursor Type）下拉列表用于设置对对象操作时的鼠标指针类型，有以下 4 个选项：

- Large Cursor 90：将鼠标指针设置为由水平线和垂直线组成的 90° 大鼠标指针，其中的水平线和垂直线延伸到整个原理图文档。
- Small Cursor 90：将鼠标指针设置为由水平线和垂直线组成的 90° 小鼠标指针。
- Small Cursor 45：将鼠标指针设置为由 45° 线组成的小鼠标指针。
- Tiny Cursor 45：将鼠标指设置为由 45° 线组成的更短更小的鼠标指针。

上述 4 种鼠标指针视图如图 6-36 所示。鼠标指针类型可根据个人习惯进行选择，系统默认 Small Cursor 90 型的鼠标指针。这些鼠标指针只有在进行编辑活动（如放置或拖动对象等）时才会显示，其他状态下鼠标指针为箭头类型 。

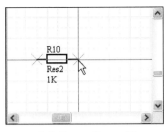

（a）Large Cursor 90

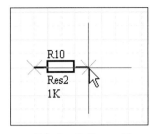

（b）Small Cursor 90

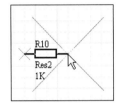

（c）Small Cursor 45

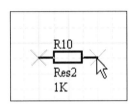

（d）Tiny Curstor 45

图 6-36　4 种不同的鼠标指针视图

6.6.3　Compiler（设置编译器的环境参数）

Compiler 选项页如图 6-37 所示，用于设置原理图编译属性。

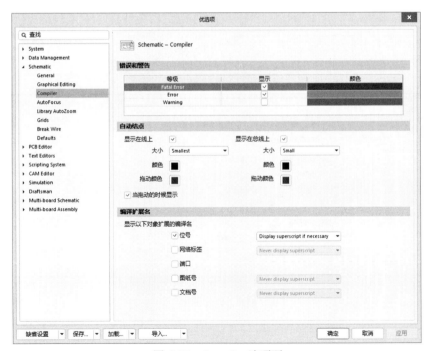

图 6-37　Compiler 选项页

1. 错误和警告（Errors & Warnings）

"错误和警告"列表用于设置编译错误或警告信息的显示属性。系统提供三种错误或警告的级别，分别是 Fatal Error（致命错误）、Error（错误）和 Warning（警告），用户可在"显示"（Display）列中设置是否显示对应级别的错误或警告信息（勾选或取消勾选复选框），在"颜色"（Color）列中设置对应级别的错误或警告信息的文本颜色。

2．自动结点（Auto Junction）

"自动结点"选项区域用于设置原理图中自动生成的电气节点的属性。

- 显示在线上（Display On Wires）：用于设置显示导线上自动生成的电气节点。选中该复选框，导线上的 T 字型连接处会显示电气节点，同时该复选框下方的"大小"（Size）和"颜色"（Color）选项将被激活，用于设置导线上电气节点的尺寸和颜色。
- 显示在总线上（Display On Buses）：用于设置显示总线上自动生成的电气节点。选中该复选框，总线上的 T 字型连接处会显示电气节点，同时该复选框下方的"大小"和"颜色"选项将被激活，用于设置总线上电气节点的尺寸和颜色。

3．编译扩展名（Compiled Names Expansion）

"编译扩展名"选项区域用于设置显示编译扩展名称的显示对象，通过选择"显示以下对象扩展的编译名"选项区域的各类对象，使其显示对应的编译扩展名称。若选中"位号"复选框后，在电路原理图上会显示"位号"的扩展名。其他对象的设置操作与前述类似。

6.6.4　AutoFocus（原理图的自动聚焦设置）

Altium Designer 20 系统提供了一种自动聚焦功能，能够根据原理图中的元件或对象所处的状态（连接或未连接）分别进行显示，便于用户直观快捷地查询或修改。该功能的设置通过 AutoFocus（自动聚焦）选项页来完成。AutoFocus 选项页如图 6-38 所示。

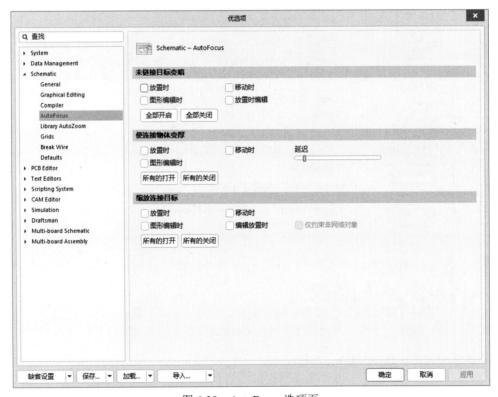

图 6-38　AutoFocus 选项页

1．未连接目标变暗（Dim Unconnected Object）

该选项区域用来设置对未连接的对象的淡化显示。有 4 个复选框供选择，分别是"放置时""移动时""图形编辑时""放置时编辑"。单击"全部开启"按钮可以选中全部选项；单击"全部关闭"按钮可以取消全部选择。

2．使连接物体变厚（Thicken Connected Object）

该选项区域用来设置对连接对象的加强显示。有 3 个复选框供选择，分别是"放置时""移动时""图形编辑时"。设置方法同上。

3．缩放连接目标（Zoom Connected Object）

该选项区域用来设置对连接对象的缩放。有 5 个复选框供选择，分别是"放置时""移动时""图形编辑时""编辑放置时""仅约束非网络对象"。第 5 个复选框在选中"编辑放置时"复选框后才能进行选择。设置方法同上。

6.6.5　Library AutoZoom（元件自动缩放设置）

Library AutoZoom 选项页用于设置自动缩放形式，如图 6-39 所示。

图 6-39　Library AutoZoom 选项页

该选项页有 3 个单选按钮供用户选择：切换器件时不进行缩放""记录每个器件最近缩放值""编辑器中每个器件居中"。用户根据自己的实际情况选择即可，系统默认选中"编辑器中每个器件居中"单选按钮。

6.6.6　Grids（原理图的栅格设置）

Grids 选项页如图 6-40 所示，该选项页用于设置原理图绘制界面中的网格（栅格）选项。

在进行原理图绘制时，为了使元件的布置更加整齐、连线更加方便，Altium Designer 提供了 3 种网格：捕捉栅格（Snap Grid）、捕捉距离（Snap Distance）、可视化栅格（Visible Grid）。

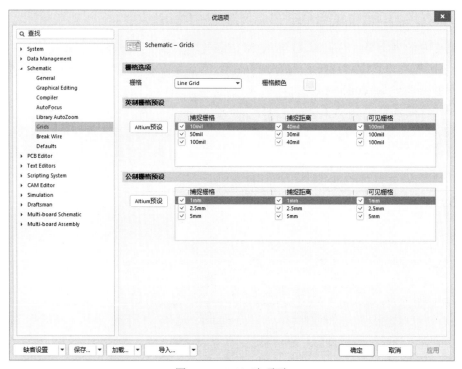

图 6-40　Grids 选项页

注意："可见网格"也翻译为"可视化栅格"，英文为 Visible Grid;"捕捉距离"（Snap Distance）在 AD18 以前的版本中翻译为 "电气栅格"（Electrical Grid）。

Grids 选项页中共有 3 个选项区域，下面详细介绍各选项的功能。

1. 栅格选项（Grid Options）

"栅格选项"选项区域用于设置工作区可视化栅格（Visible Grid）的属性，包括网格显示的类型及网格的颜色。

● "栅格"下拉列表用于设置工作区显示的网格的类型。Altium Designer 提供两种网格类型，分别是 Line Grid（线栅格）和 Dot Grid（点栅格）。Line Grid 由纵横交叉的直线组成；Dot Grid 由等间距排列的点阵组成，如图 6-41 所示。

（a）Line Grid　　　　　　　　（b）Dot Grid

图 6-41　两种网格

- "栅格颜色"（Grid Color）颜色条用于设置网格的颜色。单击"栅格颜色"颜色条，打开"选择颜色"对话框，选择需要显示的网格的颜色，建议网格的颜色不要设置得过深，以免影响原理图的绘制。

2.　英制栅格预设（Imperial Grid Presets）

该区域用于设置当系统采用英制长度单位时，三种网格的预置尺寸。单击该区域左侧的"Altium 预设"按钮，选择网格的预置参数项。

3.　公制格点预设（Metric Grid Presets）

该区域用于设置当系统采用公制长度单位时，三种网格的预置尺寸。单击该区域左侧的"Altium 预设"按钮，选择网格的预置参数项。

6.6.7　Break Wire 选项页

该选项页用于设置使用"打破线"（Break Wire）命令后，导线断开的状态以及操作时的显示状态。Break Wire 选项页如图 6-42 所示，其中包含 3 个选项区域，分别介绍如下。

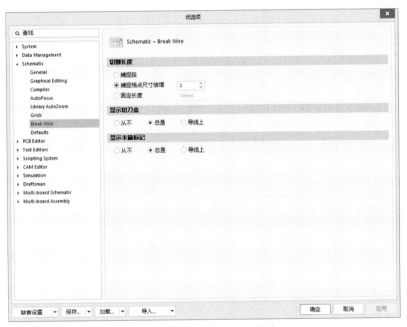

图 6-42　Break Wire 选项页

1.　切割长度（Cutting Length）

"切割长度"选项区域用于设置导线断开的长度值，包含 3 个单选项。

- 捕捉段（Snap To Segment）项，选中该单选按钮表示当执行"打破线"命令时，光标所在的导线被整段切除。
- 捕捉格点尺寸倍增（Snap Grid Size Multiple）项表示当执行"打破线"命令时，每次切割导线的长度都是网格的整数倍。当选择该单选按钮后，其右侧的编辑框将被激活，在该编辑框内输入倍数。
- 固定长度（Fixed Length）项表示将切除一定长度的导线，选中该单选按钮后，其右侧的编辑框将被激活，在该编辑框内输入导线长度的值，单位为当前的单位。

2.显示切刀盒（Show Cutter Box）

"显示切刀盒"选项区域用于设置在切除操作中是否显示如图 6-43 所示的虚线切除框，该切除框可方便确定切除的导线部位和长度。在该选项区域中共有 3 个单选项，其中，"从不"（Never）表示不显示切除框；"总是"（Always）表示一直显示切除框；"线上"（On Wire）表示仅在导线上显示切除框。系统默认选择"总是"项。

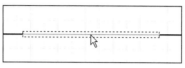

图 6-43　切除框

3.显示末端标记（Show Extremity Marker）

"显示末端标记"选项区域用于设置在切除操作中是否显示切除部位的两端标记，该标记可显示切除的导线的两端。在该选项区域中共有三个单选项，其中，"从不"表示不显示两端标记；"总是"表示一直显示两端标记；"线上"表示仅在导线上显示两端标记。系统默认选择"总是"项。

6.6.8　Default 选项页

此选项页的设置目的在于，对常用的元素（如画线宽度、管脚长度等）可以先设置自己偏好的参数，而不用在设计的时候再浪费时间一个个去设置。对于自定义的这些参数也可以单独保存，方便下次调用。当然，如果调用得比较乱，也可以直接复位到系统的安装状态。图 6-44 展示了自定义元素列表、单位设置和参数设置。

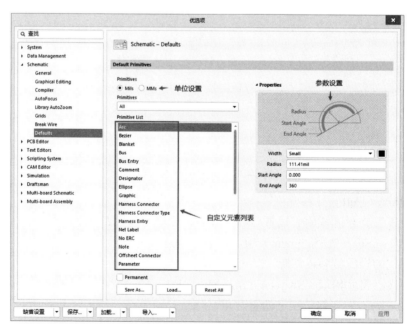

图 6-44　Default Units 选项页

- "单位设置"区域用于设置采用英制或公制。

- "自定义元素列表"区域用于设置各对象的默认初始参数。用户可在"元素"（Primitives）下拉列表中选择需要修改默认初始参数的对象所属的类型，系统提供了 All、Drawing Tools、Other、Wiring Objects、Library Parts、Harness Objects 和 Sheet Symbol Objects 等类型选项。选中类型后，如选择 All，然后从 Primitive List（元素列表）中选择具体的对象，例如在"元素列表"下方的选项列表中选择 Arc，就可以在 Properties（属性）区域编辑此参数。在该"参数设置"区域中可以设置圆弧的颜色（Color）、半径（Radius）、线宽（Width），以及圆弧的起始夹角（Start Angle）和终止夹角（End Angle）等参数。设置完成后可以执行 Save As 命令单独保存，在打开的"另存为"对话框中设置保存的文件名，然后单击"保存"按钮，就可以将当前的设置保存到 DFT 文件中。当需要调用 DFT 文件时，只需要单击 Load 按钮，在打开的对话框中选择 DFT 文件，然后单击"打开"按钮即可。

用户单击 Reset All 按钮，可将所有对象的参数恢复到系统的初始默认值。

6.7　本章小结

本章介绍了原理图绘制的操作界面配置，原理图图纸幅面、方向、标题栏的设置，原理图图纸模板的设计及调用，最后介绍了原理图工作环境的设置。设计者可以有针对性地选择学习，对于没有介绍的内容最好选用系统默认的设置。

习题 6

1．Altium Designer 原理图编辑器中的常用工具栏有哪些？各种工具栏的主要用途是什么？

2．新建一个原理图图纸，图纸大小为 Letter，标题栏为 ANSI，图纸底色为浅黄色 214。

3．在 Altium Designer 中提供了哪几种类型的标准图纸？能否根据用户需要定义图纸？

4．创建如图 6-45 所示的原理图的标题栏。

标题：数码管显示电路			公司：重庆森伟电子有限公司
制图：张三	图纸规格：B5	版本号：1	部门：工控部
时间：201710	图号：1　共　1	页	地址：重庆渝北区金龙路6号
文件名：数码管显示电路.SchDoc			

图 6-45　标题栏

5．熟练掌握"视图"菜单中的环境组件切换命令、工作区面板的切换、状态栏的切换、命令栏的切换、工具栏的切换等操作。

6．如何将原理图可视网格设置成 Dot Grid 或 Line Grid？

7．如何设置光标形状为 Large Cursor 90 或 Small Cursor 45？

8．如何设置元器件自动切割导线？（即当放置一个元器件时，若元器件的两个管脚同时落在一根导线上，该导线将被元器件的两个管脚切割成两段，并将切割的两个端点分别与元器件的管脚相连接。）

9．如何设置在移动具有电气意义的对象位置时保持对象的电气连接状态？（即系统会自动调整导线的长度和形状。）

第7章 绘制数码管显示电路原理图

任务描述

本章主要介绍数码管显示电路原理图（图7-1）的绘制。在该原理图中，首先调用第6章建立的原理图图纸模板，然后调用第4章建立的原理图库内的两个元件：AT89C2051单片机、数码管。通过该原理图验证建立的原理图库内的两个元件的正确性，并进行新知识的介绍。通过本章的学习，将能够更加快捷和高效地使用 Altium Designer 的原理图编辑器进行原理图的设计。本章包含以下内容：

- 导线的放置模式、放置总线及总线引入线
- 原理图对象的编辑
- Navigator 面板、SCH Filter 面板、SCH List 面板

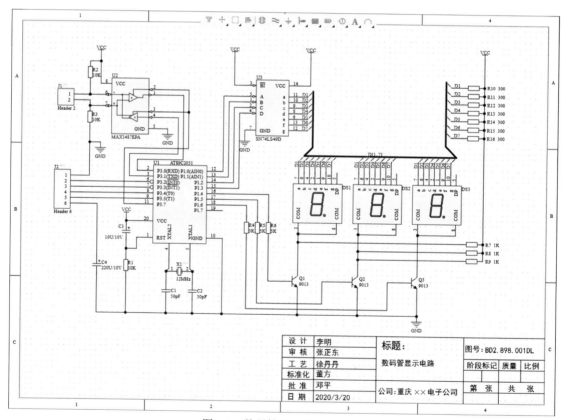

图 7-1 数码管显示电路原理图

7.1 数码管原理图的绘制

7.1.1 绘制原理图首先要做的工作

（1）执行"文件"→"新的"→"项目"命令，在弹出的 Create Project 对话框的 Project Name（项目名）处输入"数码管显示电路"，单击 Create 按钮，则在硬盘上建立了一个"数码管显示电路"的文件夹，然后建立一个"数码管显示电路.PrjPCB"项目文件并把它保存在"数码管显示电路"的文件夹下。

（2）执行"文件"→"新的"→"原理图"命令，新建一个原理图。

（3）调用第 6 章建立的原理图图纸模板，执行"设计"→"模板"→"通用模板"→Choose Another File 命令，弹出打开文件对话框，选择模板文件即可（调用方法已在 6.5.2 中介绍，在此不赘述），并把原理图另存为"数码管显示电路.SchDoc"。

（4）鼠标双击原理图边框，弹出 Document Option（文档选项）对话框，设置 Units（单位）为 mils（使用英制单位），设置 Visble Grid（可视栅格）为 100mil，设置 Snap Grid（捕捉栅格）为 50mil，设置 Snap Distance（捕捉距离）为 30mil。

（5）选择 Parameters（参数）标签，修改"参数"标签内的参数列表的内容。将参数 Title 的内容改为原理图的名称"数码管显示电路"；将参数 Author 的内容设置为设计者的姓名"李明"；将参数 ApprovedBy 的内容设置为"张正东"；将参数 Technologist 的内容设置为"徐丹丹"；将参数 Normalizer 的内容设置为"董方"；将参数 Ratifier 的内容改为设置为"邓平"；将参数 CompanyName 的内容改为"重庆××电子公司"；将参数 SheetNumber 的内容改为 BD2.898.001DL；然后单击"确定"按钮。设计好的原理图图纸如图 7-2 所示。

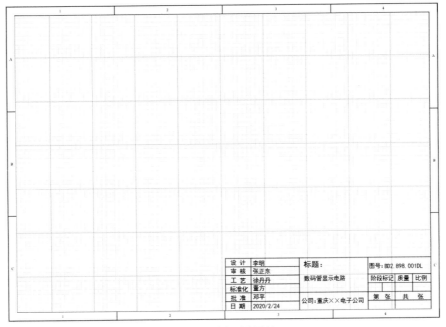

图 7-2 原理图图纸

7.1.2 加载库文件

Altium Designer 为了管理数量庞大的电路标识，电路原理图编辑器提供强大的库搜索功能。首先在系统提供的库内查找 MAX1487E 和 74LS49 两个元件，并加载相应的库文件。然后加载设计者在第 5 章建立的集成库文件：Integrated_Library1.IntLib。

1. 查找型号为 74LS49 的元件

（1）单击"库"标签，显示"库"面板，如图 7-3 所示。

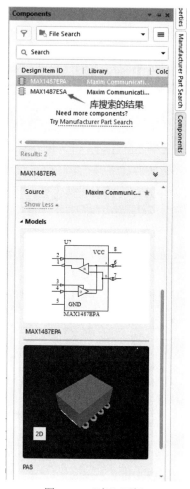

图 7-3 "库"面板

（2）在"库"面板中单击 ≡ 按钮，在弹出的下拉菜单中选择 File-based Libraries Search（基于文件的库搜索）命令，将打开"库搜索"对话框，如图 7-4 所示。

（3）本例必须确认"范围"，选择"搜索范围"为 Components（对于库搜索存在不同的情况，使用不同的选项）。必须确保在"范围"设置中选择"搜索路径中的库文件"单选按钮，并且"路径"应包含正确的连接到库的路径。如果用户接受安装过程中的默认目录，路径中会显示\User\Public\Documents\Altium\AD20\Library\。可以通过单击文件浏览按钮来改变库文件夹的路径，还要确保已经勾选"包括子目录"复选框。

（4）由于要查找所有与 74LS49 有关的元件，所以在"过滤器"第 1 行的"字段"列选 Name（名字）、"运算符"列选 Contains（包含）、"值"列输入 74LS49，如图 7-4 所示。

图 7-4　"库搜索"对话框

（5）单击"查找"按钮开始搜索，搜索结果如图 7-5 所示。

图 7-5　搜索结果

（6）双击 SN74LS49D 器件，弹出 Confirm 对话框，如图 7-6 所示，要求确认是否安装元件 SN74LS49D 所在的库文件 TI Interface Display Driver.IntLib，单击 Yes 按钮即安装该库文件。

图 7-6　确认是否安装库文件

（7）用以上方法查找 MAX1487E 元件。

2. 安装第 5 章建立的集成库文件 Integrated_Library1.IntLib

（1）在"库"面板中单击 ☰ 按钮，在弹出的下拉菜单中选择 File-based Libraries Preferences（基于文件的库参数选择）命令，将打开 Available File-based Libraries（可用文件库）对话框，如图 7-7 所示。

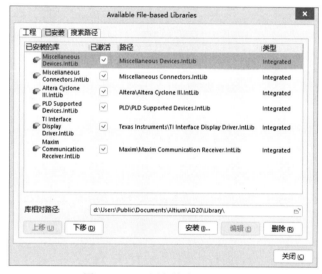

图 7-7　"可用文件库"对话框

（2）在"可用文件库"对话框中，单击"安装"按钮，弹出打开路径的对话框，如图 7-8 所示，选择正确的路径和需要安装的库名，单击"打开"按钮。

图 7-8　安装库文件

添加的库将显示在"库"面板中。如果用户单击"库"面板中的库名,库中的元件会在"库"面板中列表显示。面板中的元件过滤器可以用来在一个库内快速定位一个元件。

如果要删除一个已安装的库,在图 7-7 中的"已安装"选项卡列表中选中该库,单击"删除"按钮。

7.1.3　放置元件

用第 2 章介绍的方法放置元件。表 7-1 给出了该电路中每个元件样本、元件位号(编号)、元件名称(型号规格)、所在元器件库等数据。注意在放置元件的时候,一定要确保该元件的封装与实物相符。

表 7-1　数码管显示电路元器件数据

元件样本	元件位号	元件名称	所在元器件库
AT89C2051	U1		Integrated_Library.IntLib(新建元件库)
MAX1487EPA	U2		Maxim Communication Transceiver.IntLib
74LS49	U3		TI Interface Display Driver.IntLib
Dpy Blue-CA	DS1~DS3		New Integrated_Library1.IntLib(新建元件库)
NPN	Q1~Q3	9013	Miscellaneous Devices.IntLib
XTAL	X1	12MHz	Miscellaneous Devices.IntLib
Cap	C1~C2	30P	Miscellaneous Devices.IntLib
Cap Pol2	C3	10U/10V	Miscellaneous Devices.IntLib
Cap Pol2	C4	220U/10V	Miscellaneous Devices.IntLib
Res2	R1~R3	10K	Miscellaneous Devices.IntLib
Res2	R4~R6	5K	Miscellaneous Devices.IntLib
Res2	R7~R9	1K	Miscellaneous Devices.IntLib
Res2	R10~R16	300	Miscellaneous Devices.IntLib
Header2	J1		Miscellaneous Connectors.IntLib
Header6	J2		Miscellaneous Connectors.IntLib

(1)在放置电容 C1、C2 的过程中,将封装改为 RAD-0.1 的方法如下:

1)在放置 C1 的时候,当光标上"悬浮"着一个电容符号时,按 TAB 键编辑电容的属性。在 Properties Component 对话框的 Footprint 栏,电容的封装模型为 RAD-0.3,如图 7-9 所示,现在要把它改为 RAD-0.1。

2)单击图 7-9 所示的编辑按钮 ✐,弹出"PCB 模型"对话框,如图 7-10 所示。在"PCB 元件库"栏选择单选按钮"任意";在"封装模型"(FootPrint Model)栏,单击"浏览"按钮,弹出"浏览库"(Browse Libraries)对话框,如图 7-11 所示,在 Mask 框内输入 R,下面就列出所有名称以 R 开头的封装;选择 RAD-0.1 的封装,单击"确定"按钮,则将电容 C1 的封装改为 RAD-0.1。

图 7-9 为选中元件选择相应的模型

图 7-10 "PCB 模型"对话框

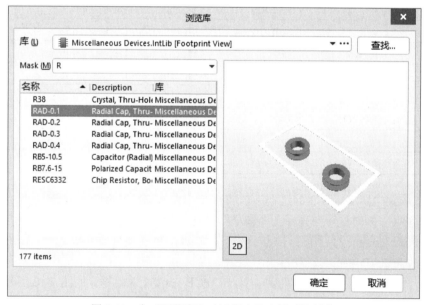

图 7-11 在"浏览库"对话框中选中需要的封装

3）用同样的方法，将 C2 的封装改为 RAD-0.1，将 C3 的封装改为 CAPR5-4×5，将 C4 的封装改为 RB5-10.5。

在原理图内也可以不修改元器件的封装，而是采用默认的值，然后在 PCB 板内，根据实际元器件的尺寸修改封装。

（2）同理进行其他元器的放置。放置好元器件的数码管电路原理图如图 7-12 所示。

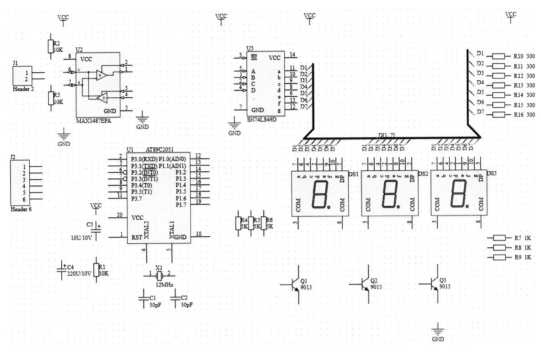

图 7-12　放置好元器件的数码管电路原理图

7.1.4　导线放置模式

导线用于连接具有电气连通关系的各个原理图管脚，表示其两端连接的两个电气接点处于同一个电气网络中。原理图中任何一根导线的两端必须分别连接引脚或其他电气符号。在原理图中添加导线的步骤如下。

（1）在主菜单中选择"放置"→"线"命令或者单击"绘制"工具栏中的放置导线工具按钮。此时鼠标指针自动变成十字形，表示系统处于放置导线状态。

（2）按 Tab 键，打开如图 7-13 所示的 Wire（线）对话框。

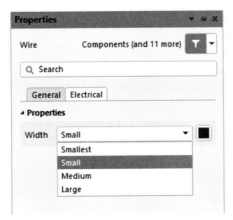

图 7-13　Wire 对话框

（3）单击 Wire 对话框中的"颜色"色彩条可以改变导线的颜色。单击 Width（线宽）处的 ▼ 按钮，在弹出的下拉列表中可以选择导线的线宽，本例中选 Small。设置好后返回原理图编辑器即进入导线放置模式，具体放置方法已在前面介绍，这里不再赘述。

（4）放置导线的时候，按"Shift+空格键"可以循环切换导线放置模式。有以下多种模式可选：①90°；②45°；③自由角度，该模式下导线按照直线连接其两端的电气结点；④自动布线。按空格键可以在顺时针方向布线和逆时针方向布线之间切换（如 90° 和 45° 模式），或在任意角度和自动布线之间切换。这 4 种布线方式所生成的导线如图 7-14 所示。

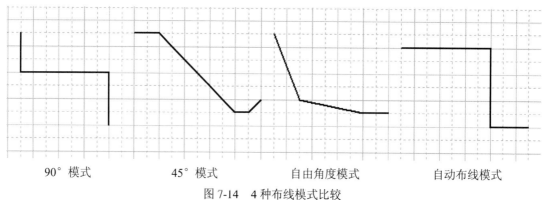

| 90° 模式 | 45° 模式 | 自由角度模式 | 自动布线模式 |

图 7-14　4 种布线模式比较

连接导线的原理图如图 7-1 所示。

在连线过程中，按"Ctrl+鼠标上的滑轮"可以任意放大或缩小原理图；按"Shift+鼠标上的滑轮"可以左右移动原理图。

7.1.5　放置总线和总线引入线

在数字电路原理图中常会出现多条平行放置的导线，由一个器件相邻的管脚连接到另一个器件的对应相邻管脚。为降低原理图的复杂度，提高原理图的可读性，设计者可在原理图中使用总线（Bus）。总线是若干条性质相同的信号线的组合。在 Altium Designer 的原理图编辑器中，总线和总线引入线实际上都没有实质的电气意义，仅仅是为了方便查看原理图而采取的一种示意形式。电路上依靠总线形式连接的相应点的电气关系不是由总线和总线引入线确定的，而是由在对应电气连接点上放置的网络标签（Net Label）确定的，只有网络标签相同的各个点之间才真正具备电气连接关系。

通常情况下，为与普通导线相区别，总线比一般导线粗，而且在两端有多个总线引入线和网络标记。总线的放置过程与导线基本相同，其具体步骤如下所述。

1. 放置总线

（1）单击"布线"（Wiring）工具栏上的放置总线工具按钮 或者选择主菜单中的"放置"→"总线"命令，如图 7-15 所示，此时鼠标指针自动变成十字形，表示系统处于放置导线状态。

（2）按 Tab 键，打开如图 7-16 所示的"总线"（Bus）对话框。

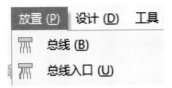

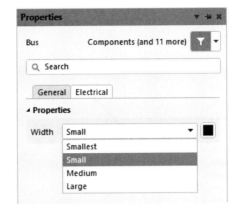

　　图 7-15　选择主菜单中的"放置"→"总线"命令　　　图 7-16　"总线"对话框

　　（3）在"总线"对话框中单击"颜色"色彩条，打开"选择颜色"对话框。用户可在"选择颜色"对话框中设置总线的颜色。

　　（4）在"总线"对话框的 Width（总线宽度）下拉列表中选择总线的宽度。与导线宽度的设置相同，Altium Designer 为用户提供了四种宽度的线型供选择，分别是 Smallest、Small、Medium 和 Large，默认的线宽为 Small。总线的宽度应与导线宽度相匹配，即两者都采用同一设置，本例中选择线宽为 Small。如果设置导线宽度比总线宽度大，容易引起混淆。画总线时，总线的末端最好不要超出总线引入线。

　　（5）将鼠标指针移动到欲放置总线的起点位置 U3 的右边，单击鼠标左键或按回车键确定总线的起点。移动鼠标指针后，会出现一条细线从所确定的端点处延伸出来，直至鼠标指针所指位置。

　　（6）将鼠标指针移到总线的下一个转折点或终点处，单击鼠标左键或按回车键添加导线上的第二个固定点，此时在端点和固定点之间的导线就绘制好了。继续移动鼠标指针，确定总线上的其他固定点，到达总线的终点后，先单击鼠标左键或按回车键，确定终点，然后单击鼠标右键或按 Esc 键，完成这条总线的放置。

　　与导线放置方式相同，"原理图编辑器"也为用户提供了 4 种总线放置模式，分别是 90°、45°、自由角度和自动布线模式。通过按"Shift+空格键"可以在各种模式间循环切换。

　　2．放置总线引入线

　　在原理图中仅仅绘制完总线，其并无任何意义，总线无法直接连接器件，还需要为其添加总线引入线和网络标记，步骤如下：

　　（1）单击"布线"（Wiring）工具栏中的放置总线引入线工具按钮 或者在主菜单中选择"放置"→"总线入口"命令，此时鼠标指针变成十字形，并且自动"悬浮"一段与灰色水平方向夹角为 45°或 135°的导线，如图 7-17 所示，表示系统处于放置总线引入线状态。

　　（2）按 Tab 键，打开如图 7-18 所示的"总线入口"（Bus Enter）对话框。

　　（3）在其中单击"颜色"色彩条打开"选择颜色"对话框，用户可在其中设置总线引入线的颜色。

　　（4）在"总线入口"对话框中单击 Width（线宽）右侧的 按钮，在弹出的列表中选择总线引入线的宽度。与总线宽度一样，总线引入线也有 4 种宽度线型可选，分别是 Smallest、Small、Medium 和 Large，默认的线宽为 Small，建议选择与总线相同的线型。

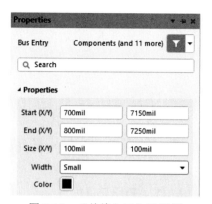

图 7-17　放置总线引入线时的鼠标指针　　　　图 7-18　"总线入口"对话框

（5）将鼠标指针移到将要放置总线引入线的器件管脚处，鼠标指针上出现一个蓝色的星形标记，单击鼠标即可完成一个总线引入线的放置。如果总线引入线的角度不符合布线的要求，可以按空格键调整总线引入线的方向。

（6）重复步骤（5）的操作，在其他管脚处放置总线引入线。当所有的总线引入线全部放置完毕后右击或按 Esc 键退出放置总线引入线的状态，此时鼠标指针恢复为箭头状态 ⌖。

（7）单击选中总线，按住鼠标，调整总线的位置，使其与一排总线引入线相连。绘制好的总线引入线如图 7-19 所示。

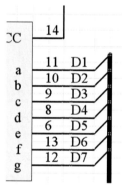

图 7-19　绘制好的总线引入线及放置网络标签后的总线

用户也可以直接使用导线的"线"将总线与元件管脚连接起来，这样操作相对比较麻烦，放置的引入线也不如使用总线引入线整齐美观。

7.1.6　放置网络标签（网络标号）

添加总线引入线后，实际上并未在原理图上建立正确的引脚连接关系，此时还需要添加网络标签（Net Label），网络标签是用来为电气对象分配网络名称的一种符号。在没有实际连线的情况下，也可以用来将多个信号线连接起来。网络标签可以在图纸中连接相距较远的元件管脚，使图纸清晰整齐，避免长距离连线造成的识图不便。网络标签可以水平或者垂直放置。在原理图中，采用相同名称的网络标签标识的多个电气结点被视为同一条电气网络上的点，等同于有一条导线将这些点都连接起来了。因此，在绘制复杂电路时，合理地使用网络标签可以使原理图看起来更加简洁明了。放置网络标签的步骤如下：

（1）在主菜单中选择"放置"→"网络标签"命令，如图 7-20 所示，或在工具栏上单击放置网络标签工具按钮 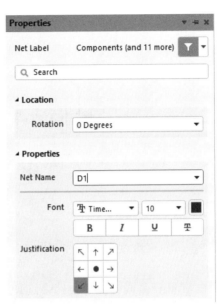。

执行放置网络标签命令后，鼠标指针将变成十字形，并在鼠标指针上"悬浮"着一个默认名为 Net Label 的标签。

（2）按 Tab 键，打开如图 7-21 所示的"网络标签"对话框。

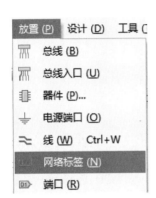

图 7-20　放置网络标签命令操作　　　　图 7-21　"网络标签"对话框

（3）单击"颜色"色彩块，可以选择网络标号的文字色彩。

（4）单击 Rotation 编辑框右侧的下三角按钮，在弹出的列表中选择网络标号的旋转角度。

（5）在 NetName 编辑框内设置网络标号的名称：D1。

（6）单击 Font（字体）编辑框右侧的下三角按钮，可以设置网络标号的字体、字号。

在 Altium Designer 系统中，网络标号的字母不区分大小写。在放置过程中，如果网络标号的最后一个字符为数字，则该数字会自动按指定的数字递增。

（7）将鼠标指针移到需要放置网络标号的导线上（注意一定要放置在导线上），如 U3 元件的 11 引脚处，当鼠标指针上显示出蓝色的星形标记时，表示鼠标指针已捕捉到该导线，单击鼠标左键即可放置一个网络标号。

如果需要调整网络标号的方向，单击键盘的空格键，网络标号会逆时针方向旋转 90°。

（8）将鼠标指针移到其他需要放置网络标号的位置，如 U3 元件的 10 引脚的导线上，按鼠标左键，即放置好网络标号 D2（D 后面的数字自动递增）。依此方法放置好网络标号 D3～D7。右击或按 Esc 键即可结束放置网络标号状态。

图 7-19 所示为一个已放置好网络标号的总线的一端。

（9）用以上方法放置好数码管 DS1～DS3 和电阻 R10～R16 的网络标号 D1～D7。

注意：网络标号名称相同的表示是同一根导线。

（10）为总线放置网络标号 D[1..7]。图 7-22 所示为放置好总线、总线引入线及网络标号的电路原理图。

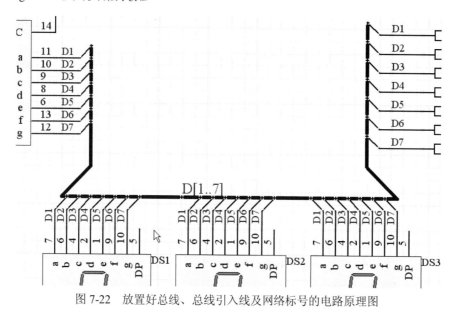

图 7-22 放置好总线、总线引入线及网络标号的电路原理图

7.1.7 检查原理图

编译项目可以检查设计文件中设计原理图和电气规则的错误，并提供给用户一个排除错误的环境。

（1）要编译数码管显示电路，选择"工程"→Validate PCB Project→"数码管显示电路.PrjPCB"命令。

（2）当项目被编译后，任何错误都将显示在 Messages 面板上。如果原理图有严重的错误，Messages 面板将自动弹出，否则 Messages 面板不出现。如果报告给出错误，则检查用户的电路并纠正错误。

（3）如果要查看 Messages 面板的信息，则单击 Panels 按钮，在弹出的下拉菜单中选择 Messages，如图 7-23 所示，显示的警告（Warning）信息可以忽略，显示"Compile successful,no errors found."表示编译成功，没有发现错误。

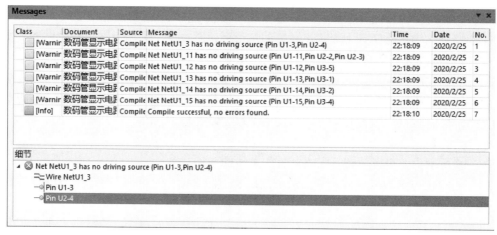

图 7-23 原理图编译成功

项目编译完，在 Navigator 面板中将列出所有对象的连接关系。如果 Navigator 没有显示，单击 Panels 按钮，在弹的出下拉菜单中选择 Navigator 命令。

（4）对于已经编译过的原理图文件，用户还可以使用 Navigator 面板选取其中的对象进行编辑。图 7-24 所示是一个原理图文件的 Navigator 面板。

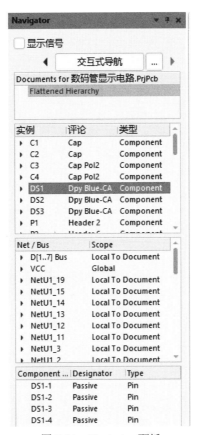

图 7-24　Navigator 面板

Navigator 面板上部是该项目所包含的原理图文件的列表，本例中包含一个数码管显示电路的原理图文件。

Navigator 面板中部是元器件表，列出了原理图文件中的所有元器件信息。如果用户需要选择任何一个元件进行修改，可以单击元器件列表中的对应元件编号，即可在工作区放大显示该元件，且其他元器件将被自动蒙板遮住。图 7-25 所示就是在 Navigator 面板中的元器件列表中选择了编号为 DS1 的数码管后，工作区的显示情况。采用这种方法，就能很快地在元器件众多的原理图中定位某个元件。

在元器件表的下方是网络连线表，显示所有网络连线的名称和应用的范围，单击任何一个网络名称，在工作区都会放大显示该网络连线，并且使用自动蒙板将其他对象遮住。

在 Navigator 面板的最下方是端口列表，显示当前所选对象的端口（"端口"将在 12 章中介绍），默认为图纸上的输入、输出端口的信息。当用户在元器件列表或者网络连线列表中选择一个对象时，端口列表将显示该对象的引脚信息，单击端口列表中的信息时，工作区将会放大显示该信息，并且使用自动蒙板将其他图元对象遮住。

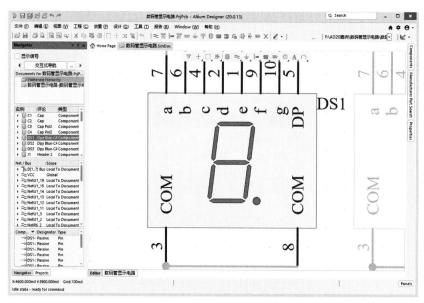

图 7-25   在 Navigator 面板中选择了编号为 DS1 的数码管

数码管原理图绘制正确后，将在第 9 章介绍设计数码管电路的 PCB 图。

7.2   原理图对象的编辑

如果用户在绘制原理图的过程中元件的位置摆放得不好，连接的导线需要移动，可以采用下述方法对其进行编辑。

7.2.1   对已有导线的编辑

对已有导线的编辑可有多种方法：移动线端、移动线段、移动整条线、延长导线到一个新的位置。用户也可以通过"线"对话框中的 Vertices 项进行编辑、添加或者删除操作，如图 7-26 所示。

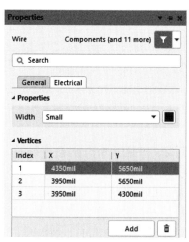

图 7-26   "线"对话框

1. 移动线端

要移动某一条导线的线端，应该先选中它。将光标定位在用户想要移动的那个线端，此时光标会变成双箭头的形状，然后按下鼠标左键并拖动该线端到一个新的位置即可。

2. 移动线段

用户可以对线的一段进行移动。先选中该导线，并且移动光标到用户要移动的那一段上，此时光标会变为十字箭头的形状，然后按下鼠标左键并拖动该线段到达一个新的位置即可。

3. 移动整条线

要移动整条线而不是改变它的形态，可按下鼠标左键拖动它。

4. 延长导线到一个新的位置

已有的导线可以延长或者补画。选中导线并定位光标到用户需要移动的线端直到光标变成双箭头。按下鼠标左键并拖动线端到达一个新位置，在新位置单击。在用户移动光标到一个新位置的时候，用户可以通过按"Shift+空格键"来改变放置模式。

要在相同的方向延长导线，可以在拖动线端的同时按 Alt 键。

5. 断线

执行"编辑"→"打破线"命令可将一条线段断成两段。本命令也可以在光标停留在导线上的时候，在右键菜单中找到。默认情况下，会显示一个可以放置到需要断开导线上的"断线刀架"标志。线段被切断的情形如图 7-27 所示。断开的长度就是两段新线段之间的那部分。按空格键可以循环切换 3 种截断方式（整线段、按照栅格尺寸以及特定长度）。按 Tab 键来设置特定的切断长度和其他切断参数；单击以切断导线；右击或者按 Esc 键退出断线模式。断线选项也可以在"优选项"对话框的 Schematic-Break Wire 选项卡中进行设置。

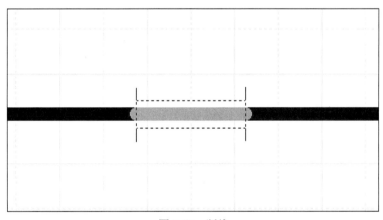

图 7-27　断线

用户可以在"优选项"对话框的 Schematic-General 选项卡中选中"元件割线"复选框。当"元件割线"复选框被选中的时候，用户可以放置一个元件到一条导线上，同时，线段会自动分成两段而成为这个元件的两个连接端。

6. 多段线

原理图编辑器中的多线编辑模式允许用户同时延长多根导线。如果多条并行线的结束点具有相同坐标，用户选中那些线（按"Shift+鼠标左键"）并拖动其中一根线的末端就可以同时拖动其他线，并且并行线的末端始终保持对准，如图 7-28 所示。

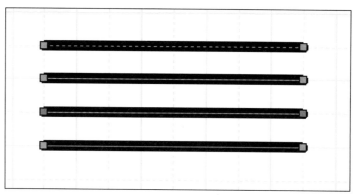

图 7-28　拖动多段线

7.2.2　移动和拖动原理图对象

在 Altium Designer 中，移动一个对象就是对它进行重定位而不影响与之相连的其他对象。例如，移动一个元件不会移动与之连接的任何导线。但另一方面，拖动一个元件则会牵动与之连接的导线，以保持连接性。如果用户需要在移动对象的时候保持导线的电气连接，需要在"优选项"对话框下的 Schematic-Graphical Editing 页面中选中"始终拖曳"（Always Drag）复选框。

1. 元件的选择

（1）单选。直接用鼠标左键单击即可实现单选操作。

（2）多选。

1）按住 Shift 键多次单击需要选中的元件，或者在元件范围外单击之后拖动，进行多个元件的框选，即完成多选操作。

2）执行按键命令"S"，弹出选择命令菜单，如图 7-29 所示，然后选择菜单中相应的选择命令。选择命令激活后，光标变成十字形，此时可以进行多个元件的多选操作。

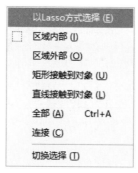

图 7-29　选择命令菜单

2. 元件的移动

（1）移动鼠标指针到元件上面，按下鼠标左键，直接拖动。

（2）单击选中元件，执行按键命令"M"，选择"移动选中对象"命令，单击鼠标左键进行移动。选择"通过 X、Y 选中对象"命令，可以在 X、Y 轴上进行精准的移动，如图 7-30 所示。其他常用的移动命令的释义如下：

拖动：在保持元件之间电气连接不变的情况下移动元件的位置。

第 7 章　绘制数码管显示电路原理图　165

移动：类似于拖动，不同的是在不保持电气性能的情况下移动。

拖动选择：适合多选之后进行保持电气性能的移动。

（a）"移动选中对象"命令　　　　　（b）"通过 X、Y 选中对象"命令

图 7-30　元件的移动

3. 元件的旋转

为了使电气导线放置更合理或元件排列整齐，往往需要对元件进行旋转操作。Altium Designer 提供以下几种旋转操作的方法：

（1）单击鼠标左键选中元件，然后在拖动元件的情况下按空格键进行旋转，每执行一次旋转一次。

（2）单击选中元件，执行按键命令"M"，在弹出的菜单中选择旋转命令。

● 旋转选中对象：逆时针旋转选中元件，每执行一次旋转一次，和按空格键旋转功能一样。

● 顺时针旋转选中对象：同样可以多次执行，快捷键为"Shift+空格键"。

4. 元件的镜像

原理图只是电气性能在图纸上的表示，可以对绘制图形进行水平或者垂直翻转而不影响电气属性。单击鼠标左键，在拖动元件的状态下按 X 键或者 Y 键，实现 X 轴镜像或者 Y 轴镜像。

7.2.3　使用复制和粘贴

在原理图编辑器中，用户可以在原理图文档中或者文档间复制和粘贴对象。例如，一个文档中的元件可以被复制到另一个原理图文档中。用户可以复制这些对象到 Windows 剪贴板，再将其粘贴到其他文档中。文本可以从 Windows 剪贴板中粘贴到原理图文本框中。用户还可以直接复制、粘贴诸如 Microsoft Excel 之类的表格型内容，或者任何栅格型控件。通过智能粘贴可以获得更多的复制/粘贴功能。

1. 直接法

选中需要复制的元件，执行菜单命令"编辑"→"复制"或者按快捷键"Ctrl+C"完成复制操作；执行菜单命令"编辑"→"粘贴"或者按快捷键"Ctrl+V"完成粘贴操作。

2．递增法

递增法同样需要先选中元件，如三极管 Q1，在按住 Shift 键的情况下拖动，每拖动一次会复制一个三极管，但位号会进行"+1"递增，如图 7-31 所示。如果想让递增幅度加大，可以在原理图编辑界面中直接按快捷键"TP"或者在右上角执行图标命令 ⚙，进入系统参数设置窗口，找到 Schematic-General 选项卡，在"放置时自动增加"选项变更"首要的"参数，如"2"，这样再执行复制操作时就是"+2"的递增了，效果如图 7-32 所示。

图 7-31　"+1"递增　　　　　　　　　　图 7-32　"+2"递增

7.2.4　元件的重新编号

原理图绘制常利用复制操作，复制完会存在位号重复或者同类型元件编号杂乱的现象，使后期 BOM 表的整理十分不便。重新编号可以对原理图中的位号进行复位和统一，方便设计及维护。

（1）在原理图编辑器中，执行"工具"→"标注"→"原理图标注"命令打开"标注"对话框，如图 7-33 所示，用户可以在此对项目中的所有或已选的部分进行重新分配，以保证它们是连续和唯一的。

图 7-33　"标注"对话框

（2）在"标注"对话框中的"处理顺序"栏，可以选择标号或标识符（Designator）的排序（标注方式）：

- Across Then Down（从左到右从上到下）。
- Across Then Up（从左到右从下到上）。
- Up Then Across（从下到上从左到右）。
- Down Then Across（从上到下从左到右）。

4 种标注方式分别如图 7-34 所示，可以根据自己的需要进行选择，不过建议常规选择第 1 种 Across Then Down 方式。

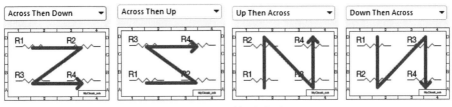

图 7-34　4 种标注方式

（3）匹配选项：按照默认设置即可。

（4）原理图页标注：用来设定工程中参与编号的原理图页，如果想对此原理图页进行编号则勾选前面的复选框，不勾选表示不参与。

（5）建议更改列表：列出元件当前编号和执行编号之后的新编号。

（6）编号功能按钮的意义如下。

1）单击 Reset All 按钮，复位所有元件编号，使其变成"字母+？"的格式。

2）单击"更新更改列表"按钮，对元件列表进行编号变更，系统就会根据之前选择的编号方式进行编号。

3）单击"接受更改（创建 ECO）"按钮接受编号变更，实现原理图的变更，会出现工程变更单，将变更选项提供给用户进行再次确认，如图 7-35 所示。可以执行"验证变更"命令来验证变更是否可以，如果可以，在右侧"检测"栏会出现对勾表示全部通过。通过之后，单击"执行变更"按钮执行变更，即可完成原理图中位号的重新编辑。

图 7-35　工程变更单

常用元器件编号前缀（位号）可以参考表 7-2。

表 7-2　常用元器件编号前缀

元器件	编号前缀	元器件	编号前缀
电阻	R	排阻	RN
电容	C	电解电容	EC
磁珠	FB	芯片	U
模块	MOD 或 U	晶振	X
三极管	Q 或 T	二极管	D
整流二极管	ZD	发光二极管	LED
连接器	CON	跳线	J
开关	K 或 SW	电池	BAT
固定通孔	MH	Mark 点	H
测试点	TP		

7.3　原理图编辑的高级应用

可以通过以下方式打开对应的属性对话框来查看或者编辑对象的属性：

- 当处在放置过程并且对象浮动在光标上时，按 Tab 键可以打开属性框。
- 直接双击已放置对象可以打开对象的属性框。
- 单击以选中对象，然后在 SCH Filter 或者 SCH List 面板中可以编辑对象的属性。

7.3.1　同类型元件属性的更改

有时原理图画好后，又需要对某些同类型元件进行属性的更改，一个一个地更改比较麻烦，Altium Designer 提供了比较好的全局批量更改方法。例如，要把图 7-1 中的所有电阻的封装从 AXIAL-0.4 变为 AXIAL-0.3，如果依次单个地修改会非常麻烦，这时就可以用全局批量修改。方法如下：

（1）选择一个电阻并右击，从弹出的快捷菜单中选择"查找相似对象"命令，弹出"查找相似对象"对话框，如图 7-36 所示，在 Symbol Reference 的 Res2 处选择 Same，在 Current Footprint 的 AXIAL-0.4 处选择 Same，表示选择封装都是 AXIAL-0.4 的电阻，勾选"选择匹配"前的复选框，然后单击"应用"按钮，再单击"确定"按钮，则图 7-1 中的所有电阻被选中，如图 7-37 所示。

（2）在弹出的如图 7-38 所示的"元件属性"面板上，在 Footprint 处的 AXIAL-0.4 区域单击编辑按钮🖊，弹出"PCB 模型"对话框，如图 7-39 所示，将"名称"文本框内容改为 AXIAL-0.3 即可，这时在图 7-1 所示的原理图上的每个电阻的封装便都为 AXIAL-0.3。

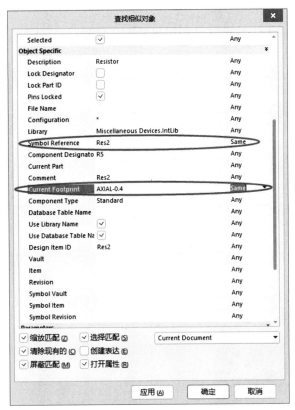

图 7-36　"查找相似对象"对话框

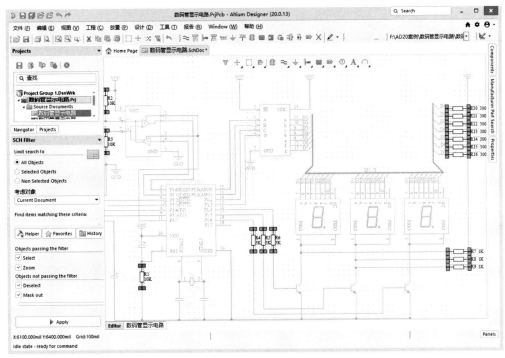

图 7-37　选择封装为 AXIAL-0.4 的电阻

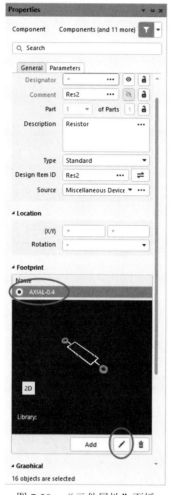

Properties
Component
Components (and 11 more)
Search
General
Parameters
Designator
Comment
Res2
Part
of Parts
Description
Resistor
Type
Standard
Design Item ID
Res2
Source
Miscellaneous Device
Location
(X/Y)
Rotation
Footprint
Name
AXIAL-0.4
2D
Library:
Add
Graphical
16 objects are selected

图 7-38 “元件属性”面板

PCB模型
封装模型
名称
AXIAL-0.3
浏览(B)...
管脚映射(P)..
描述
Axial Device, Thru-Hole; 2 Leads; 0.3 in Pin Spacing
PCB 元件库
任意
库名字
库路径
选择(C)...
Use footprint from component library Miscellaneous Devices.IntLib
选择的封装
2D
Found in: d:\Users\Public\Documents\Altium\AD20\Library\Miscellaneous Devices.IntLib
确定
取消

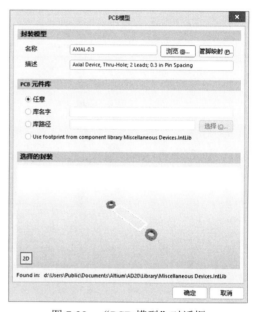

图 7-39 “PCB 模型”对话框

7.3.2 在 SCH List 面板中编辑对象

选中一个或多个对象并按 Shift+F12 快捷键来显示 SCH List 面板。使用 SCH Filter 面板（F12）或者执行“查找相似对象”命令，用户可以配置和编辑多个设计对象。在 SCH List 面板中，用户可以通过执行顶部面板的 Edit 下拉菜单中的命令来改变对象的属性，如图 7-40 所示。

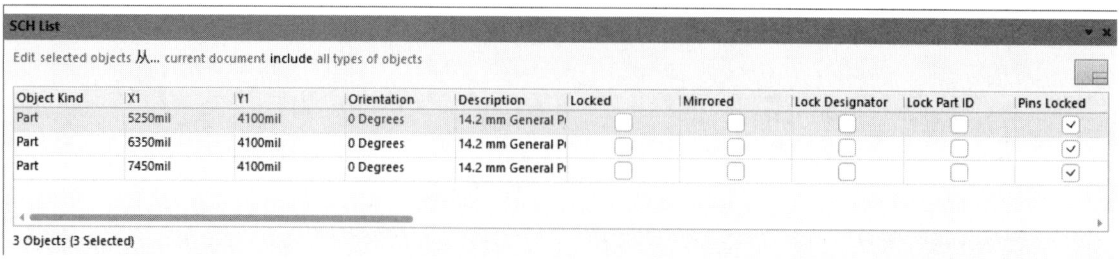

SCH List
Edit selected objects 从... current document include all types of objects
Object Kind
X1
Y1
Orientation
Description
Locked
Mirrored
Lock Designator
Lock Part ID
Pins Locked
Part
5250mil
4100mil
0 Degrees
14.2 mm General P
Part
6350mil
4100mil
0 Degrees
14.2 mm General P
Part
7450mil
4100mil
0 Degrees
14.2 mm General P
3 Objects (3 Selected)

图 7-40 SCH List 面板

7.3.3　使用过滤器批量选择目标

在原理图设计过程中，可以使用过滤器批量选择对象，单击编辑窗口右下角的面板转换按钮 Panels，从弹出的菜单中选择"SCH Filter"命令，则会弹出如图 7-41 所示的"SCH Filter"对话框。

图 7-41　"SCH Filter"对话框

在该对话框的"Find items matching these criteria:"区域输入 IsPart 语句，勾选 Select 复选框，单击 Apply 按钮即可选择全部元器件，如图 7-42 所示。

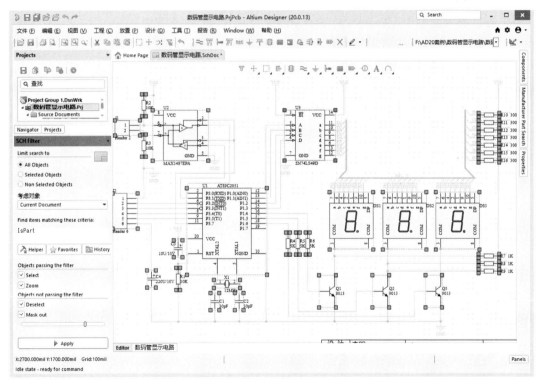

图 7-42　使用 IsPart 语句选择全部器件

在图 7-41 所示对话框中的"Find items matching these criteria:"区域内输入不同的语句即可选择相应的对象。如，输入 IsBus 语句，勾选 Select 复选框，然后单击 Apply 按钮即可选择原理图中的全部总线。

7.4　本章小结

本章介绍了数码管显示电路原理图的绘制，介绍了怎样加载原理图图纸模板，怎样加载和删除原理图库文件，怎样在系统提供的库中查找需要的元器件，怎样放置总线和总线引入线，怎样对原理图对象进行编辑，怎样对同类型元件属性进行更改。希望通过本章的学习，读者能掌握原理图设计的技巧。

习题 7

1．简述在设计电路原理图时，使用 Altium Designer 工具栏中的 ≈（Wire）与 ╱（Line）画线的区别；原理图中连线 ≈（Wire）与总线 ▨（Bus）的区别。

2．在原理图的绘制过程中，怎样加载和删除库文件？怎样加载 Atmel 公司的 Atmel Microcontroller 32-Bit ARM.IntLib 库文件？

3．如果要修改某一类元件的属性，用什么面板最方便？

4．▨ 按钮和 ▨ 按钮的作用分别是什么？

5．Net 按钮和 A 按钮都可以用来放置文字，它们的作用是否相同？

6．在元器件属性中，Footprint、Designator 分别代表什么含义？

7．如果原理图中元器件的标识符（Designator）编号混乱，应该怎样操作才能让 Designator 编号有序？

8．绘制图 7-43 所示的高输入阻抗的仪器放大器电路的电路原理图。

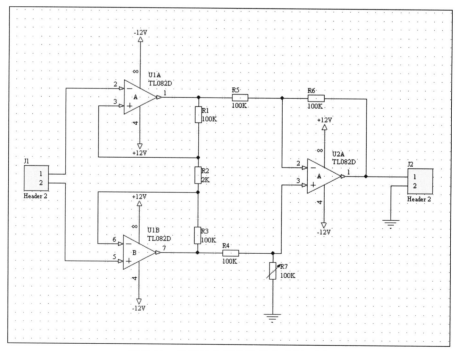

图 7-43　仪器放大器电路的电路原理图

9. 绘制图 7-44 所示的铂电阻测温电路的电路原理图。

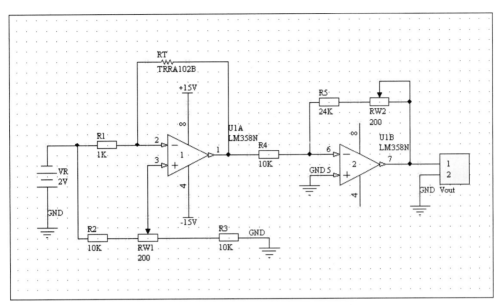

图 7-44　铂电阻测温电路的电路原理图

第 8 章　PCB 板的编辑环境及参数设置

任务描述

为了得到一个良好的、得心应手的 PCB 板的编辑环境，提高 PCB 板的设计效率，本章将介绍 PCB 板的编辑环境及参数设置。通过本章的学习，读者将能够更加快捷和高效地使用 Altium Designer 的 PCB 编辑器进行 PCB 板的设计。本章包含以下内容：

- PCB 的设计环境简介
- PCB 的编辑环境设置
- PCB 板层介绍及设置

8.1　Altium Designer 中的 PCB 设计环境简介

通过创建或打开 PCB 文件即可启动 PCB 设计界面。PCB 设计界面如图 8-1 所示，与原理图设计界面类似，由主菜单、工具栏、工作区和工作区面板组成，工作区面板可以通过移动、固定或隐藏来适应用户的工作环境。

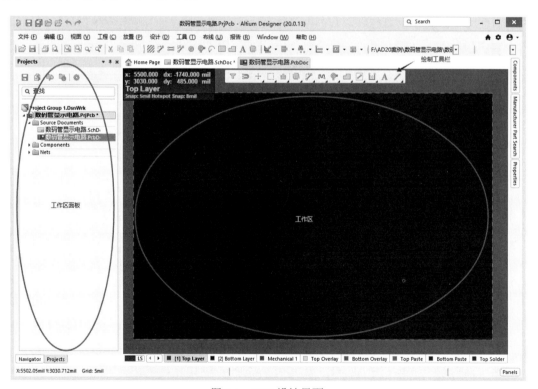

图 8-1　PCB 设计界面

1. 主菜单

PCB 设计界面中的主菜单如图 8-2 所示，该菜单中包括了与 PCB 设计有关的所有操作命令。

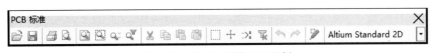

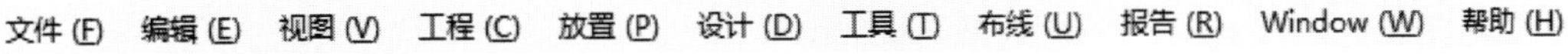
文件 (F)
编辑 (E)
视图 (V)
工程 (C)
放置 (P)
设计 (D)
工具 (T)
布线 (U)
报告 (R)
Window (W)
帮助 (H)

图 8-2　PCB 设计界面中的主菜单

2. 工具栏

常用的命令固定在工作区上的“绘制工具栏”，以方便操作。

PCB 编辑器中的工具栏由“PCB 标准”工具栏、“应用工具”工具栏、“过滤器”工具栏、“布线”工具栏和“导航”工具栏组成，这些工具栏可以通过“视图”→“工具栏”对应的下拉菜单打开或关闭。

（1）“PCB 标准”工具栏如图 8-3 所示，主要用于进行常用的文档编辑操作，其内容与原理图设计界面中的“标准”工具栏的内容完全相同，功能也完全一致，这里不作详细介绍。

PCB 标准
Altium Standard 2D

图 8-3　“PCB 标准”工具栏

（2）“应用工具”工具栏如图 8-4 所示，其中的工具按钮用于在 PCB 图中绘制不具有电气意义的元件对象。

1）绘图工具按钮。单击绘图工具按钮，弹出如图 8-5 所示的绘图工具栏，该工具栏中的工具按钮用于绘制直线、圆弧等不具有电气性质的元件。

应用工具

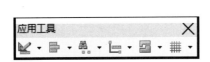

图 8-4　应用工具栏

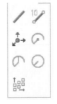

图 8-5　绘图工具栏

2）对齐工具按钮。单击对齐工具按钮，弹出如图 8-6 所示的对齐工具栏，该工具栏中的工具按钮用于对齐选择的元件对象。

3）查找工具按钮。单击查找工具按钮，弹出如图 8-7 所示的查找工具栏，该工具栏中的工具按钮用于查找元件或者元件组。

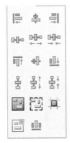

图 8-6　对齐工具栏

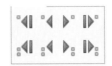

图 8-7　查找工具栏

4）标注工具按钮。单击标注工具按钮，弹出如图 8-8 所示的标注工具栏，该工具栏中的工具按钮用于标注 PCB 图中的尺寸。

5）区域工具按钮。单击区域工具按钮，弹出如图 8-9 所示的分区工具栏，该工具栏中的工具按钮用于在 PCB 图中绘制各种分区。

图 8-8　标注工具栏

图 8-9　分区工具栏

6）栅格工具按钮。单击栅格工具按钮，弹出如图 8-10 所示的下拉菜单，通过此下拉菜单中的内容可设置 PCB 图中的对齐栅格的大小。

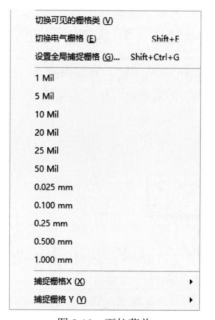

切换可见的栅格类 (V)	
切换电气栅格 (E)	Shift+E
设置全局捕捉栅格 (G)...	Shift+Ctrl+G
1 Mil	
5 Mil	
10 Mil	
20 Mil	
25 Mil	
50 Mil	
0.025 mm	
0.100 mm	
0.25 mm	
0.500 mm	
1.000 mm	
捕捉栅格X (X)	▶
捕捉栅格 Y (Y)	▶

图 8-10　下拉菜单

（3）"布线"工具栏如图 8-11 所示，该工具栏中的工具按钮用于绘制具有电气意义的铜膜导线、过孔、PCB 元件封装等元件对象。现在 Altium Designer 新增加了两种交互式布线工具，这些工具的使用，将在接下来的项目中详细介绍。

图 8-11　"布线"工具栏

（4）"过滤器"工具栏如图 8-12 所示，该工具栏用于设置屏蔽选项。在"过滤器"工具栏中的编辑框中设置屏蔽条件后，工作区将只显示满足用户设置的元件对象，该功能为用户查看 PCB 板的布线情况提供了极大的帮助，尤其是在布线较密的情况下，使用"过滤器"工具栏能让用户更加清楚地检查某一特定的电器通路的连接情况。

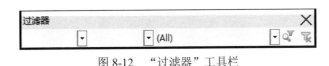

图 8-12　"过滤器"工具栏

3．工作区

工作区用于显示和编辑 PCB 图文档，每个打开的文档都会在设计窗口顶部有自己的标签，右击标签可以关闭、修改或平铺打开的窗口。

4．工作区面板

PCB 编辑器中的工作区面板与 Altium Designer 原理图编辑器中的工作面板类似，单击工作区面板图标按钮 Panels 可以打开相应的工作面板。

8.2　常用系统快捷键

Altium Designer 自带很多组合的快捷键，可以多次执行字母按键组合成需要的操作，很方便。那么组合快捷键如何得来呢？系统的组合快捷键都是依据菜单中命令的下画线字母组合起来的，例如对于"放置"→"走线"这两个命令，组合的快捷键就是 PT。使用这些组合快捷键有利于提高 PCB 的设计效率。

Altium Designer 也推荐使用很多默认的快捷键，下面将其列出，相信在实际操作中会给设计者带来很大的帮助。

（1）L：打开层设置开关选项（在元件移动状态下，按 L 键换层）。

（2）S：打开选择，如 S+L（线选）、S+I（框选）、S+E（滑动选择）。

（3）J：跳转，如 J+C（跳转到元件）、J+N（跳转到网络）。

（4）Q：实现英制和公制相互切换。

（5）Delete：删除已被选择的对象；E+D 进行点选删除。

（6）按鼠标中键向前、后推动或者按 Page Up、Page Down 键进行放大、缩小操作。

（7）小键盘上面的"+"和"-"，点选下面层选项：切换层。

（8）A+T：顶对齐；A+L：左对齐；A+R：右对齐；A+B：底对齐。

（9）Shift+S：切换单层显示与多层显示。

（10）Ctrl+M：哪里需要测量就单击哪里；R+P：测量边距。

（11）空格键：翻转选择某对象（导线、过孔等），同时按 Tab 键可改变其属性（导线长度、过孔大小等）。

（12）Shift+空格键：改变走线模式。

（13）P+S：放置字体（条形码）。

（14）Shift+W：选择线宽；Shift+V：选择过孔。

（15）T+M：不可更改间距的等间距走线；P+M：可更改间距的等间距走线。

（16）Shift+G：走线时显示走线长度。

（17）Shift+H：显示或关闭坐标显示信息。

（18）Shift+M：显示或关闭放大镜。

（19）Shift+A：局部自动走线。

以上仅列出常用的一些快捷键，其他快捷键可以参考系统帮助（在不同的界面检索出来的会不相同），执行"帮助"→"快捷键"命令即可调出来相应的帮助信息。

8.3　PCB 编辑环境设置

Altium Designer 为用户进行 PCB 编辑提供了大量的辅助功能，以方便用户的操作，同时系统允许用户对这些功能进行设置，使其更符合自己的操作习惯，本节将介绍这些设置方法。

启动 Altium Designer，在工作区打开新建的 PCB 文件，启动 PCB 设计界面。在主菜单中单击按钮 ⚙，打开如图 8-13 所示的"优选项"对话框。

图 8-13　"优选项"对话框

在"优选项"对话框左侧的树形列表内，PCB Editor 文件夹内有 12 个子选项卡，通过这些选项卡，用户可以对 PCB 设计模块进行系统的设置。

8.3.1　General 选项卡

General 选项卡界面如图 8-13 所示，该选项卡主要用于进行 PCB 设计模块的通用设置。下面对 General 选项卡的主要选项区域进行介绍。

（1）"编辑选项"（Editing Options）选项区域用于 PCB 编辑过程中的功能设置，共有 12 个复选项，其中：

1）"在线 DRC"（Online DRC）复选项表示进行在线规则检查，一旦操作过程中出现违反设计规则的情况，系统会显示错误警告。建议选中此项。

"对象捕捉选项"（Object Snap Options）包括以下 3 种捕捉方式：

● "捕捉到中心点"（Snap to Center）复选项表示移动焊盘和过孔时，鼠标定位于中心，移动元件时定位于参考点，移动导线时定位于定点。

● "智能元件捕捉"（Smart Component Snap）复选项表示当选中元件时光标将自动移到离单击处最近的焊盘上。若未选中该复选框，当选中元件时光标将自动移到元件的第一个管脚焊盘处。

● "Room 热点捕捉"（Snap To Room Hot Spots）复选项表示在对区域对象进行操作时，鼠标定位于区域的热点。

2）"移除复制品"（Remove Duplicates）复选项表示系统会自动移除重复的输出对象，选中该复选项后，数据在准备输出时将检查输出数据，并删除重复数据。

3）"确认全局编译"（Confirm Global Edit）复选项表示在进行全局编辑时，例如从原理图更新 PCB 图时会弹出确认对话框，要求用户确认更改。

4）"保护锁定的对象"（Protect Locked Objects）复选项表示保护已锁定的元件对象，避免用户对其进行误操作。

5）"确定被选存储清除"（Confirm Selection Memory Clear）复选项表示在清空选择存储器时，会弹出确认对话框，要求用户确认。

6）"单击清除选项"（Click Clears Selection）复选项表示当用户单击其他元件对象时，之前选择的其他元件对象将会自动解除选中状态。

7）"按 Shift 选中"（Shift Click To Select）复选项表示只有当用户按住键盘 Shift 键后，再单击元件对象才能将其选中。选中该项后，用户可单击"元素"按钮，打开"Shift Click 选择"对话框，在该对话框中设置需要按住 Shift 键同时单击才能选中的对象种类。通常取消该复选框的选中状态。

8）"智能 TrackEnds"（Smart Track Ends）复选项表示在交互布线时，系统会智能寻找铜箔导线结束端，显示光标所在位置与导线结束端的虚线，在布线的过程中自动调整虚线。

（2）"其他"区域中的选项及其功能如下。

1）"旋转步进"（Rotation Step）编辑框用于输入当能旋转的元件对象"悬浮"于光标上时，每次单击空格键使元件对象逆时针旋转的角度。默认旋转角度为 90°。同时按下 Shift 键和空格键则顺时针旋转。

2）"光标类型"（Cursor Type）下拉列表用于设置在进行元件对象编辑时光标的类型。Altium Designer 提供 3 种光标类型：Small 90 表示小十字形；Large 90 表示大十字形，Small 45 表示×形。

3）"器件拖曳"（Comp Drag）下拉列表用于设置对元件的拖动。若选择 none，在拖动元件时只移动元件；若选择 Connected Tracks，在拖动元件时，元件上的连接线一起移动。

8.3.2 Display 选项卡

Display 选项卡界面如图 8-14 所示，该选项卡用于设置所有有关工作区显示的方式。

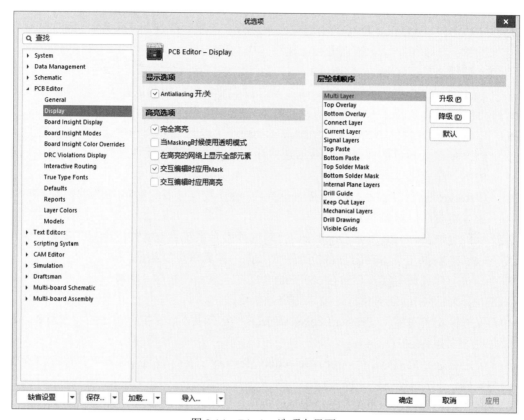

图 8-14 Display 选项卡界面

（1）"高亮选项"（Highlighting Options）区域用于在工作区对元件对象进行高亮显示时的设置。

1）"完全高亮"（Highlight in Full）复选项表示选中的对象会全部高亮显示。若未选中该复选项，则所选择器件仅轮廓高亮显示。

2）"当 Masking 时候使用透明模式"（Use Transparent Mode When Masking）复选项表示元件对象在被蒙板遮住时使用透明模式。

3）"在高亮的网络上显示全部元素"（Show All Primitives In Highlighted Nets）复选项表示显示高亮状态下网络的所有元件对象内容。

4）"交互编辑时应用 Mask"（Apply Mask During Interactive Editing）复选项表示在进行交互编辑操作时使用蒙板标记。

5）"交互编辑时应用高亮"（Apply Highlight During Interactive Editing）复选项表示在进行交互编辑操作时使用高亮标记。

（2）"层绘制顺序"（Layer Drawing Order）区域用于设置层重绘的顺序，在该区域列表中的层的顺序就是将重绘的层的顺序，列表顶部的层就是屏幕上显示的最上部的层。单击"升级"按钮可以将所选的层升级；单击"降级"按钮可以将所选的层降级；单击"默认"按钮恢复为系统设定值。

8.3.3　Board Insight Display 选项卡

Board Insight Display 选项卡界面如图 8-15 所示，该选项卡用于定义 PCB 板的焊盘、过孔、字体类型的显示模式，PCB 板的单层显示模式及元件高亮度的显示方式等内容。

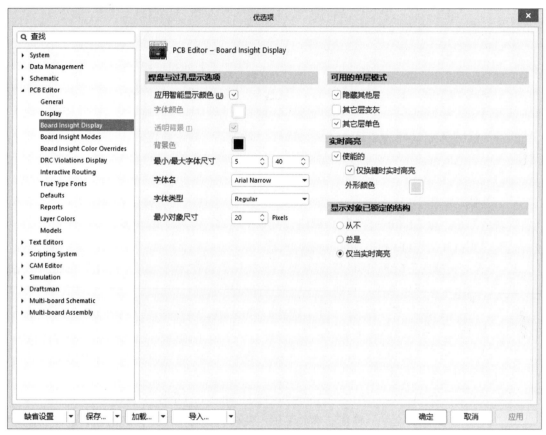

图 8-15　Board Insight Display 选项卡界面

（1）"焊盘与过孔显示选项"（Pad and Via Display Options）区域。

1）"应用智能显示颜色"（Use Smart Display Color）复选项。当选择该复选项时，允许用户按系统的设置，自动显示焊盘与过孔资料的字体特性，使手动设置字体特性无效；当不选择该复选项时，可以设置焊盘与过孔字体的显示方式。

2）"字体颜色"（Font Color）项，单击右边的小方框将弹出"选择颜色"对话框，可以在此选择字体的颜色。

3）"透明背景"（Transparent Background）复选框。选择该复选框后，显示焊盘/过孔的资料不需要任何可视的背景；否则就可以使用"背景色"（Background Color）为背景选择颜色。

该选项只有在"应用智能显示颜色"无效时才可使用。

4)"背景色"（Background Color）项，单击右边的小方框将弹出"选择颜色"对话框，可在此以选择背景颜色。

5)"最小/最大字体尺寸"（Min/Max Font Size）编辑框用于设置最小/最大字体的值。

6)"字体名"（Font Name）编辑框，通过单击右边选择框的▼符号，选择需要的字体，如宋体。

7)"字体类型"（Font Style）编辑框，通过单击右边选择框的▼符号，选择字体类型，如黑体或粗体。

8)"最小对象尺寸"（Minimum Object Size）编辑框，通过单击右边选择框的⬍符号，选择最小物体的尺寸，单位是像素。

（2）"可用的单层模式"（Available Single Layer Modes）区域，该区域设置 PCB 板的单层显示模式。

1)"隐藏其他层"（Hide Other Layers）复选项。勾选该选项允许用户显示有效的当前层，其他层不显示。按"Shift + S"组合键可以在单层与多层显示之间切换。

2)"其他层变灰"（Gray Scale Other Layers）。勾选该选项允许用户显示有效的当前层，其他层变灰，灰色的程度取决于层颜色的设置。按"Shift + S"组合键可以在单层与多层显示之间切换。

3)"其他层单色"（Monochrome Other Layers）。勾选该选项允许用户显示有效的当前层，其他层灰色显示。按"Shift + S"组合键可以在单层与多层显示之间切换。

（3）"实时高亮"（Live Highlighting）区域。

1）选择"使能的"（Enabled）复选项后，当光标停留在元件上时，与元件相连的网络线高亮显示；如果未选择该选项，可防止任何物体高亮显示。

2）选择"仅换键时实时高亮"（Live Highlighting only when shift Key Down）复选项后，当按 Shift 键时激活网络线高亮度显示。

3)"外形颜色"（Outline Color）项，单击"外形颜色"右边的小方框，可以通过"选择颜色"对话框改变高亮显示网络线轮廓的颜色。

（4）"显示对象已锁定的结构"（Show Locked texture on Object）区域。

1)"从不"（Never）选项。锁住的本质是用户能很容易地从未锁住的物体中区分锁住的物体，锁住物体的特征被显示为一个 Key，选择"从不"选项以显示锁住的特性。

2)"总是"（Always）选项，用锁住的特征显示锁住的物体。

3)"仅当实时高亮"（Only when Live Highlighting）选项，仅当物体被高亮显示时才显示锁住的特征。

8.3.4　Board Insight Modes 选项卡

Board Insight Modes 选项卡界面如图 8-16 所示，该选项卡用于定义工作区的浮动状态框显示选项。所谓浮动状态框是 Altium Designer 的 PCB 编辑器的一项功能，改半透明的状态框悬浮于工作区上方，如图 8-17 所示。

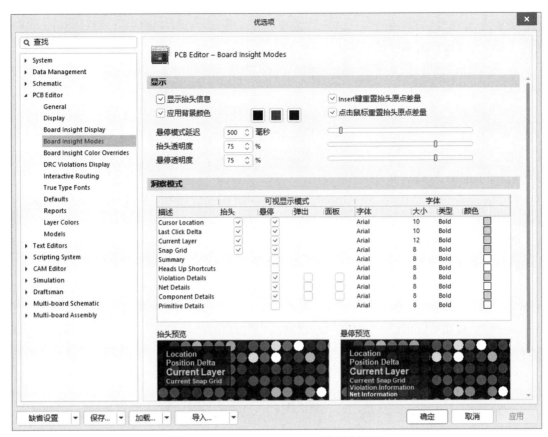

图 8-16　Board Insight Modes 选项卡界面

图 8-17　浮动状态框

用户可以方便地从浮动状态框中获取当前鼠标指针的位置坐标、相对移动坐标等信息。为了避免浮动状态框影响用户的正常操作，Altium Designer 给浮动状态框设置了两个模式：一个是"抬头"（Head Up）模式，当鼠标指针处于移动状态时，浮动状态框处于该模式，为避免影响鼠标移动，此时显示较少的信息；另一个模式是"旋停"（Hover）模式，当鼠标指针处于静止状态时，浮动状态框处于"旋停"模式，此时可以显示较多信息。为了充分发挥浮动状态框的作用，用户可在 Board Insight Modes 选项卡内对其进行设置，以满足自己的操作习惯。

（1）"显示"（Display）选项区域用于设置浮动状态框的显示属性，其中包含七个选项，介绍如下。

1）"显示抬头信息"（Display Heads up Information）复选项用于表示是否显示浮动状态框，

选中该项后，浮动状态框将被显示在工作区中。在工作过程中用户也可以通过"Shift+H"快捷键切换浮动状态框的显示状态。

2）"应用背景颜色"（Use Background Color）色彩选择块用于设置浮动状态框的背景色，单击该色块将打开"选择颜色"对话框，用户可以选择任意颜色作为浮动状态框的背景色。

3）"悬停模式延迟"（Hover Mode Delay）编辑框用于设置浮动状态框从"抬头"模式到"悬停"模式转换的时间延迟，即当鼠标指针静止的时间大于该延迟时间时，浮动状态框从"抬头"模式转换到"悬停"模式。用户可以在编辑框中直接输入延迟时间，或者拖动右侧的滑块设置延迟时间，时间的单位为毫秒。

4）"抬头透明度"（Heads Up Opacity）编辑框用于设置浮动状态框处于"抬头"模式下的透明度，透明度数值越大，浮动状态框越不透明，用户可以在编辑框中直接输入数值，或者拖动右侧的滑块设置透明度数值，在调整的过程中，用户可通过选项卡左下方的"抬头预览"（Heads Up Preview）图例预览透明度显示效果。

5）"悬停透明度"（Hover Opacity）编辑框用于设置浮动状态框处于"悬停"模式下的透明度，透明度数值越大，浮动状态框越不透明，用户可以在编辑框中直接输入数值，或者拖动右侧的滑块设置透明度数值，在调整的过程中，用户可通过选项卡右下方的"悬停预览"（Hover Preview）图例预览透明度显示效果。

6）选中"Insert 键重置抬头原点差量"（Insert Key Resets Heads Up Delta Origin）复选项后，则可以使用 Insert 键设置移动状态栏中显示的鼠标相对位置的坐标零点。

7）选中"单击鼠标重置抬头原点差量"（Mouse Click Resets Heads Up Delta Origin）复选项后，则可以使用鼠标左键设置移动状态栏中显示的鼠标相对位置的坐标零点。

（2）"洞察模式"（Insight Modes）区域。该区域中的列表用于设置相关操作信息在浮动状态栏中的显示属性。该列表分两大栏：一栏是"可视显示模式"（Visible Display Modes），用于选择浮动状态框在各种模式下显示的操作信息内容，用户只需勾选对应内容项即可，显示效果可参考下方的预览；另一栏是"字体"（Font），用于设置对应内容显示时的字体样式信息。Altium Designer 共提供了 10 种信息供用户选择在浮动状态框中显示。

1）Cursor Location 表示当前鼠标指针的绝对坐标信息。

2）Last Click Delta 表示当前鼠标指针相对上一次单击点的相对坐标信息。

3）Current Layer 表示当前所在的 PCB 图层名称。

4）Snap Grid 表示当前的对齐网格参数信息。

5）Summary 表示当前鼠标指针所在位置的元件对象信息。

6）Heads Up Shortcuts 表示鼠标静止时对浮动状态框进行操作的快捷键及其功能。

7）Violation Details 表示鼠标指针所在位置的 PCB 图中违反规则的错误的详细信息。

8）Net Details 表示鼠标指针所在位置的 PCB 图中网络的详细信息。

9）Component Details 表示鼠标指针所在位置的 PCB 图中元件的详细信息。

10）Primitive Details 表示鼠标指针所在位置的 PCB 图中基本元件对象的详细信息。

11）"抬头预览"（Heads Up Preview）和"悬停预览"（Hover Preview）视图便于用户对设置的浮动状态框的两种模式的显示效果进行预览。

8.3.5　Interactive Routing 选项卡

Interactive Routing 选项卡界面如图 8-18 所示，该选项卡用于定义交互布线的属性。

图 8-18　Interactive Routing 选项卡界面

（1）"布线冲突方案"（Routing Conflict Resolution）区域用于设置交互布线过程中出现布线冲突时的解决方式，共有 7 个选项供选择。

1）"忽略障碍"（Ignore Obstacles）表示忽略障碍物。

2）"推挤障碍"（Push Obstacles）表示推开障碍物。

3）"绕开障碍"（Walkaround Obstacles）表示围绕障碍物走线。

4）"在遇到第一个障碍时停止"（Stop At First Obstacle）表示遇到第一个障碍物停止。

5）"紧贴并推挤障碍"（Hug And Push Obstacles）表示紧贴和推开障碍物。

6）"在当前层自动布线"（AutoRoute On Current Layer）表示在当前层自动布线。

7）"多层自动布线"（AutoRoute On Multiple Layer）表示在多层自动布线。

（2）"交互式布线选项"（Interactive Routing Options）区域用于设置交互布线属性，其中有 6 个选项。

1）"限制为 90/45"（Restrict To 90/45）复选项表示设置布线角度为 90°或 45°。

2）"跟随鼠标轨迹"（Follow Mouse Trail）表示跟随鼠标轨迹。

3）"自动终止布线"（Automatically Terminate Routing）表示自动判断布线终止时机。

4）"自动移除闭合回路"（Automatically Remove Loops）表示自动移除布线过程中出现的回路。

● "移除天线"（Remove Net Antennas）表示移除网线。

5）"允许过孔推挤"（Allow Via Pushing）表示允许过孔推压。

6）"显示间距边界"（Display Clearance Boundaries）表示显示间隙边界。

● "减少间距显示区域"（Reduce Clearance Display Area）表示减少净空显示面积。

（3）"布线优化方式"（Routing Gloss Effort）区域用于设置布线光滑情况。

1）"关闭"（Off）。

2）"弱"（Weak）。

3）"强"（Strong）。

（4）"拖曳"（Dragging）选项区域用于设置拖移元件时的情况。

1）"拖曳时保护角度"（Preserve Angle When Dragging）复选框，表示拖移时保持任意角度。其下有 3 个单选项：

● "忽略障碍"。

● "避免障碍（捕捉栅格）"。

● "避免障碍"。

2）"取消选择过孔/导线"（Unselected via/track）：不选择过孔/导线。

3）"选择过孔/导线"（Selected via/track）：选择过孔/导线。

4）"元器件推挤"（Component pushing）：元件推挤。

（5）"交互式布线宽度来源"（Interactive Routing Width Sources）选项区域用于设置在交互布线中铜膜导线宽度和过孔尺寸的选择属性。

1）"从已有布线中选择线宽"（Pickup Track Width From Existing Routes）复选项表示从已布置的铜膜导线中选择铜膜导线的宽度。

2）"线宽模式"（Track Width Mode）下拉列表用于设置交互布线时的铜膜导线宽度，默认的一个选项是 Rule Preferred（首选规则）。

3）"过孔尺寸模式"（Via Size Mode）下拉列表用于设置交互布线时过孔的尺寸。

（6）"偏好"（Favorites）区域的"偏好的交互式布线宽度"（Favorite Interactive Routing Widths）按钮用于设置中意的交互布线的线宽。

8.3.6 True Type Fonts 选项卡

True Type Fonts 选项卡界面如图 8-19 所示，主要用于设置 PCB 图中的字体。TrueType 字体是微软公司和 Apple 公司共同研制的字型标准。

勾选"嵌入 TrueType 字体到 PCB 文档"（Embed TrueType fonts inside PCB Documents）复选框表明将 TrueType 字体嵌入到 PCB 文档中，通过"置换字体"（Substitution font）右边的编辑框可以选择不同的字体。

图 8-19　True Type Fonts 选项卡界面

8.3.7　Defaults 选项卡

Defaults 选项卡界面如图 8-20 所示，PCB 编辑器中各种元件对象的默认值都是在该选项卡中进行配置的。

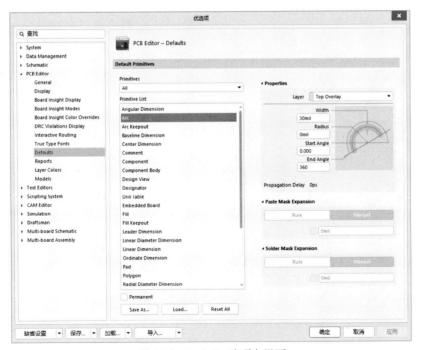

图 8-20　Defaults 选项卡界面

在"原始的"(Primitives)列表中选择需要更改的项,在右边的"属性"(Properties)框中编辑参数。

8.3.8 Reports 选项卡

Reports 选项卡界面如图 8-21 所示,用于设置 PCB 的输出文件类型。用户在该选项卡中设置需要输出的文件类型,以及输出的路径和文件名称。这样在完成 PCB 设计后,系统会自动显示和生成已设置好的输出文件。

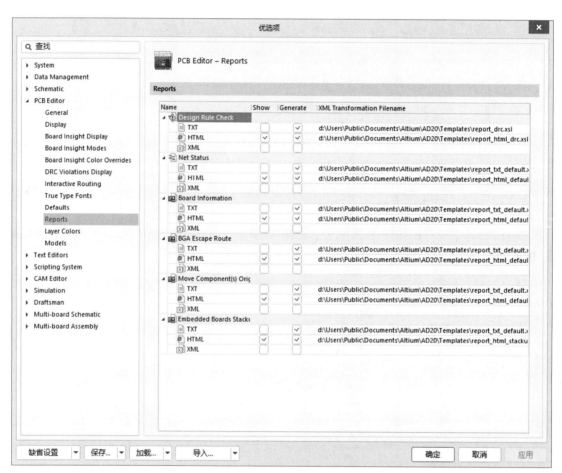

图 8-21 Reports 选项卡界面

8.3.9 Layer Colors 选项卡

Layer Colors 选项卡界面如图 8-22 所示,用于设置 PCB 板各层的颜色。通常用户不需要修改 PCB 板各层的颜色,用默认值最好。

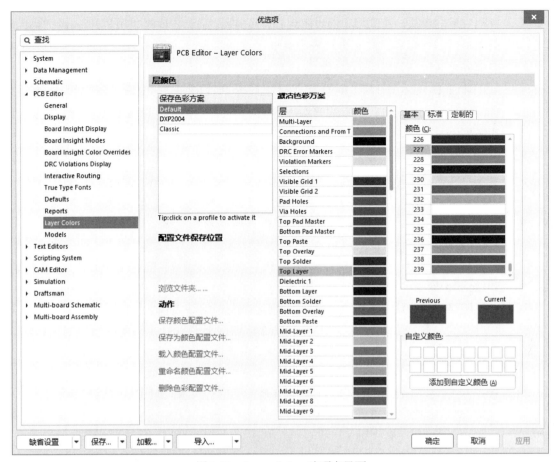

图 8-22　Layer Colors 选项卡界面

8.4　PCB 板设置

8.4.1　PCB 板层介绍

每个设计师都有自己的设计风格，层的设定也是在 PCB 设计中非常重要的环节。在 PCB 的设计中要接触到以下几个层：

- Signal Layer（信号层）：总共有 32 层，可以放置走线、文字、多边形（铺铜）等。常用的有以下两种：Top Layer（顶层）和 Bottom Layer（底层）。
- Internal Plane（平面层）：总共有 16 层，主要作为电源层使用，也可以把其他的网络定义到该层。平面层可以任意分块，每一块可以设定一个网络。平面层是以"负片"格式显示，比如有走线的地方表示没有铜皮。
- Mechanical Layer（机械层）：该层一般用于有关制板和装配方面的信息。
- Solder Mask Layer（阻焊层）：有顶部阻焊层（Top Solder Mask）和底部阻焊层（Bottom Solder Mask）两层，它们是 Altium Designer 对应于电路板文件中的焊盘和过孔数据

自动生成的板层，主要用于铺设阻焊漆（阻焊绿膜）。本板层采用负片输出，所以板层上显示的焊盘和过孔部分代表电路板上不铺阻焊漆的区域，也就是可以进行焊接的部分，其余部分铺设阻焊漆。

● Past Mask Layer（锡膏层）：有顶部锡膏层（Top Past Mask）和底部锡膏层（Bottom Past Mask）两层，它是过焊炉时用来对应 SMD 元件焊点的，是自动生成的，也是负片形式输出。

● Keep-out layer：这层主要用来定义 PCB 边界，比如，放置一个长方形定义边界，则信号走线不会穿越这个边界。

● Drill Drawing（钻孔层）：该层主要为制造电路板提供钻孔信息，该层是自动计算的。

● Multi-Layer（多层）：多层代表信号层，任何放置在多层上的元器件会自动添加到所在的信号层上，所以可以通过多层将焊盘或穿透式过孔快速地放置到所有的信号层上。

● Silkscreen layer（丝印层）：丝印层有 Top Overlay（顶层丝印层）和 Bottom Overlay（底层丝印层）两层，它主要用来绘制元件的轮廓、放置元件的标号（位号）和型号或其他文本等信息，以上信息是自动在丝印层上产生的。

8.4.2　PCB 板层设置

PCB 板层在 Layer Stack Manager（层叠管理器）中进行设置，设置板层的步骤如下：

（1）在主菜单中选择"设计"→"层叠管理器"命令，打开如图 8-23 所示的层叠管理器。

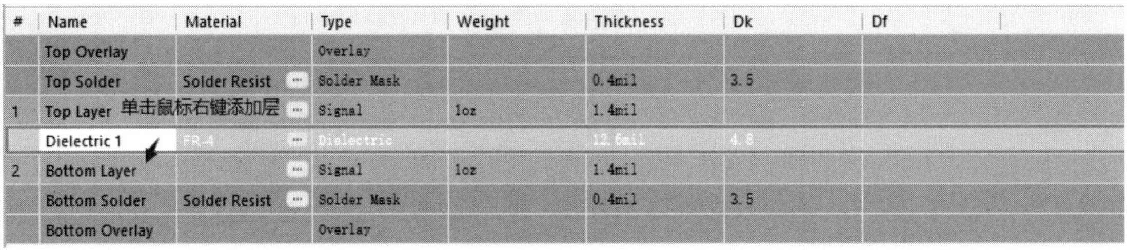

#	Name	Material	Type	Weight	Thickness	Dk	Df	
	Top Overlay		Overlay					
	Top Solder	Solder Resist	Solder Mask		0.4mil	3.5		
1	Top Layer 单击鼠标右键添加层		Signal	1oz	1.4mil			
	Dielectric 1	FR-4	Dielectric		12.6mil	4.8		
2	Bottom Layer		Signal	1oz	1.4mil			
	Bottom Solder	Solder Resist	Solder Mask		0.4mil	3.5		
	Bottom Overlay		Overlay					

图 8-23　层叠管理器

（2）图 8-23 中显示的 PCB 板的基本层面由基层-绝缘体（Dielectric）、顶层（Top Layer）、底层（Bottom Layer）、顶层阻焊层（Top Solder）、底层阻焊层（Bottom Solder）、顶层丝印层（Top Overlay）、底层丝印层（Bottom Overlay）组成。

鼠标选择图 8-23 所示的 Top Layer 或 Bottom Layer 那一行的信息，可以修改层的名字及铜箔的厚度（用户最好不要修改）。

（3）层的添加及编辑。在图 8-23 中右击，弹出的快捷菜单如图 8-24 所示，执行 Insert layer above 或 Insert layer below 命令，可以进行添加层操作，可添加正片或负片；执行 Move Layer up 或 Move Layer down 命令，可以对添加的层顺序进行调整。

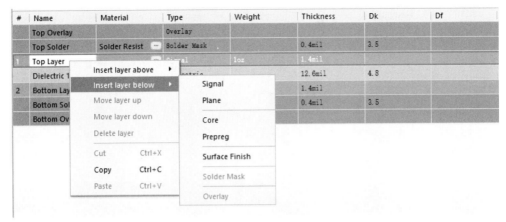

图 8-24　添加一个信号层

8.4.3　PCB 板层及颜色设置

为了区别各 PCB 板层，Altium Designer 使用不同的颜色绘制不同的 PCB 层，用户可根据喜好调整各层对象的显示颜色。

在编辑界面左下角，鼠标单击红色的按钮，如图 8-25 所示，打开如图 8-26 所示的"板层和颜色"选项卡界面。

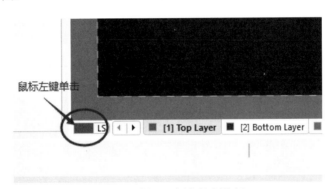

图 8-25　板层及颜色控制按钮

（1）"板层和颜色"选项卡共有 4 个列表用于设置工作区中显示的层及其颜色。在每个区域中有一个展示的"眼睛" ◉ 图标，该图标有效，PCB 板工作区下方将显示该层的标签，否则不显示该层的标签。

单击对应的层名称"颜色"（Color）方块，打开"2D 系统颜色"对话框，在该对话框中设置所选择的电路板层的颜色（建议用户采用默认值）。

（2）View Options（视图选项）选项卡。View Options 选项卡界面如图 8-27 所示，该选项卡用于设定各类元件对象的显示模式。

1）Name（名字）列的"眼睛" ◉ 图标，表示以完整型模式显示对象，其中每一个图素都是实心显示。

2）Draft（草图）列的复选框，该列的复选框被选中表示以草稿型模式显示对象，其中每一个图素都是以草图轮廓形式显示。

图 8-26　板层和颜色选项卡界面

图 8-27　视图选项卡界面

（3）"透明度"（Transparency）区域，拖动该选项右边的滑块，可以设置所选择对象/层的透明化程度。

8.5　本章小结

本章介绍了 PCB 的编辑环境设置及 PCB 的板层设置，通过该章的学习，希望读者能熟练掌握 PCB 操作界面的设置，为 PCB 设计做好准备。

习题 8

1．Altium Designer PCB 编辑器中的常用工具栏有哪些？各种工具栏的主要用途是什么？

2．在 PCB 编辑环境设置中，哪个选项卡的复选项表示进行在线规则检查时，一旦操作过程中出现违反设计规则的情况，系统会显示错误警告？

3．在 PCB 编辑环境设置中，怎样设置才会满足以下要求：在拖动元件时只移动元件；在拖动元件时，元件上的连接线会一起移动。

4．在 PCB 编辑环境设置中，如何设置大十字形光标、小十字形光标、小 45 度表示×形的光标。

5．在 PCB 编辑环境设置中，如何设置在工作区中显示浮动状态框？浮动状态框的显示状态还可以通过什么快捷键来切换？

6．在 PCB 编辑过程中，为了单层显示 PCB 的板层，该怎样操作。

第9章　数码管显示电路的 PCB 设计

任务描述

第7章完成了数码管显示电路的原理图绘制，本章将完成数码管显示电路的 PCB 板设计。在该 PCB 板中，将调用第5章建立的封装库内的两个器件：DIP20（AT89C2051 单片机的封装）、LED-10（数码管的封装）。通过该 PCB 图验证建立的封装库内的两个器件的正确性，并进行新知识的介绍。本章包含以下内容：

- 设置 PCB 板
- 设计规则介绍
- 自动布线的多种方法
- 数码管显示电路的 PCB 板设计

9.1　创建 PCB 板

9.1.1　在工程中新建 PCB 文档

用第3章的3.2节中介绍的在项目中新建 PCB 文档的方法新建一个 PCB 文档，将新建的 PCB 文档保存为"数码管显示电路.PcbDoc"文件。

9.1.2　设置 PCB 板

（1）在主菜单中选择"视图"→"切换单位"命令或按快捷键 Q，设置"单位"为 Metric（公制）。

（2）按 G 键，设置 Grid 为 1mm。

（3）单击工作区下部的 Mechancial 1 层标签，选择 Mechancial 1 层为当前层，定义 PCB 板的边界。

（4）单击"绘制"工具栏中的线段工具按钮，移动光标在点上单击，按顺序连接工作区内坐标为(100 mm,30 mm)、(190 mm,30 mm)、(190 mm,106 mm)和(100 mm,106 mm)的点，然后光标回到(100 mm,30 mm)处，光标处将出现一个小圆框，按鼠标左键，即可绘制 PCB 板的矩形框，如图 9-1 所示，右击退出布线状态。

（5）选择绘制的 PCB 板矩形框，在主菜单中选择"设计"→"板子形状"→"按照选定对象定义"命令，即重新定义 PCB 板的形状为矩形，如图 9-2 所示。

至此，PCB 板的形状、大小，布线区域和层数就设置完毕了。

图 9-1　机械层（Mechancial 1）定义 PCB 板的边界　　　　图 9-2　绘制布线区域的 PCB 板

9.2　PCB 板布局

9.2.1　导入元件

（1）在原理图编辑器下，用封装管理器检查每个元件的封装是否正确（3.3 节中已介绍）。打开封装管理器（"工具"→"封装管理器"），元器件的封装检查完后，执行如下操作：

（2）执行"工程"→"Validate PCB Project 数码管显示电路.PrjPcb"命令，检查原理图是否有错误，没有错误则执行下述操作。

（3）在主菜单中选择"设计"→"Update PCB Document 数码管显示电路.PcbDoc"命令，打开如图 9-3 所示的"工程变更指令"（Engineering Change Order）对话框。

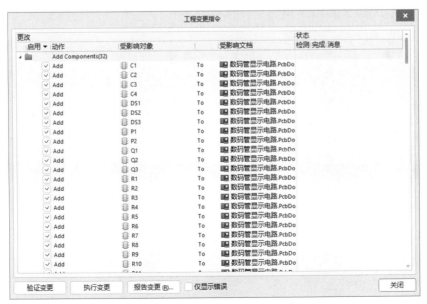

图 9-3　"工程变更指令"对话框

（4）单击"验证变更"（Validate Changes）按钮验证有无不妥之处。单击"执行变更"（Execute Changes）按钮，应用所有已选择的更新。"工程变更指令"对话框内列表中的"状态"下的"检测"和"完成"列将显示"验证变更"和"执行变更"后的结果，如果执行过程中出现问题将会显示❌符号，若执行成功则会显示✅符号。如有错误则检查错误，然后从步骤（2）开始重新执行，若没有错误，更新后的"工程变更指令"对话框如图 9-4 所示。

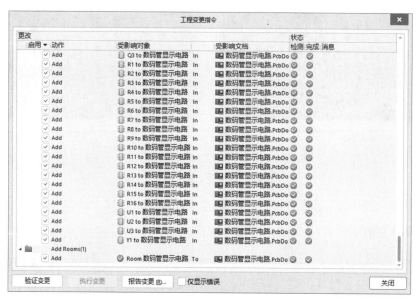

图 9-4　更新后的"工程变更指令"对话框

（5）单击"工程变更指令"对话框中的"关闭"按钮，关闭该对话框。至此，原理图中的元件和连接关系就导入到 PCB 板中了。

导入原理图信息的 PCB 板文件的工作区如图 9-5 所示，此时 PCB 板文件的内容与原理图文件"数码管显示电路.SchDoc"就完全一致了。

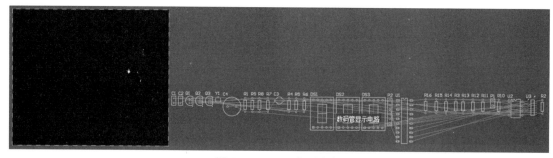

图 9-5　PCB 工作区内容

9.2.2　元件布局

（1）在对 PCB 元件布局时经常会有以下几个方面的考虑：

- PCB 板形与整机是否匹配？
- 元件之间的间距是否合理？有无水平上或高度上的冲突？

- PCB 是否需要拼板？是否预留工艺边？是否预留安装孔？如何排列定位孔？
- 电源模块如何放置与散热？
- 需要经常更换的元件放置位置是否方便替换？可调元件是否方便调节？
- 是否考虑热敏元件与发热元件之间的距离？

（2）模块化布局。这里介绍一个元件排列的功能，即在进行矩形区域排列时，可以在布局初期结合元件的交互，方便地把一堆杂乱的元件按模块分开并摆放在一定的区域内。

1）在原理图上选择其中一个模块的所有元件，这时 PCB 上与原理图相对应的元件都被选中。

2）执行菜单命令"工具"→"器件摆放"→"在矩形区域排列"。

3）在 PCB 上某个空白区域框选一个范围，这时这个功能模块的元件都会排列到这个框选的范围内，如图 9-6 所示。利用这个功能，可以把原理图上所有的功能模块进行快速的分块。

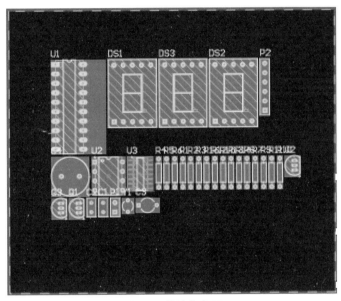

图 9-6　模块化布局

模块化布局和手动布局是密不可分的。利用手动布局，在原理图上选中模块的所有元件，一个个在 PCB 上排列好，接下来，就可以进一步细化布局中的 IC、电阻、电容、三极管了。模块化布局对于大型的 PCB 板比较实用。对于数码管显示电路的 PCB 设计，采用手动布局比较好。单击"撤销"按钮 ↰，将图 9-6 的元件移回到 PCB 板的外边，如图 9-5 所示。下面介绍手动布局方法。

（3）手动布局方法如下：

1）单击 PCB 图框外的元件，将其一一拖放到 PCB 板中的布线区域内。单击元件 U1，将它拖动到 PCB 板中左边靠上的区域。在拖动元件到 PCB 板中的布线区域时，可以一次拖动多个元件，如，选择 3 个元件 DS1～DS3（在选择元件时按 Shift 键），按住鼠标左键将它们拖动到 PCB 板中部用户需要的位置时放开鼠标左键，如图 9-7 所示。在导入元件的过程中，系统自动将元件布置到 PCB 板的顶层（Top Layer），如果需要将元件放置到 PCB 板的底层（Bottom Layer）按下述 2）步骤进行操作。

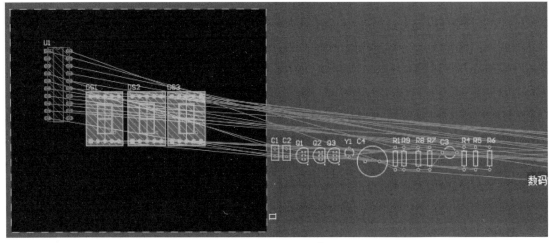

图 9-7　移动元器件

2）双击元件 U3，打开如图 9-8 所示的"元件"（Component）对话框。在 Component 对话框中的 Properties 区域内的 Layer 下拉列表中选择 Bottom Layer 项，关闭该对话框。此时，元件 U3 连同其标志文字都被调整到 PCB 板的底层，把 U3 放在 DS1 元件位置的底层（DS1 元件放在顶层）。

图 9-8　"元件"对话框

3）将其他元件布置到 PCB 板顶层，然后调整元件的位置。调整元件位置时，最好将光标设置成大光标，方法：单击鼠标右键，弹出菜单，选择"优先选项"命令，弹出"优选项"对话框，在光标类型（Cursor Type）处选择 Large 90。

4）放置元件时，遵循该元件对于其他元件连线距离最短、交叉线最少的原则进行，可以按 Space 键，让元件旋转到最佳位置，再放开鼠标左键。

5）如果电阻 R2、R3、R10～R16 排列不整齐，可以选中这些元件，在工具栏上单击▥图标，弹出下拉工具列表，单击▥（向下对齐）图标，再单击▥（元件之间距离相等）图标后，即可把电阻布置整齐。

6）在放置元件的过程中，为了让元件精确放置在希望的位置，设置 PCB 板采用英制（Imperial）单位，按 G 键，设置 Grid 为 20mil，以方便元件摆放整齐。初步完成元件手动布局的 PCB 板如图 9-9 所示。至此，元件布局初步完毕。

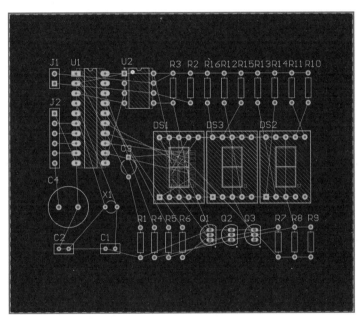

图 9-9　手动布局完成后的 PCB 板

7）单击工作区中的名称为"数码管显示电路"的 Room 框，按键盘的 Del 键，将其删除。Room 框用于限制单元电路的位置，即某一个单元电路中的所有元件将被限制在由 Room 框所限定的 PCB 范围内，便于 PCB 电路板的布局规范，减少干扰。该方法通常用于层次化的模块设计和多通道设计中。由于本章未使用层次设计，不需要使用 Room 框的功能，为了方便元件布局，可以先将该 Room 框删除。

9.3　设计规则介绍

Altium Designer 提供了内容丰富、具体的设计规则，根据设计规则的适用范围共分为如下 10 个类别，下面作简单介绍。

- Electrical：电气规则类。

- Routing：布线规则类。
- SMT：SMT 元件规则类。
- Mask：阻焊膜规则类。
- Plane：内部电源层规则类。
- Testpoint：测试点规则类。
- Manufacturing：制造规则类。
- High Speed：高速电路规则类。
- Placement：布局规则类。
- Signal Integrity：信号完整性规则类。

9.3.1 Electrical 规则类

该类规则主要针对具有电气特性的对象，用于系统的 DRC（电气规则检查）功能。当布线过程中违反电气特性规则（共有 4 种设计规则）时，DRC 检查器将自动报警提示用户。

1. Clearance（安全间距规则）

在"PCB 规则及约束编辑器"对话框中单击 Clearance 选项，对话框右侧将列出该规则的详细信息，如图 9-10 所示。

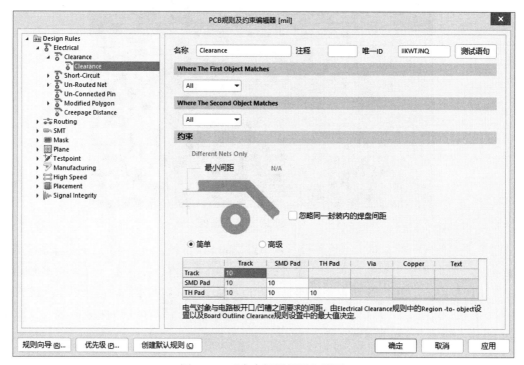

图 9-10 "安全间距规则"视图

该规则用于设置具有电气特性的对象之间的间距。在 PCB 板上具有电气特性的对象包括导线、焊盘、过孔和铜箔填充区域，在间距设置中可以设置导线与导线之间、导线与焊盘之间、焊盘与焊盘之间的间距规则，在设置规则时可以选择适用该规则的对象和具体的间距值。

（1）Where The First Object Matches（优先匹配的对象所处位置）选项用于设置该规则优

先应用的对象所处的位置。应用的对象范围为"所有""网络""网络类""层""网络和层""高级的（查询）"。

（2）Where The Second Object Matches（次优先匹配的对象所处位置）选项用于设置该规则次优先应用的对象所处的位置。

（3）约束（Constraints）选项用于设置进行布线的最小间距。

2. Short-Circuit（短路规则设置）

Short-Circuit 设计规则的"约束"（Constraints）区域如图 9-11 所示，该规则限制电路板上的导线之间是否允许信号线路短路。

"允许短路"（Allow Short-Circuit）复选项表示是否允许短路。选中该复选项，则规则允许短路，默认设置为不允许短路（实际设计 PCB 板时也不允许短路）。

在电路设计中，是不允许出现短路的板卡的，因为短路就意味着所设计的电路板会报废。

3. Un-Routed Net（开路规则设置）

和短路规则一样，电路设计中也不允许开路的存在。Un-Routed Net 设计规则用于设置在 PCB 板上是否可以出现未连接的网络，如果网络尚未完全连通，该网络上已经布的导线将保留，没有成功布线的网络将保持飞线。该规则的设计规则视图中的"约束"区域如图 9-12 所示。勾选"检查不完全连接"复选框，对连接不完善或者说"接触不良"的线段进行开路检查。

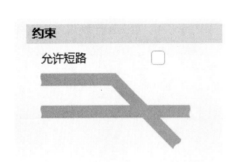
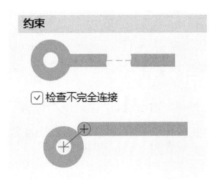

图 9-11　短路设计规则视图中的"约束"区域　　图 9-12　Un-Routed Net 设计规则视图中的"约束"区域

4. Un-Conneted Pin（未连接引脚规则）

Un-Conneted Pin 设计规则无约束项，用于检查指定范围内的元件封装的引脚是否连接成功。该规则也不需设置其他约束，只需要创建规则、设置基本属性和适用对象即可。

9.3.2　Routing 规则类

1. Width 设计规则

Width 设计规则用于限定布线时的铜箔导线的宽度范围，此内容已在第 3 章介绍。在此将接地线（GND）的宽度设为 30mil；将电源线（VCC）的宽度设为 20mil；其他线的宽度为，最小宽度（Min Width）为 10mil、首选宽度（Preferred Width）为 15mil、最大宽度（Max Width）为 20mil，如图 9-13 所示。

注意：铜箔导线宽度的设定要依据 PCB 板的大小、元器件的多少、导线的疏密、印制板制造厂家的生产工艺等多种因素决定。

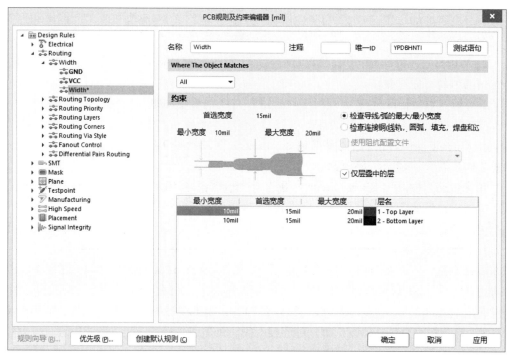

图 9-13　添加 Width 的设计规则

"仅层叠中的层"（Layers in layerstack Only）复选项表示仅仅列出当前 PCB 文档中设置的层。选中该复选项后，规则列表将仅显示现有的 PCB 板层；如未选中该复选项，该列表将显示 PCB 编辑器支持的所有层。

2. Routing Topology 设计规则

Routing Topology 设计规则用于选择布线过程中的拓扑规则。Routing Topology 设计规则视图中的"约束"区域如图 9-14 所示。

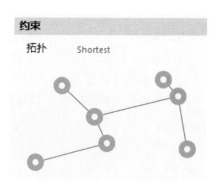

图 9-14　Routing Topology 设计规则视图中的"约束"区域

拓扑下拉列表用于设置拓扑规则，系统提供如下 7 种拓扑规则：

（1）Shortest 拓扑规则：表示布线结果要求能够连通网络上的所有节点，并且使用的铜箔导线的总长度最短。

（2）Horizontal 拓扑规则：表示布线结果能够连通网络上的所有节点，并且使用的铜箔导线尽量处于水平方向。

（3）Vertical 拓扑规则：表示布线结果能够连通网络上的所有节点，并且使用的铜箔导线尽量处于竖直方向。

（4）Daisy-Simple 拓扑规则：表示在用户指定的起点和终点之间连通网络上的各个节点，并且使连线最短。如果设计者没有指定起点和终点，此规则和 Shortest 拓扑规则的结果是相同的。

（5）Daisy MidDriven 拓扑规则：表示以指定的起点为中心向两边的终点连通网络上的各个节点，起点两边的中间节点数目要相同，并且使连线最短。如果设计者没有指定起点和两个终点，系统将采用 Daisy-Simple 拓扑规则。

（6）Daisy-Balanced 拓扑规则：表示将中间节点数平均分配成组，组的数目和终点数目相同，一个中间节点组和一个终点相连接，所有的组都连接在同一个起点上，起点间用串联的方法连接，并且使连线最短。如果设计者没有指定起点和终点，系统将采用 Daisy-Simple 拓扑规则。

（7）Starburst 拓扑规则：表示网络中的每个节点都直接和起点相连接。如果设计者指定了终点，那么终点不直接和起点连接；如果没有指定起点，那么系统将试着轮流以每个节点作为起点去连接其他各个节点，找出连线最短的一组连接作为网络的拓扑。

以上各选项的示意图如图 9-15 所示。

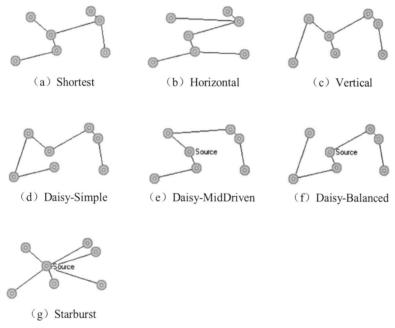

（a）Shortest　　　（b）Horizontal　　　（c）Vertical

（d）Daisy-Simple　　　（e）Daisy-MidDriven　　　（f）Daisy-Balanced

（g）Starburst

图 9-15　各拓扑规则示意图

3．Routing Priority 设计规则

Routing Priority 设计规则用于设置布线的优先次序。布线优先级从 0 到 100，100 是最高级，0 是最低级。在"行程优先权"（Routing Priority）栏里指定其布线的优先次序即可。

4．Routing Layers 设计规则

Routing Layers 设计规则用于设置在哪些板层布线。Routing Layers 设计规则视图中的"约束"区域如图 9-16 所示。

Top Layer、Bottom Layer 左边的复选框表示：如果选择该复选框则允许在该层布线；否则不允许在该层布线。

图 9-16　Routing Layers 设计规则视图中的"约束"区域

5．Routing Corners 设计规则

Routing Corners 设计规则用于设置导线的转角方法。Routing Corners 设计规则视图中的"约束"区域如图 9-17 所示。

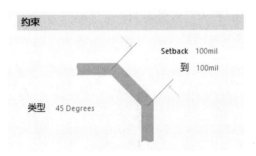

图 9-17　Routing Corners 设计规则视图中的"约束"区域

（1）"类型"（Style）下拉列表用于设置导线转角的形式，系统提供 3 种转角形式：90 Degree 项表示 90°转角方式；45 Degree 项表示 45°转角方式；Rounded 项表示圆弧转角方式。这 3 种方式如图 9-18 所示。

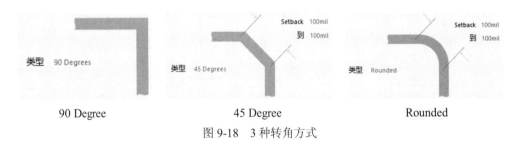

| 90 Degree | 45 Degree | Rounded |

图 9-18　3 种转角方式

（2）Setback 编辑框用于设置导线的最小转角的大小，其设置随转角形式的不同而具有不同的含义。如果是 90°转角，则没有此项；如果是 45°转角，则表示转角的高度；如果是圆弧转角，则表示圆弧的半径。

（3）"到"编辑框用于设置导线转角的最大值。

6．Routing Via Style 设计规则

Routing Via Style 设计规则用于设置过孔的尺寸。Routing Via Style 设计规则视图中的"约束"区域如图 9-19 所示。

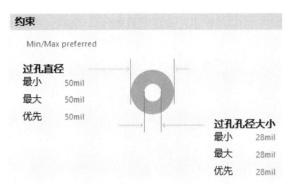

图 9-19　Routing Via Style 设计规则视图中的"约束"区域

（1）"过孔直径"（Via Diameter）设置项用于设置过孔外径。其中，"最小"编辑框用于设置最小的过孔外径；"最大"编辑框用于设置最大的过孔外径；"优先"编辑框用于设置首选的过孔外径。

（2）"过孔孔径大小"（Via Hole Size）设置项用于设置过孔中心孔的直径。其中，"最小"编辑框用于设置最小的过孔中心孔的直径；"最大"编辑框用于设置最大的过孔中心孔的直径；"优先"编辑框用于设置首选的过孔中心孔的直径。

9.3.3　SMT 设计规则类

SMT（Surface Mounted Devices）意为"表面贴装器件"。该类规则主要设置 SMD 元件引脚与布线之间的规则，分为 3 个规则。

1. SMD To Corner 设计规则

SMD To Corner 设计规则用于设置 SMD 元件焊盘与导线拐角之间的最小距离。SMD To Corner 设计规则视图中的"约束"区域如图 9-20 所示。

"距离"编辑框用于设置 SMD 与导线拐角处的距离。

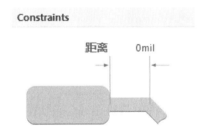

图 9-20　SMD To Corner 设计规则视图中的"约束"区域

2. SMD To Plane 设计规则

SMD To Plane 设计规则用于设置 SMD 与电源层的焊盘或导孔之间的距离。其"约束"区域仅有一个 Distance 选项，在该项中设置距离参数即可。

3. SMD Neck-Down 设计规则

SMD Neck-Down 设计规则用于设置 SMD 引出导线宽度与 SMD 元件焊盘宽度之间的比值。SMD Neck-Down 设计规则视图中的"约束"区域如图 9-21 所示。

"收缩向下"编辑框用于设置 SMD 元件焊盘宽度与导线宽度的比值。

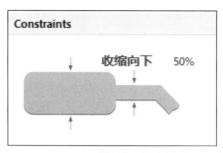

图 9-21　SMD Neck-Down 设计规则视图中的"约束"区域

9.3.4　Mask 规则类

Mask 规则类用于设置焊盘周围的阻焊层的尺寸，包括下述两个规则。

1．Solder Mask Expansion 设计规则

Solder Mask Expansion 设计规则用于设置阻焊层中为焊盘留出的焊接空间与焊盘外边沿之间的间隙，即阻焊层上面留出的用于焊接引脚的焊盘预留孔半径与焊盘的半径之差。Solder Mask Expansion 设计规则视图中的"约束"区域如图 9-22 所示。

"顶层外扩"编辑框用于设置阻焊膜中为焊盘留出的焊接空间与焊盘之间的间隙。

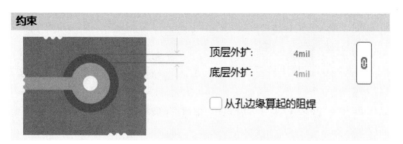

图 9-22　Solder Mask Expansion 设计规则视图中的"约束"区域

2．Paste Mask Expansion 设计规则

Paste Mask Expansion 规则的"约束"区域如图 9-23 所示，该规则用于设置表面安装器件焊盘的延伸量，该延伸量是表面安装器件焊盘的边缘与镀锡区域边缘之间的距离。

"扩充"编辑框表示表面安装器件的焊盘边缘与镀锡区域边缘之间的距离。

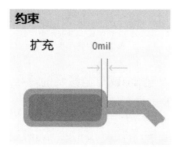

图 9-23　Paste Mask Expansion 设计规则视图中的"约束"区域

9.3.5　Plane 规则类

Plane 规则类用于设置电源层和敷铜层的布线规则，包含 3 个规则。

1．Power Plane Connect Style 设计规则

Power Plane Connect Style 设计规则用于设置过孔或焊盘与电源层连接的方法。Power Plane Connect Style 设计规则视图中的"约束"区域如图 9-24 所示。

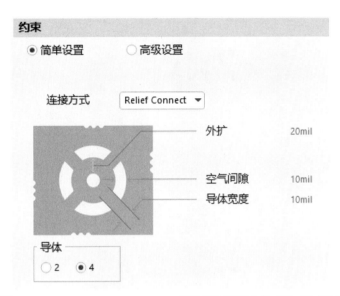

图 9-24　Power Plane Connect Style 设计规则视图中的"约束"区域

（1）"连接方式"下拉列表用于设置电源层与过孔或焊盘的连接方法。系统提供 3 种方法供选择：Relief Connect 表示放射状连接；Direct Connect 表示直接连接；No Connect 表示不连接。

（2）"导体"栏用于设置焊盘或过孔与铜箔之间的连接点的数量，有两点连接和 4 点连接两种设置。图 9-25 所示分别为两点和 4 点连接时的电源层连接方式。

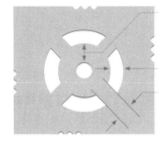

两点连接　　　　　　　　　　　　4 点连接

图 9-25　2 点和 4 点连接时的电源层连接方式

（3）"外扩"编辑框用于设置连接铜箔的宽度。

（4）"空气间隙"编辑框用于设置空隙大小。

（5）"导体宽度"编辑框用于设置焊盘或过孔与铜箔之间的连接宽度。

2. Power Plane Clearance 设计规则

Power Plane Clearance 设计规则用于设置电源板层与穿过它的焊盘或过孔间的安全距离。Power Plane Clearance 设计规则视图中的"约束"区域如图 9-26 所示。

"间距"表示穿过电源层的过孔与电源层上的预留空间之间的最小距离。

图 9-26　Power Plane Clearance 设计规则视图中的"约束"区域

3. Polygon Connect Style 设计规则

Polygon Connect Style 设计规则用于设置多边形敷铜与焊盘之间的连接方法。Polygon Connect Style 设计规则视图中的"约束"区域如图 9-27 所示。

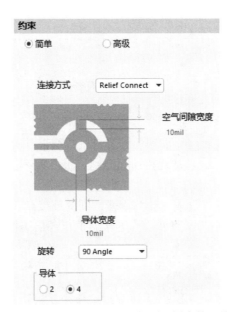

图 9-27　Polygon Connect Style 设计规则视图中的"约束"区域

（1）"连接方式"下拉列表用于设置敷铜层与焊盘的连接方法。Relief Connect 项表示放射状连接；Direct Connect 项表示直接连接；No Connect 项表示不连接。

（2）"空气间隙宽度"编辑框用于设置敷铜层与焊盘的连接宽度。

（3）"导体宽度"编辑框用于设置连接铜箔的宽度。

（4）"旋转"下拉列表用于设置在放射状连接时敷铜与焊盘的连接角度，有 90 Angle 连接和 45 Angle 连接两种连接形式。

（5）"导体"栏用于设置敷铜与焊盘之间的连接点的数量，有两点连接和 4 点连接两种设置。

9.3.6　Manufacturing 规则类

Manufacturing 规则类主要设置与电路板制造有关的规则。

1.　Minimum Annular Ring 设计规则

Minimum Annular Ring 设计规则用于设置最小环宽，即焊盘或过孔与其通孔之间的半径之差。Minimum Annular Ring 设计规则视图中的"约束"区域如图 9-28 所示。

"最小环孔(x-y)"编辑框设置最小环宽，该参数的设置应参考数控钻孔设备的加工误差，以避免电路中的环状焊盘或过孔在加工时出现缺口。

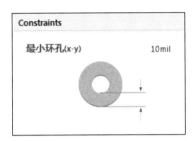

图 9-28　Minimum Annular Ring 设计规则视图中的"约束"区域

2.　Acute Angle 设计规则

Acute Angle 设计规则视图中的"约束"区域如图 9-29 所示。该设计规则用于设置具有电气特性的导线与导线之间的最小夹角。建议该设计规则中的最小夹角设置大于 90°，避免在蚀刻加工后，导线夹角处残留药物，导致过度蚀刻。

在"最小角"编辑框设置最小夹角。

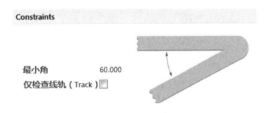

图 9-29　Acute Angle 设计规则视图中的"约束"区域

3.　Hole Size 设计规则

Hole Size 设计规则用于孔径尺寸设置。Hole Size 设计规则视图中的"约束"区域如图 9-30 所示。

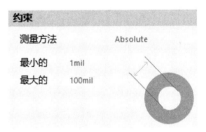

图 9-30　Hole Size 设计规则视图中的"约束"区域

（1）"测量方法"编辑框用于设置尺寸表示的形式。有两种方式可供选择：Absolute 项表示以绝对尺寸设置约束尺寸；Percent 项表示使用百分比的方式设置约束尺寸。

（2）"最小的"编辑框用于设置最小孔的尺寸（直径）。

（3）"最大的"编辑框用于设置最大孔的尺寸（直径）。

9.4　PCB 板布线

9.4.1　自动布线

1. 网络自动布线

在主菜单中执行"布线"→"自动布线"→"网络"命令，光标变成十字准线，选中需要布线的网络即完成所选网络的布线。继续选择需要布线的其他网络，即完成相应网络的布线，右击或按 Esc 键退出该模式。

可以先布电源线，然后布其他线。布电源线 VCC 的电路如图 9-31 所示。

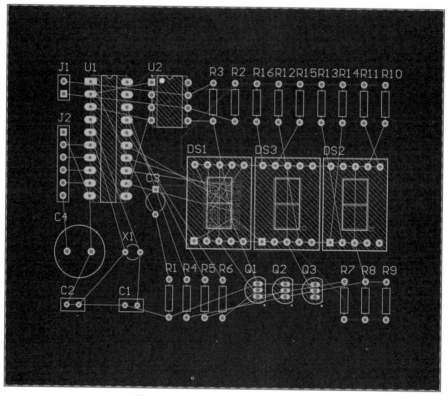

图 9-31　布电源线 VCC 的 PCB 板

2. 单根布线

在主菜单中执行"布线"→"自动布线"→"连接"命令，光标变成十字准线，选中某根线，即对选中的连线进行布线，继续选择下一根线，则对选中的线自动布线，要退出该模式，右击或按 Esc 键。"连接"与"网络"的区别：前者是单根线，后者是多根线。

3. 区域布线

执行"布线"→"自动布线"→"区域"命令，则对选中的区域进行自动区域布线。

4. 元件布线

执行"布线"→"自动布线"→"元件"命令，光标变成十字准线，选中某个元件，即对该元件管脚上所有连线自动布线；继续选择下一个元件，即对选中的元件布线。右击或按 Esc 键退出该模式。

5. 选中元件布线

选中一个或多个元件，执行"布线"→"自动布线"→"选中对象的连接"命令，则对选中的元件进行布线。

6. 选中元件之间布线

选中一个或多个元件，执行"布线"→"自动布线"→"选择对象之间的连接"命令，则在选中的元件之间进行布线，布线不会延伸到选中元件的外面。

7. 自动布线

在主菜单中执行"布线"→"自动布线"→"全部"命令，打开如图 9-32 所示的"Situs 布线策略"对话框。

图 9-32　"Situs 布线策略"对话框

在“Situs 布线策略”对话框内的“可用布线策略”（Available Routing Strategies）列表中选择 Default 2 Layer Board 项，单击 Route All 按钮，启动 Situs 自动布线器。

自动布线结束后，系统弹出 Message 工作面板，显示自动布线过程中的信息，如图 9-33 所示。

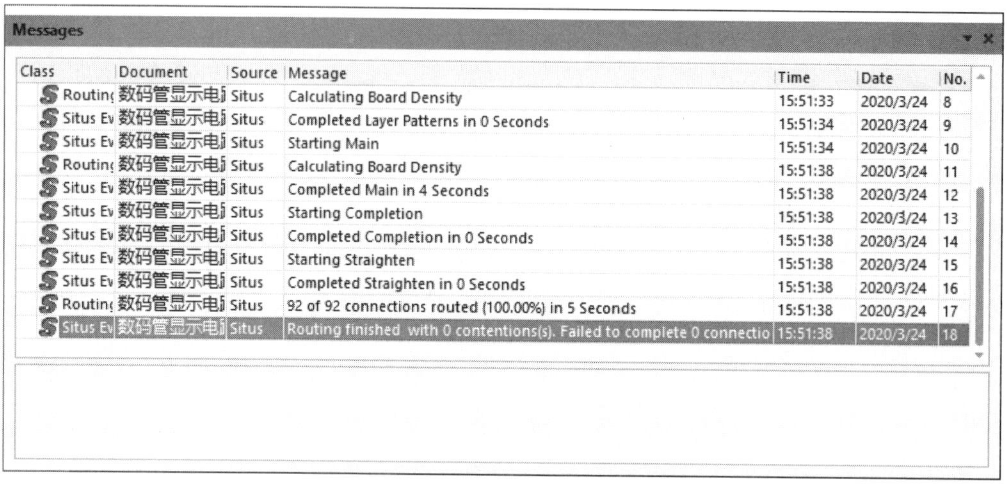

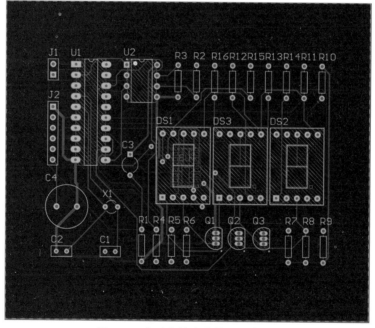

Messages
Class | Document | Source | Message | Time | Date | No.
Routing 数码管显示电 Situs Calculating Board Density 15:51:33 2020/3/24 8
Situs Ev 数码管显示电 Situs Completed Layer Patterns in 0 Seconds 15:51:34 2020/3/24 9
Situs Ev 数码管显示电 Situs Starting Main 15:51:34 2020/3/24 10
Routing 数码管显示电 Situs Calculating Board Density 15:51:38 2020/3/24 11
Situs Ev 数码管显示电 Situs Completed Main in 4 Seconds 15:51:38 2020/3/24 12
Situs Ev 数码管显示电 Situs Starting Completion 15:51:38 2020/3/24 13
Situs Ev 数码管显示电 Situs Completed Completion in 0 Seconds 15:51:38 2020/3/24 14
Situs Ev 数码管显示电 Situs Starting Straighten 15:51:38 2020/3/24 15
Situs Ev 数码管显示电 Situs Completed Straighten in 0 Seconds 15:51:38 2020/3/24 16
Routing 数码管显示电 Situs 92 of 92 connections routed (100.00%) in 5 Seconds 15:51:38 2020/3/24 17
Situs Ev 数码管显示电 Situs Routing finished with 0 contentions(s). Failed to complete 0 connectio 15:51:38 2020/3/24 18

图 9-33　Messages 工作面板

本例先布电源线 VCC，然后再进行自动布线后的 PCB 板图如图 9-34 所示。

J1
U1
U2
R3 R2 R16R12R15R13R14R11 R10
J2
DS1
DS3
DS2
C3
C4
X1
R1 R4 R5 R6 Q1 Q2 Q3 R7 R8 R9
C2
C1

图 9-34　自动布线生成的 PCB 板图

9.4.2　调整布局与布线

如果用户觉得自动布线的效果不令人满意，可以重新调整元件的布局。如仔细查看会发现数码管 DS1 的元件封装的底层（Bottom Layer）上放了一个元件 U3；在 DS1 元件内有 5 个过孔；DS1 元件内的布线太多了，需要调整。

如果想重新布线，先要撤销所有的布线，有以下几种方法：选择主菜单"布线"→"取消布线"→"全部"命令，把所有已布的线路撤销，使其变成飞线；如果选择"布线"→"取消布线"→"网络"命令，可用鼠标单击需要撤销的网络，选中的网络就变成飞线；如果选择"布线"→"取消布线"→"连接"命令，可以撤销选中的连线；如果选择"布线"→"取消布线"→"器件"命令，用鼠标单击元件，相应元件上的线就全部变为飞线。

现在执行"布线"→"取消布线"→"全部"命令，撤销所有已布的线，然后移动元件。调整元件布局后的电路如图 9-35 所示。

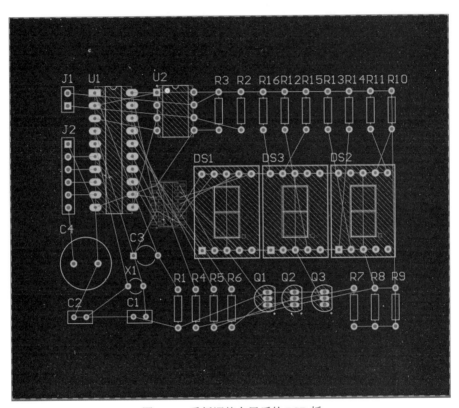

图 9-35　重新调整布局后的 PCB 板

执行"布线"→"自动布线"→"全部"命令，布线结果如图 9-36 所示。

从操作过程可以看出，PCB 板的布局对自动布线的影响很大，所以用户在设计 PCB 板时一定要把元件的布局设置合理，这样自动布线的效果才理想。

调整布线是在自动布线的基础上完成的，按"Shift+S"组合键，可单层显示 PCB 板上的布线，如图 9-37 所示。从该图看出用圆圈圈出部分之间的连线不是很好，如图 9-38（a）所示。执行"放置"→"走线"命令重新绘线后的效果如图 9-38（b）所示。

将图 9-37 所示的圆圈区域的走线全部调整好，单击保存工具按钮 ，保存 PCB 文件。

观察自动布线的结果可知，对于比较简单的电路，当元件布局合理且布线规则设置完善时，Altium Designer 中的 Situs 布线器的布线效果相当令人满意。

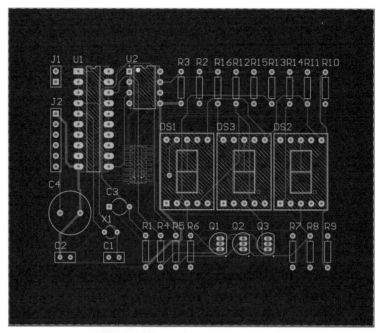

图 9-36　重新自动布线局后的 PCB 板

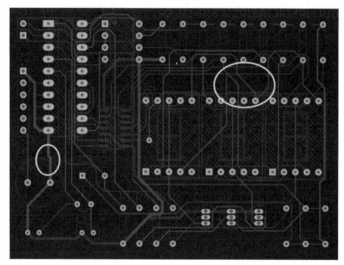

图 9-37　单层显示 PCB 板上的布线（顶层）

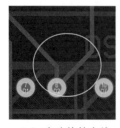

（a）改动前的布线

（b）改动后的布线

图 9-38　手动布线前后的布线

9.4.3　验证 PCB 设计

（1）在主菜单中选择"工具"→"设计规则检查"命令，打开如图 9-39 所示的"设计规则检查器"（Design Rule Checker）对话框。

图 9-39　"设计规则检查器"对话框

（2）单击"运行 DRC"按钮，启动设计规则检查。

设计规则检查结束后，系统自动生成如图 9-40 所示的检查报告页面。

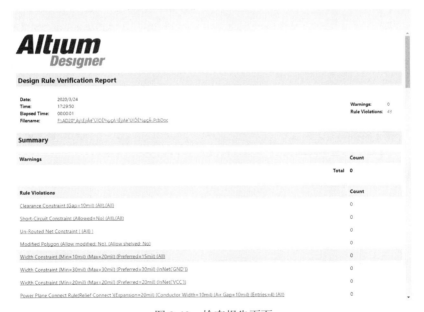

图 9-40　检查报告页面

Hole Size Constraint (Min=1mil) (Max=100mil) (All)   0

Hole To Hole Clearance (Gap=10mil) (All).(All)   0

Minimum Solder Mask Sliver (Gap=10mil) (All).(All)   6

Silk To Solder Mask (Clearance=10mil) (IsPad).(All)   35

Silk to Silk (Clearance=10mil) (All).(All)   2

Net Antennae (Tolerance=0mil) (All)   0

Height Constraint (Min=0mil) (Max=1000mil) (Prefered=500mil) (All)   0

Total   43

Minimum Solder Mask Sliver (Gap=10mil) (All).(All)

Minimum Solder Mask Sliver Constraint: (2.63mil < 10mil) Between Pad Q1-1(6000mil,1903.292mil) on Multi-Layer And Pad Q1-2(6000mil,1953.292mil) on Multi-Layer [Top Solder] Mask Sliver [2.63mil] / [Bottom Solder] Mask Sliver [2.63mil]

Minimum Solder Mask Sliver Constraint: (2.63mil < 10mil) Between Pad Q1-2(6000mil,1953.292mil) on Multi-Layer And Pad Q1-3(6000mil,2003.292mil) on Multi-Layer [Top Solder] Mask Sliver [2.63mil] / [Bottom Solder] Mask Sliver [2.63mil]

Minimum Solder Mask Sliver Constraint: (2.63mil < 10mil) Between Pad Q2-1(6220mil,1903.292mil) on Multi-Layer And Pad Q2-2(6220mil,1953.292mil) on Multi-Layer [Top Solder] Mask Sliver [2.63mil] / [Bottom Solder] Mask Sliver [2.63mil]

Minimum Solder Mask Sliver Constraint: (2.63mil < 10mil) Between Pad Q2-2(6220mil,1953.292mil) on Multi-Layer And Pad Q2-3(6220mil,2003.292mil) on Multi-Layer [Top Solder] Mask Sliver [2.63mil] / [Bottom Solder] Mask Sliver [2.63mil]

Minimum Solder Mask Sliver Constraint: (2.63mil < 10mil) Between Pad Q3-1(6460mil,1903.292mil) on Multi-Layer And Pad Q3-2(6460mil,1953.292mil) on Multi-Layer [Top Solder] Mask Sliver [2.63mil] / [Bottom Solder] Mask Sliver [2.63mil]

图 9-41　检查报告页面（续图）

从错误报告看出有 3 处错误。

第一处错误：Minimum Solder Mask Sliver(Gap=10mil)(All),(All)

第二处错误：Silk To Solder Mask(Clearance=10mil)(IsPad),(All)

这两处错误属于设置的规则较严，可以不进行该两项检查，更改相应设置规则的方法：从菜单选择"设计"→"规则"命令打开"PCB 规则及约束编辑器"对话框，如图 9-42 所示，单击 Manufacturing 类将在对话框的右边显示所有制造规则，找到 MinimumSolderMaskSliver 和 SilkToSolderMaskClearance 两行，把"使能的"栏的复选框的"√"去掉，表示关闭这两个规则，不进行该两项的规则检查。

图 9-42　"PCB 规则及约束编辑器"对话框

第三处错误：Silk to Silk (Clearance=10mil)(All),(All)。解决此问题的方法是鼠标单击该处，连接到具体出错的位置，如图 9-43 所示。

Silk to Silk (Clearance=10mil) (All).(All)

Silk To Silk Clearance Constraint: (Collision < 10mil) Between Text "U3" (5165.512mil,2640mil) on Bottom Overlay And Track (5170.078mil,2526.772mil) (5170.078mil,2873.228mil) on Bottom Overlay Silk Text to Silk Clearance [0mil]

Silk To Silk Clearance Constraint: (Collision < 10mil) Between Text "U3" (5165.512mil,2640mil) on Bottom Overlay And Track (5240.946mil,2526.772mil) (5240.946mil,2873.228mil) on Bottom Overlay Silk Text to Silk Clearance [0mil]

图 9-43　"U3"与 Track 的距离

从图 9-43 中的信息可以看出，在 Bottom Overlay（底层），位号"U3"与 Track 的距离为 0，把"U3"移动位置即可。

重新运行设计规则检查，就没有这 3 个错误了，检查报告页面如图 9-44 所示。

Design Rule Verification Report

Date:	2020/3/24	Warnings:	0
Time:	18:04:47	Rule Violations:	0
Elapsed Time:	00:00:00		
Filename:	F:\AD20°.Ä¡\£yÁè'ÜíÒÉ¼µçÁ·\£yÁè'ÜíÒÉ¼µçÁ·.PcbDoc		

Summary

Warnings	Count
	Total　0

Rule Violations	Count
Clearance Constraint (Gap=10mil) (All).(All)	0
Short-Circuit Constraint (Allowed=No) (All).(All)	0
Un-Routed Net Constraint ((All))	0
Modified Polygon (Allow modified: No). (Allow shelved: No)	0
Width Constraint (Min=10mil) (Max=20mil) (Preferred=15mil) (All)	0
Width Constraint (Min=30mil) (Max=30mil) (Preferred=30mil) (InNet('GND'))	0
Width Constraint (Min=20mil) (Max=20mil) (Preferred=20mil) (InNet('VCC'))	0
Power Plane Connect Rule(Relief Connect)(Expansion=20mil) (Conductor Width=10mil) (Air Gap=10mil) (Entries=4) (All)	0
Hole Size Constraint (Min=1mil) (Max=100mil) (All)	0
Hole To Hole Clearance (Gap=10mil) (All).(All)	0
Minimum Solder Mask Sliver (Gap=10mil) (Disabled).(All).(All)	0

图 9-44　设计规则检查信息

至此，PCB 板系统布线成功。下一章将介绍 PCB 板设计的一些技巧。

9.5　本章小结

本章介绍了在工程中新建 PCB 板，元件的模块化布局与手动布局，设计规则，自动布线，调整布局与布线。PCB 布局合理是 PCB 设计成功的关键所在，注意一定要合理设计 PCB 的布局。

习题 9

1．进行设计规则检查（DRC）的作用是什么？
2．在 PCB 板的设计过程中，是否随时在进行 DRC 检查？
3．设计规则总共有多少个类？具体有哪些？
4．在设计 PCB 板时，自动布线前，是否必须把设计规则设置好？
5．自动布线的方式有几种？
6．请完成第 7 章绘制的"高输入阻抗仪器放大器电路的电路原理图"的 PCB 设计。PCB 板的尺寸根据所选元器件的封装自己决定，要求用双面板完成，电源线的宽度设置为 18mil，GND 线的宽度设置为 28mil，其他线宽设置为 13mil，元器件布局要合理，设计的 PCB 板要适用。
7．请完成第 7 章绘制的"铂电阻测温电路的电路原理图"的 PCB 设计，具体要求同第 6 题。

第10章 交互式布线及 PCB 板设计技巧

任务描述

在完成元器件布局后，PCB 设计最重要的环节就是布线。Altium Designer 直观的交互式布线功能可帮助设计者精确地完成布线工作。印刷电路板设计被认为是一种"艺术工作"，一个出色的 PCB 设计具有艺术元素。布线良好的电路板上具备元器件引脚间整洁流畅的走线、有序活泼地绕过障碍器件和跨越板层。完成一个优秀的布线要求设计者具有良好的三维空间处理技巧、连贯和系统的走线处理能力以及对布线和质量的感知能力。本章在第 9 章设计的数码管显示电路的 PCB 板的基础上进行优化，完成以下知识点的介绍。

- 交互式布线
- 在多线轨布线中使用智能拖曳工具
- PCB 板设计技巧
- PCB 板的三维视图

10.1 交互式布线

交互式布线并不是简单地放置线路使得焊盘连接起来。Altium Designer 支持全功能的交互式布线，交互式布线工具可以通过以下 3 种方式调出：执行菜单"放置"→"走线"命令、在 PCB 绘制工具栏中单击 按钮或在右键菜单中执行"交互式布线"命令。交互式布线工具能直观地帮助用户在遵循布线规则的前提下取得更好的布线效果，包括跟踪光标确定布线路径、单击实现布线、推开布线障碍或绕行、自动跟踪现有连接等。

进行交互式布线时，PCB 编辑器不单是给用户放置线路，它还能实现以下功能：

- 应用所有适当的设计规则检测光标位置和鼠标单击动作。
- 跟踪光标路径，放置线路时尽量减小用户操作的次数。
- 每完成一条布线后检测连接的连贯性和更新连接线。
- 支持布线过程中使用快捷键（如布线时按下"*"键切换到下一个布线层），并根据设定的布线规则插入过孔。

下面用第 9 章完成的数码管电路的 PCB 板，将其所有的连线撤销后进行以下练习。

10.1.1 放置走线

当进入交互式布线模式后，光标便会变成十字准线，单击某个焊盘开始布线。当单击线路的起点时，当前的模式就在状态栏显示或悬浮显示（如果开启此功能，效果如图 10-13 所示）。此时在需放置线路的位置单击或按 Enter 键放置线路。把光标的移动轨迹作为线路的引导，布线器能在最少的操作动作下完成所需的线路。

光标引导线路使得需要手工绕开阻隔的操作更加快捷、容易和直观。也就是说只要用户用鼠标创建一条线路路径，布线器就会试图根据该路径完成布线，这个过程是在遵循设定的设计规则、不同的约束以及走线拐角类型的前提下完成的。

在布线的过程中，在需要放置线路的地方单击然后继续布线，这使得软件能精确地根据用户所选择的路径放置线路。如果在离起始点较远的地方单击放置线路，部分线路路径将和用户期望的有所差别。

注意：在没有障碍的位置布线，布线器一般会使用最短长度的布线方式，如果在这些位置用户要求精确控制线路，就要在需要放置线路的位置单击。

如图 10-1 所示，左边的图为最短长度的布线；中间的图指示了光标路径，五角星所示的位置为需要单击的位置，右边的图是布线后的图。该例说明了很少的操作便可完成大部分较复杂的布线。

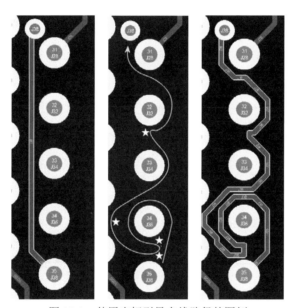

图 10-1　使用光标引导布线路径的图例

1. 撤销操作

若需要对已放置的线路进行撤销操作，可以依照原线路的路径逆序再放置线路，这样原已放置的线路就会撤销。必须确保逆序放置的线路与原线路的路径重合，使得软件可以识别出要进行的是线路撤销操作而不是放置新线路的操作。撤销刚放置的线路同样可以使用退格键 Backspace 完成。当已放置线路并右击退出本条线路的布线操作后将不能再进行撤销操作。

以下的快捷键可以在布线时使用。

● Enter（回车）及单击：在光标当前位置放置线路。

● Esc 键：退出当前布线，在此之前放置的线路仍然保留。

● Backspace（退格）：撤销上一步放置的线路。若在上一步布线操作中其他对象被推开到别的位置以避让新的线路，它们将会恢复原来的位置。本功能在使用 Auto-Complete 时则无效。

2. 控制拐角的类型

在交互式布线过程中，按 Shift+Space 组合键可以控制不同的拐角类型，如图 10-2 所示。

在"优选项"（Preferences）对话框的 PCB Editor 中，当 Interactive Routing 下的"限制为 90/45"模式的复选框不被选择时，圆形拐角和任意角度拐角就可用。

可使用的拐角模式：① 任意角度(A)；② 45°(B)；③ 45°圆角(C)；④ 90°(D)；⑤ 90°圆角(E)。

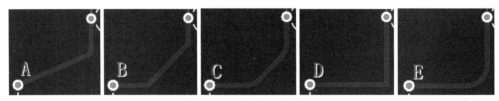

图 10-2　不同的拐角类形

弧形拐角的弧度可以通过快捷键"，"（逗号）或"。"（句号）进行增加或减小；使用"Shift+。"快捷键或"Shift+，"快捷键则以 10 倍速度增加或减小控制。

使用 Space 键可以对拐角的方向进行控制切换。

在交互式布线中有许多功能可以实现对路线的控制以及在板上绕开布线障碍，后续将进行介绍。

10.1.2　连接飞线自动完成布线

在交互式布线中可以通过"Ctrl+单击"操作对指定连接飞线自动完成布线。这比单独手工放置每条线路效率要高得多，但本功能有以下几方面的限制。

- 超始点和结束点必须在同一个板层内。
- 布线以遵循设计规则为基础。

"Ctrl+单击"操作可直接单击要布线的焊盘，无须预先对对象在选中的情况下完成自动布线。对部分已布线的网络，只要用"Ctrl+单击"操作，单击焊盘或已放置的线路，便可以自动完成剩下的布线。

如果使用自动完成功能无法完成布线，软件将保留原有的线路。

10.1.3　处理布线冲突

布线工作是一个复杂的过程——在已有的元器件焊盘、走线、过孔之间放置新的统一线路。在交互式布线过程中，Altium Designer 具有处理布线冲突问题的多种方法，从而使得布线更加快捷，同时使线路疏密均匀、美观得体。

这些处理布线冲突的方法可以在布线过程中随时调用，通过快捷键 Shift+R 对所需的模式进行切换。

在交互式布线过程中，如果使用推挤、紧贴或推开障碍模式试图在一个无法布线的位置布线，线路端将会给出提示，告知用户该线路无法布通，如图 10-3 所示。

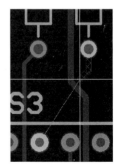

图 10-3　无法布通线路的提示

1. 忽略障碍（Ignore Obstacles）

在"优选项"对话框中，单击 PCB Editor 中的 Interactive Routing（交互式布线）项，如图 10-4 所示，在 Interactive Routing 选项卡的"布线冲突方案"区域的"当前模式"列表中选择 Ignore Obstacles（忽略障碍）项，软件将直接根据光标走向布线，任何冲突都不会阻止布线。用户可以自由布线，以高亮显示冲突，如图 10-5 所示。

图 10-4　"当前模式"列表中选择"忽略障碍"项

2. 推挤障碍（Push Obstacles）

该模式下软件将根据光标的走向推挤其他对象（走线和过孔），使得这些障碍与新放置的线路不发生冲突，如图 10-6 所示。如果冲突对象不能被移动或经移动后仍无法适应新放置的线路，线路将贴近最近的冲突对象且显示阻碍标志。

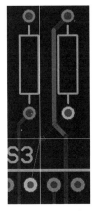

图 10-5　忽略障碍

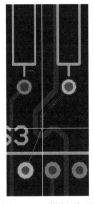

图 10-6　推挤障碍

3. 绕开障碍（Walkaround Obstacles）

该模式下软件试图跟踪光标寻找路径绕过存在的障碍，它根据存在的障碍寻找一条绕开障碍的布线方法，如图 10-7 所示。

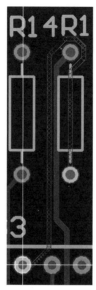

图 10-7　绕开障碍的走线模式

绕开障碍的走线模式依据障碍实施绕开的方式进行布线，该方法有以下两种紧贴模式。

● 最短长度：试图以最短的线路绕过障碍。

● 最大紧贴：绕过障碍布线时保持线路紧贴现存的对象。

这两种紧贴模式在线路拐弯处遵循之前设置拐角类型的原则。

如果放置新的线路时冲突对象不能被绕行，布线器将在最近障碍处停止布线。

4. 在遇到第一个障碍时停止（Stop At First Obstacles）

在该模式下，布线路径中遇到第一个障碍物时停止布线。

5. 紧贴并推挤障碍（Hug And Push Obstacles）

该模式是绕开障碍和推挤障碍物两种模式的结合。软件会根据光标的走向绕开障碍物，并且在仍旧发生冲突时推开障碍物。它将推开一些焊盘甚至是一些已锁定的走线和过孔，以适应新的走线。

如果无法通过绕行和推开障碍来解决新的走线冲突，布线器将自动紧贴最近的障碍并显示阻塞标志，如图 10-3 所示。

6. 冲突解决方案的设置

在首次布线时应对冲突解决方案进行设置，在"优选项"对话框中，单击 PCB Editor 中的 Interactive Routing 项，如图 10-4 所示。本对话框中"当前模式"设置的内容将取决于最后一次交互式布线时使用的设置。与之相同的设置可以在交互式布线时按 Tab 键弹出的 Interactive Routing Nets 对话框中进行访问，如图 10-8 所示。无论在图 10-4 所示对话框还是在图 10-8 所示对话框中，对冲突解决方案进行的设置都会变成下次进行交互式布线时的初始设置值。

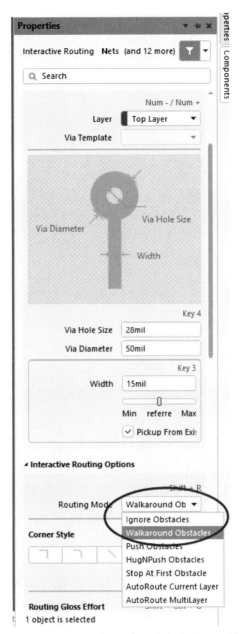

图 10-8　按 Tab 键弹出的交互式布线设置对话框

悬浮显示（通过快捷键"Shift+H"实现）显示了当前的布线模式。可使用"Shift+R"快捷键对当前布线模式进行切换。

10.1.4　布线中添加过孔和切换板层

在 Altium Designer 交互布线过程中可以添加过孔。过孔只能在允许的位置添加，软件会阻止在产生冲突的位置添加过孔（冲突解决模式选为"忽略障碍"的除外）。

过孔属性的设计规则位于"PCB 规则及约束编辑器"（PCB Rules and Constraints Editor）对话框里的"Routing Via Style"项下，如图 10-9 所示。

图 10-9　过孔属性的设置

1. 添加过孔并切换板层

在布线过程中按键盘的"*"或"+"键添加一个过孔并切换到下一个信号层；按"-"键添加一个过孔并切换到上一个信号层。该命令遵循布线层的设计规则，也就是只能在允许的布线层中切换。单击以确定过孔位置后可继续布线。

2. 添加过孔而不切换板层

按"2"键添加一个过孔，但仍保持在当前布线层，单击以确定过孔位置。

3. 添加扇出过孔

按数字键盘的"/"键为当前走线添加过孔，单击确定过孔位置。用这种方法添加过孔后将返回原交互式布线模式，可以马上进行下一处网络布线。本功能在需要放置大量过孔（如在一些需要扇出端口的器件布线中）时能节省大量的时间。

4. 布线中的板层切换

当在多层板上的焊盘或过孔布线时，可以通过快捷键 L 把当前线路切换到另一个信号层中。在布线时，当当前板层无法布通而需要进行布线层切换时，本功能可以起到很好的作用。

5. PCB 板的单层显示

在 PCB 设计中，显示所有的层会显得比较零乱，此时需要单层显示，仔细查看每一层的布线情况。按快捷键"Shift+S"可进入单层显示模式，选择那一层的标签就显示那一层；在单层显示模式下，按快捷键"Shift+S"可回到多层显示模式。

10.1.5　交互式布线中更改线路宽度

在交互式布线过程中，Altium Designer 提供了多种调节线路宽度的方法。

1. 设置约束

线路宽度设计规则定义了在设计过程中可以接受的容限值。一般来说，容限值是一个范围，例如，电源线路宽度的值为 0.4mm，但最小宽度可以接受 0.2mm。在可能的情况下应尽量加粗线路宽度。

线路宽度设计规则包含一个最佳值，它介于线路宽度的最大值和最小值之间，是布线过程中线路宽度的首选值。在进行交互式布线前应在"优选项"（Preferences）对话框的"PCB Editor"的"Interactive Routing"页面中进行设置，如图 10-10 所示。

图 10-10　布线前设置线宽模式

2. 在预定义的约束中自由切换布线宽度

线路宽度的最大值和最小值定义了约束的边界值，而最佳值则定义了最适合的使用宽度，设计者可能需要在线宽的最大值与最小值中选取不同的值。Altium Designer 能够提供这方面的线宽切换功能。以下将介绍布线过程中线路宽度的切换方法。

从预定义的喜好值中选取：在布线过程中按"Shift+W"快捷键调出预定义线宽面板，如图 10-11 所示，单击选取所需的公制或英制的线宽。

在选择线宽中依然受设定的线宽设计规则保护。如果选择的线宽超出约束的最大、最小值的限制，软件将自动把当前线宽调整为符合线宽约束的最大值或最小值。

图 10-11 为在交互布线中按"Shift+W"快捷键弹出的线宽选择面板，通过右击对各列进行显示或隐藏设置。

Imperial		Metric		System Units
Width ▲	Units	Width	Units	Units
5	mil	0.127	mm	Imperial
6	mil	0.152	mm	Imperial
8	mil	0.203	mm	Imperial
10	mil	0.254	mm	Imperial
12	mil	0.305	mm	Imperial
20	mil	0.508	mm	Imperial
25	mil	0.635	mm	Imperial
50	mil	1.27	mm	Imperial
100	mil	2.54	mm	Imperial
3.937	mil	0.1	mm	Metric
7.874	mil	0.2	mm	Metric
11.811	mil	0.3	mm	Metric
19.685	mil	0.5	mm	Metric

☑ Apply To All Layers

图 10-11　线宽选择面板

在图 10-11 中，选中 Apply To All Layers 复选框可使当前线宽在所有板层上可用。

喜好的线宽值也可以在"优选项"（Preferences）→PCB Editor→Interactive Routing 页面中单击"偏好的交互式布线宽度"（Favorite Interactive Routing Widths）按钮，然后在弹出的"偏好的交互式布线宽度"对话框中进行设置，如图 10-12 所示。

图 10-12　"偏好的交互式布线宽度"对话框

如果想添加一种走线宽度，单击"添加"按钮进行添加，用户可以选择喜好的计量单位（mm 或 mil）。

注意图 10-12 对话框里的阴影单元格，没有阴影的为线宽值的最佳单位，在选取这些最佳单位的线宽后，电路板的计量单位将自动切换到该计量单位上。

3．在布线中使用预定义线宽

图 10-10 为线宽模式选择，用户可以选择使用最大值（Rule Maximum）、最小值（Rule Minimum）、首选值（Rule Preferred）以及 User Choice（用户选择）各种模式。

当用户通过"Shift+W"快捷键更改线宽时，Altium Designer 将更改线宽模式为 User Choice 模式，并为该网络保存当前设置。

4．使用未定义的线宽

为了对线宽实现更详细的设置，Altium Designer 允许用户在原理图或 PCB 设计过程中对各个对象的属性进行设置。在 PCB 设计的交互式布线过程中按 Tab 键可以打开 Interactive Routing Nets 对话框，如图 10-8 所示。在该对话框内可以对走线宽度或过孔进行设置，或对当前的交互式布线的其他参数进行设置而无须退出交互式布线模式再打开"优选项"对话框。

5．留意当前布线状态

在交互式布线中可开启悬浮显示（按"Shift+H"组合键），它显示了当前的交互式布线线宽模式，并提供一些网络的反馈信息，包括网络走线的长度，如图 10-13 所示。

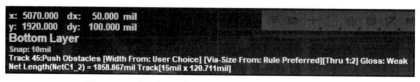

图 10-13　悬浮显示提供了布线模式和网络的信息

10.2　修改已布线的线路

电路板布线是一个重复性非常大的工作，常常需要不断地修改已布线的线路。这就要求要有布线修改工具来完善交互式布线。Altium Designer 具有相应的功能提供给用户，包括重新定义线路的路径及拖动线路，为其他线路让出空间。

软件对线路的修改主要包括环路移除和拖曳功能，它们对现有线路进行修改非常实用。

1.　重绘已布线的线路——环路移除

在布线过程中会经常遇到需要移除原有线路的情况。除了用拖曳的方法去更改原有的线路外，只能重新布线。重新布线时，在"放置"菜单中执行"走线"命令，单击已存在的线路开始布线，放置好新的线路后再回到原有的线路上。这时新旧两条线路便会构成一个环路，当按 Esc 键退出布线命令时，原有的线路自动被移除，包括原有线路上多余的过孔，这就是环路移除功能。

2.　保护已有的线路

有时环路移除功能会把希望保留的线路移除，如在放置电源网络线路时。这时可以右击网络对象，从"网络操作"子菜单中执行"特性"命令，打开"编辑网络"对话框，如图 10-14 所示，在该对话框中取消勾选"移除回路"（Remove Loops）复选框。

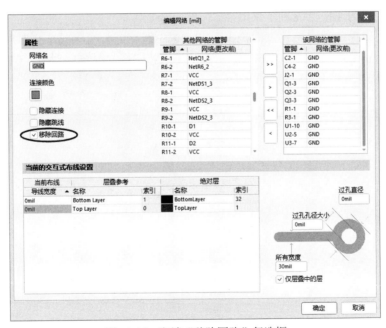

图 10-14　取消"移除回路"复选框

3.　保持角度的多线路拖曳

重新放置线路并非在所有情况下都是最好的修改线路的方法，例如，当要保持原线路 45°或 90°拐角的情况下进行修改。Altium Designer 支持多条线路在保持角度的同时进行拖曳。在"优选项"→PCB Editor→Interactive Routing 页面的"拖曳时保留角度"（Preserve Angle When Dragging）复选框下的单选按钮中对该功能进行配置（图 10-4）。

　　单击鼠标的同时按 Shift 键选中要移动的多条线段，光标变成图 10-15（a）所示的形状，按住鼠标左键移动鼠标，光标变成十字准线的箭头形状，如图 10-15（b）所示，拖曳线路到新的地方，这时会发现被拖曳的线路和与之相接的邻近线路的角度保持不变，保持着原来的布线风格，如图 10-15（c）所示（向左移动），移动到需要的位置后，放开鼠标左键即可。

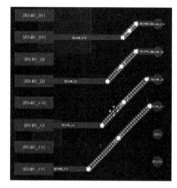
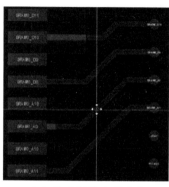
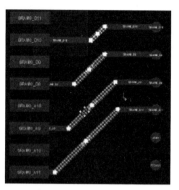

（a）拖曳的光标　　　　　　（b）拖曳被选中的走线　　　　（c）被选中的走线拖曳到新位置

图 10-15　拖曳线路

　　可以先选中要拖曳的线路，然后再对其进行操作，或者用"Ctrl+单击"操作直接对线路进行拖曳而无须事先选中。多条线路可以同时选中后进行拖曳，但要求所选中的线路方向相同且不能来自于相同的连接覆铜。

　　注意，在对线路进行保持角度的拖曳前进行选中线路时，有不同选择对象的方法，按 S 快捷键弹出选择子菜单，如图 10-16 所示，可从中选择"线接触到的对象"（Touching Line）或"矩形接触到的对象"（Touching Rectangle）命令对线路进行选取。

图 10-16　按 S 快捷键弹出子菜单

和交互式布线模式一样，用户可通过"Shift+R"快捷键循环切换在线路拖曳过程中处理障碍冲突的方法（忽略障碍、避免障碍等）。当某种模式被使能后，拖曳线路过程中将遵循设计规则，避免在修改过程中引发冲突。

10.3　在多线轨布线中使用智能拖曳工具

多线轨的拖曳功能不仅用于对原有线路的修改，还可以生成新的线路。它利用简便且优雅的方式对还没进行连接的线路端点进行扩展。单击并拖曳悬空的线路顶点，可对该线路进行延伸。除了对现有的线路进行延伸外，软件将自动增加新的线路并以 45°角与原线路相接，使得线路扩展功能更强大。

本功能同样支持多条线路的选择和扩展，和单条线路操作相似。

对一组线路进行整体操作，首先选择线路如图 10-17（a）所示，然后单击并拖曳其中一条线路的顶点，新的线路便会随鼠标的拖动而自动创建，当释放鼠标后新增加的线路变为选中状态如图 10-17（b）所示，用户可以继续单击和拖曳选中的线路以进行扩展。线路绘画好后，鼠标在非线路上右击即可，如图 10-17（c）和（d）所示。

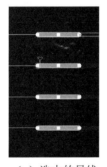
（a）选中的导线

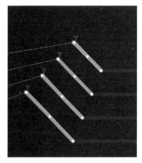
（b）释放鼠标后新的线路变为选中状态

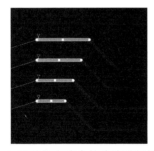
（c）继续拖曳选中的线路进行扩展

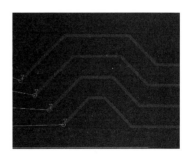
（d）退出布线

图 10-17　多线轨智能拖曳

10.4　PCB 板的设计技巧

在掌握了以上的布线方式后，可以对上一项目设计的 PCB 板进行优化。重新布局、布线后的 PCB 板如图 10-18 所示。

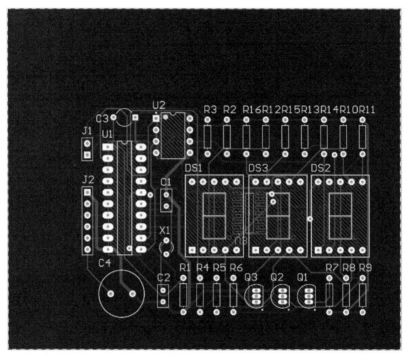

图 10-18　重新布局、布线后的 PCB 板

由于新的 PCB 板元器件的排列比原来紧凑，所以 PCB 板的布线区域及板边框的尺寸可缩小。在英文输入方式下按 Q 键，设置"单位"为 Metric（公制）；按 G 键，弹出 Snap Grid 对话框，设置 Grid 为 1mm。

下面将 PCB 板的边框缩小。

（1）单击工作区下部的 Mechancial 1 层标签，选择 Mechancial 1 层为当前层，定义 PCB 板的边界。

（2）单击"绘制工具栏"中的绘制线段工具按钮 ✎，移动光标按顺序连接工作区内的坐标。依次单击(110mm,30mm)、(110mm,91mm)、(190mm,91mm)、(190mm,30mm)这 4 个坐标，然后使光标回到(110 mm,30mm)处，光标处出现一个小圆框，按鼠标左键，即可绘制 PCB 板的矩形框。按鼠标右键，退出布线状态。

（3）选择绘制的 PCB 板矩形框，在主菜单中选择"设计"→"板子形状"→"按照选定对象定义"命令，即重新定义 PCB 板的形状。

（4）在 Mechancial 1 层将原 PCB 边框删除。

在进行下面的学习之前，一定要先检查设计的 PCB 板有无违反设计规则的地方。在主菜单中执行"工具"→"设计规则检查"命令，弹出"设计规则检查"对话框，单击"运行 DRC"按钮，启动设计规则测试。如设计合理，没有违反设计规则，则进行下面的操作。

10.4.1　放置泪滴

如图 10-19 所示，在导线与焊盘或过孔的连接处有一段过渡，过渡的地方成泪滴状，所以称为泪滴。泪滴的作用是在焊接或钻孔时，避免应力集中在导线和焊点的接触点而使接触处断裂，即让焊盘和过孔与导线的连接更牢固。放置泪滴的步骤如下所述。

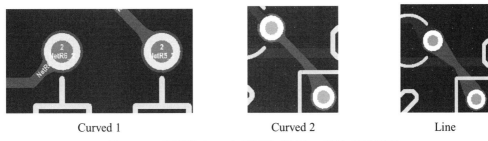

Curved 1　　　　　　　　Curved 2　　　　　　　　Line

图 10-19　泪滴的 Curved（弧形）和 Line（线）两种形状

（1）打开需要放置泪滴的 PCB 板，执行"工具"→"滴泪"命令，弹出如图 10-20 所示的"泪滴"（Teardrops）设置对话框。

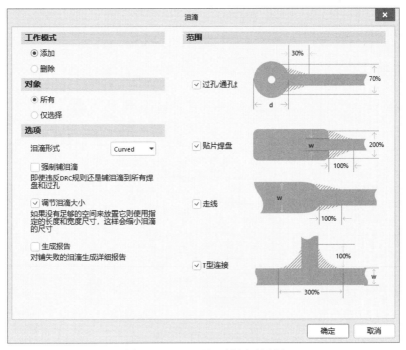

图 10-20　"泪滴"设置对话框

（2）在"工作模式"（Working Mode）设置栏，选择"添加"单选按钮表示此操作将添加泪滴，选择"删除"单选按钮表示此操作将删除泪滴。

（3）在"对象"（Objects）设置栏，如果选择"所有"单选按钮，将对所有对象放置泪滴，如果选择"仅选择"单选按钮，将只对所选择的对象放置泪滴。

（4）"选项"（Options）设置栏的使用。

1）在"泪滴形式"（Teardrop Style）设置栏设置泪滴的形状，在其下拉列表中有 Curved（弧形）和 Line（线）两种形状，效果如图 10-19 所示。

2）"强制铺泪滴"（Force Teardrops）复选框：选中该复选框，将强制对所有焊盘、过孔添加泪滴，这样可能导致在 DRC 检测时出现错误信息；取消该复选框的选中，则对安全间距太小的焊盘不添加泪滴。

3）"调节泪滴大小"（Adjust Teardrops Size）复选框：选中该复选框，进行添加泪滴的操作时自动调整泪滴大小。

4）"生成报告"（Generate Report）复选框：选中该复选框，进行添加泪滴的操作后将自动生成一个有关添加泪滴的操作报表文件，同时该报表也将在工作窗口显示出来。

（5）设置完毕后单击"确定"按钮，系统将自动按所设置的方式放置泪滴。

10.4.2　放置过孔作为安装孔

在低频电路中，可以放置过孔或焊盘作为安装孔。执行"放置"→"过孔"命令，进入放置过孔的状态，按 Tab 键弹出"过孔"（Via）对话框，如图 10-21 所示。

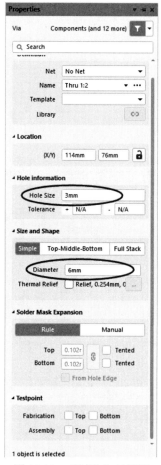

图 10-21　"过孔"对话框

将过孔直径（Diameter）改为 6mm；将过孔孔径大小（Holesize）改为 3mm；然后将过孔分别放在 PCB 板的 4 个角上，坐标分别为(114mm,34mm)、(186mm,34mm)、(186mm,87mm)、(114 mm,87mm)。

把 4 个过孔放在 PCB 板后，执行设计规则检查命令，查看有无不符合规则的地方。

（1）在主菜单中选择"工具"→"设计规则检查"命令，打开 Design Rule Checker 对话框。

（2）单击"运行 DRC"按钮，启动设计规则测试。

设计规则测试结束后，系统自动生成如图 10-22 所示的检查报告网页文件。

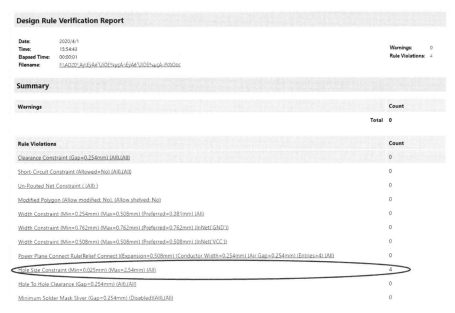

图 10-22　检查报告网页

错误原因：Hole Size Constraint(Min=0.0254mm)(Max=2.54mm)(All)。PCB 板上孔的直径最小 0.0254mm，最大 2.54mm。而用户放置的过孔的孔的直径为 3mm，大于最大值，所以出现了不符合规则的地方。

修改设计规则：执行"设计"→"规则"命令，出现"PCB 规则及约束编辑器"对话框，选择 Design Rules→Manufacturing→Hole Size 项，按鼠标右键，从下拉菜单中选择 New Rule 命令，出现 HoleSize 的新规则界面，将孔直径的最大值改为 4mm，如图 10-23 所示。

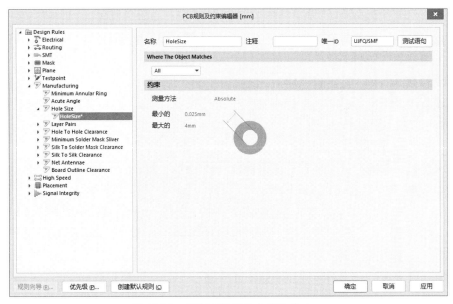

图 10-23　将孔直径的最大值改为 4mm

选择 Design Rules→Routing→Routing Via Style 项，如图 10-24 所示，将过孔直径（Via Diameter）的最大值（Maximum）改为 7mm，将过孔孔径大小（Via Hole Size）的最大值（Maximum）改为 4mm，单击"确定"按钮即可。

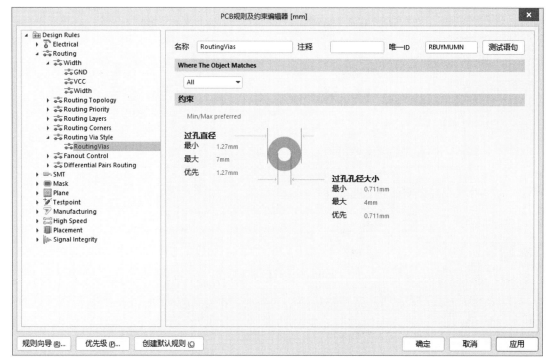

图 10-24　修改过孔直径和过孔孔径大小

修改了上述两个参数后，再执行设计规则检查，便没有错误提示了。

10.4.3　布置多边形铺铜区域

铺铜也称敷铜，就是将 PCB 上闲置的空间作为基准面，然后用固定铜填充，这些铜区又称为灌铜。铺铜的意义如下：

● 增加截流面积，提高载流能力。
● 减少接地阻抗，提高抗干扰能力。
● 降低压降，提高电源效率。
● 与地线相连，减少环路面积。
● 多层板对称铺铜可以起到平衡作用。

布置多边形铺铜区域的方法如下。

（1）在工作区选择需要设置多边形铺铜的 PCB 板层（Top Layer 或 Bottom Layer）。

（2）单击"绘制工具栏"中的多边形铺铜工具按钮 ，或者在主菜单中选择"放置"→"铺铜"命令，按"Tab"键，打开如图 10-25 所示的"多边形铺铜"（Polygon Pour）对话框。该对话框用于设置多边形铺铜区域的属性，其中的选项功能如下所述。

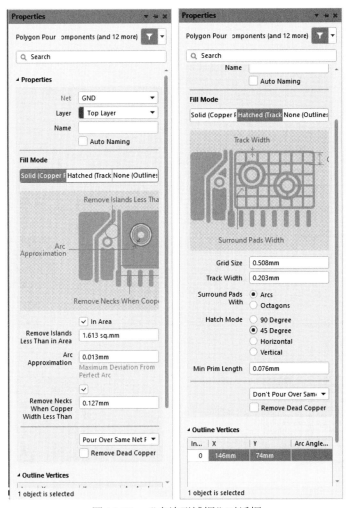

图 10-25　"多边形铺铜"对话框

1）Properties（属性）区域用于设置多边形铺铜区域的性质，其中的各选项功能如下：

● Net（网络选项）区域用于设置多边形铺铜区域中的网络，其下拉列表用于选择与多边形铺铜区域相连的网络，一般选择 GND。

● Layer（层）下拉列表用于设置多边形铺铜区域所在的层。

● Name（名称）为铺铜区域的名字，一般不用更改。

2）Fill Mode（填充模式）用来设置多边形铺铜区域内的填充模式，其各选项的功能如下：

● Solid(Copper Regions)表示铺铜区域是实心的。

● Hatched(Tracks/Arcs)表示铺铜区域是网状的。

● None(Outlines Only)表示铺铜区域无填充，仅有轮廓、外围。

3）Track Width（轨迹宽度）编辑框用于设置多边形铺铜区域中网格连线的宽度。如果连线宽度比网格尺寸小，多边形铺铜区域是网格状的；如果连线宽度和网格尺寸相等或者比网格尺寸大，多边形铺铜区域是实心的。

4）Grid Size（栅格尺寸）编辑框用于设置多边形铺铜区域中网格的尺寸。为了使多边形连线的放置最有效，建议避免使用元件管脚间距的整数倍值设置网格尺寸。

5）Surround Pads With（围绕焊盘模式）选项用于设置多边形铺铜区域在焊盘周围的围绕模式。其中，Arcs（圆弧）单选项表示采用圆弧围绕焊盘；Octagons（八角形）单选项表示使用八角形围绕焊盘，使用八角形围绕焊盘的方式所生成的 Gerber 文件比较小，生成速度比较快。

6）Hatch Mode（孵化模式）用于设置多边形铺铜区域中的填充网格式样，其中共有 4 个单选项，其功能如下。

- "90 度"单选项表示在多边形铺铜区域中填充水平和垂直的连线网格。
- "45 度"单选项表示用 45°的连线网络填充多边形。
- "水平的"单选项表示用水平的连线填充多边形铺铜区域。
- "垂直的"单选项表示用垂直的连线填充多边形铺铜区域。

各填充风格的多边形铺铜区域分别如图 10-26 所示。

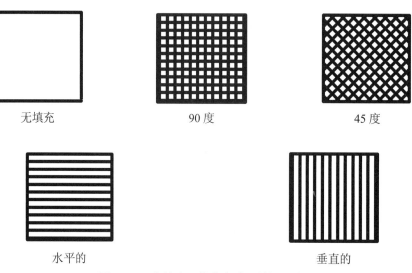

图 10-26　各填充风格的多边形铺铜区域

7）"最小整洁长度"（Min Prim Length）：编辑框用于设置多边形敷铜区域的精度，该值设置得越小，多边形填充区域就越光滑，但敷铜、屏幕重画和输出产生的时间会增多。

8）"多边形铺铜"对话框下方的选择框中有 3 个选项，分别介绍如下。

- Pour Over Same Net Polygons Only（仅敷在相同网络的铜箔上）：选中该项，铺铜将与相同网络的铜箔融合在一起，与相同网络上的焊盘相连，如图 10-27 所示。

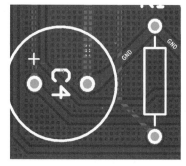

图 10-27　选择 Pour Over Same Net Polygons Only 项的铺铜效果

- Pour Over All Same Net Objects（敷在所有相同网络的物体上）：选中该项，对于相同的网络都需要采取铺铜，如图 10-28 所示，不然会出现相同网络走线和铜皮无法连接的现象。

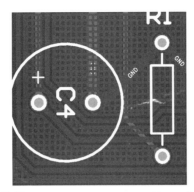

图 10-28　选择 Pour Over All Same Net Objects 项的铺铜效果

- Don't Pour Over Same Net Objects（不敷在相同网络的物体上）：选中该项，铺铜将围绕线的周围，与相同网络上的焊盘相连，如图 10-29 所示。

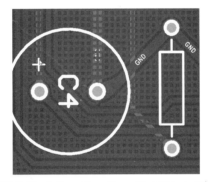

图 10-29　选择 Don't Pour Over Same Net Objects 项的铺铜效果

9）Remove Dead Copper（移除死铜）复选项。选中该复选项后，系统会自动移去死铜。所谓死铜是指在多边形铺铜区域中没有和选定的网络相连的铜膜。当已存在的连线、焊盘和过孔不能和铺铜构成一个连续区域的时候，死铜就生成了。死铜会给电路带来不必要的干扰，因此建议用户选中该选项，自动消除死铜，如图 10-30 所示。

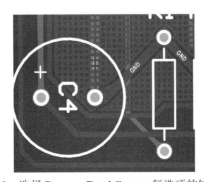

图 10-30　选择 Remove Dead Copper 复选项的铺铜效果

（3）在"多边形铺铜"对话框中选择以下设置进行多边形铺铜区域的属性设置：

● Net：GND。

● Fill Mode（填充模式）：Hatched（网状）。

● 选择"45 度"单选项。

● 勾选 Pour Over Same Net Polygons Only（仅敷在相同网络的铜箔上）复选框。

● 勾选 Remove Dead Copper（死铜移除）复选项。

（4）移动光标，在多边形的起始点单击，定义多边形开始的顶点。

（5）移动光标，持续在多边形的每个折点单击，确定多边形的边界，直到多边形铺铜的边界定义完成，按鼠标右键，退出该模式。铺铜完成后的效果如图 10-33 所示。

（6）铺铜在放置多边形折点的时候，可以按 Space 键改变线的方向（90°/45°），也可以按"Shift+Space"组合键改变线的方向（90°/90°圆弧/45°/45°圆弧/任意角度）。

如果制板的工艺不高，铺铜铺成实心的，时间久了，PCB 板的铺铜区域容易起泡，如果铺铜敷成网状的就不存在这个问题。对于增强柔性板的灵活弯折来讲，铺铜或平面层最好采用网状结构。但是对于阻抗控制或其他的应用来讲，网状结构在电气质量上又不尽如人意。所以，设计师在具体的设计中需要根据设计需求，两害相权取其轻，合理判断使用网状铜皮还是实心铜。不过对于废料区，还是尽可能进行实心铺铜。

10.4.4　放置尺寸标注

在设计印刷电路板时，为了使设计者或生产者更方便地知晓 PCB 尺寸及相关信息，常常需要提供尺寸的标注。一般来说，尺寸标注通常是放置在某个机械层，用户可以从 16 个机械层中指定一个层来做尺寸标注层。也可以把尺寸标注放置在 Top Overlay 或 Bottom Overlay 层。根据标注对象的不同，尺寸标注有十多种，在此介绍常用的几种。用户可以根据需要进行自学。

1．直线尺寸标注

对直线距离尺寸进行标注，可进行以下操作。

（1）单击"绘制工具栏"中的直线尺寸工具按钮，或者选择"放置"→"尺寸"→"线性尺寸"命令。

（2）单击 Tab 键，打开如图 10-31 所示的 Linear Dimension（线性尺寸）对话框。该对话框用于设置直线标注的属性，其中的选项功能如下所述。

1）Style（样式）编辑区：

● Dimension Line Width 为尺寸线宽度。

● Extension Line Width 为延长线宽度。

● Extension Line Gap 为延长线间隙。

● Extension Line Offset 为延长线偏移。

● Text Gap 为文本间隙。

2）Arrow Style（箭头样式）编辑区：

● Arrow Size（箭头大小）编辑框用来设置箭头长度（斜线）。

● Arrow Length（箭头长度）编辑框用来设置箭头线长度。

3）Properties（属性）编辑区：

● Layer（层）下拉列表用来设置当前尺寸文本所放置的 PCB 板层。

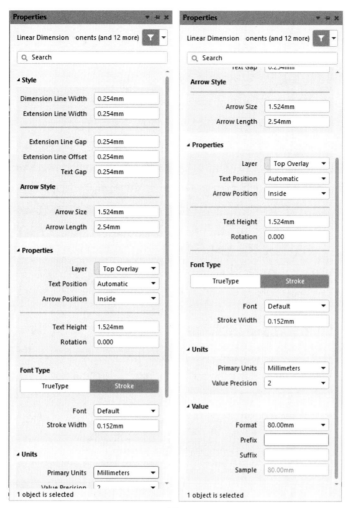

图 10-31 "线性尺寸"对话框

- Text Position（文本位置）下拉列表用来设置当前尺寸文本的放置位置。
- Arrow Position（箭头位置）下拉列表用来设置箭头的放置位置。
- Text Height（文本高度）编辑框用来设置文本字体高度。
- Rotation（旋转）编辑框用来设置文本旋转角度。

4）Font Type（字体）编辑区：

选择当前尺寸文本所使用的字体，可以选择 True Type 或 Stroke 字体。

5）Units（单位）编辑区：

- Primary Units（首选单位）下拉列表用来设置当前尺寸采用的单位。可以在下拉列表中选择放置尺寸的单位，系统提供了 Mils、Millimeters、Inches、Centimeters 和 Automatic 共 5 个选项，其中 Automatic 项表示使用系统定义的单位。
- Value Precision（精确度）下拉列表用来设置当前尺寸标注精度。下拉列表中的数值表示小数点后面的位数。默认标注精度是 2，一般标注最大是 6，角度标注最大为 5。

6）Value（值）编辑区：

Format（格式）下拉列表用来设置当前尺寸文本的放置风格。在下拉列表中尺寸文本放置的风格共有 4 个选项：None 选项表示不显示尺寸文本；0.00 选项表示只显示尺寸，不显示单位；0.00mm 选项表示同时显示尺寸和单位；0.00(mm)选项表示显示尺寸和单位，并将单位用括号括起来。

- Prefix（前缀）编辑框用来设置尺寸标注时添加的前缀。
- Suffix（后缀）编辑框用来设置尺寸标注时添加的后缀。
- Sample 编辑框用来显示用户设置的尺寸标注风格示例。

（3）在 Linear Dimension（线性尺寸）对话框中设置标注的属性：Layer 表示放置的层；Format 表示显示的格式，如××、××mm（常用）、××（mm）等；Primary Units 表示显示的单位，如 mil、mm（常用）、inch 等；Value Precision 表示显示的小数位的个数。

（4）移动光标至工作区单击需要标注距离的一端，确定一个标注箭头位置。

（5）移动光标至工作区单击需要标注距离的另一端，确定另一个标注箭头位置，再单击鼠标，即可放置标注。如果需要垂直标注，可按空格键旋转标注的方向。

（6）重复步骤（4）～（5）继续标注其他的水平和垂直距离尺寸。

（7）标注结束后，单击鼠标右键，或者按 Esc 键，结束直线尺寸标注操作。

2．标准标注

标准标注用于任意倾斜角度的直线距离标注，可进行以下操作设置标准标注。

（1）单击"应用程序"工具栏中的尺寸工具按钮 ，在弹出的工具栏中选择标准直线尺寸工具按钮 ，或者选择"放置"→"尺寸"→"尺寸"命令。

（2）按 Tab 键，打开如图 10-32 所示的 Dimension（尺寸）对话框。

图 10-32　"尺寸"对话框

图 10-32 所示的"尺寸"对话框用于设置标准标注的属性。Value（值）编辑区中的 Start point(X/Y)开始点和 End point(X/Y)结尾点中的 X、Y 编辑框用于设置标注起始点和终点的坐标。对话框中其他的选项功能与"线性尺寸"对话框中的对应选项功能相同，可参考对"线性尺寸"对话框中选项的描述。

（3）在"尺寸"对话框中设置标准标注的属性，Layer 为放置的层；Format 为显示的格式。

（4）移动光标至工作区到需要标注的距离的一端，单击鼠标，确定一个标注箭头位置。

（5）移动光标至工作区到需要标注的距离的另一端，单击鼠标，确定标注另一端箭头的位置，系统会自动调整标注的箭头方向。

（6）重复步骤（4）（5）继续标注其他的直线距离尺寸。

（7）标注结束后，单击鼠标右键，或者按 Esc 键，结束尺寸标注操作。标注的尺寸如图 10-33 所示。

10.4.5　设置坐标原点

在 PCB 编辑器中，系统提供了一套坐标系，其坐标原点称为绝对原点，位于图纸的最左下角。但在编辑 PCB 板时，往往根据需要在方便的地方设计 PCB 板，所以 PCB 板的左下角往往不是绝对坐标原点。

Altium Designer 提供了设置原点的工具，用户可以利用它设定自己的坐标系，方法如下：

（1）单击"应用程序"工具栏中的绘图工具按钮，在弹出的工具栏中单击坐标原点标注工具按钮，或者在主菜单中选择"编辑"→"原点"→"设置"命令。

（2）此时鼠标箭头变为十字光标，在图纸中移动十字光标到适当的位置，单击鼠标左键，即可将该点设置为用户坐标系的原点，如图 10-33 所示，此时再移动鼠标就可以从状态栏中了解到新的坐标值。

（3）如果需要恢复原来的坐标系，只要选择"编辑"→"原点"→"复位"命令即可。

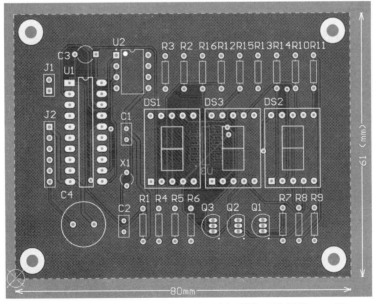

图 10-33　标注了尺寸及坐标且重置坐标原点及铺铜的 PCB 板

10.4.6　对象快速定位

1．使用 PCB 面板

重新编译"数码管显示电路.PrjPCB"项目文件。然后单击 PCB 面板，在上面可以选择对象类型，如 Nets、Components 等，界面如图 10-34 所示。单击下面的元件或网络，则系统会自动跳转定位到相应的位置，完成快速查找对象。

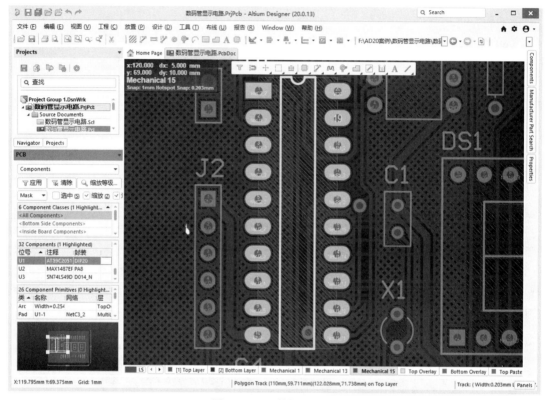

图 10-34　元件快速定位

2．使用过滤器批量选择目标

打开 PCB Filter 面板，如图 10-35 所示，如果只显示 PCB 板上的全部元件，可以在"选择高亮对象"（Select Objects to Highlight）栏内，将 Component（元件）行右边的 Free 复选框选中，其余行右边的 Free 复选框都不选中，如图 10-35 所示，单击"全部应用"按钮，就可以在 PCB 板上选择所有的元器件，如图 10-36 所示；如果要显示 PCB 板上的文字（Text），将图 10-35 中 Text 行右边 Component、Free 的复选框选中，单击"全部应用"按钮，就可以显示 PCB 板上所有的文字，如图 10-37 所示。

在 PCB Filter 面板的"选择高亮对象"栏内，对每一行右边的复选框进行不同的选取，就可以对 PCB 板上的显示内容进行筛选。如果要显示 PCB 板上的全部内容，则选中 PCB Filter 面板的"选择高亮对象"栏内的所有复选框，然后单击"全部应用"按钮，显示结果如图 10-33 所示。

图 10-35 PCB Filter 面板

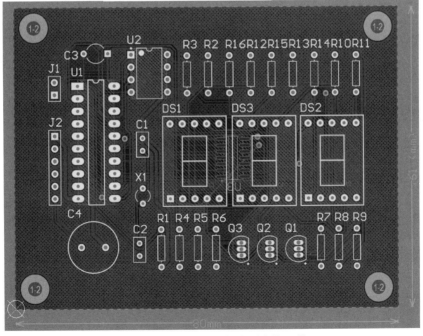

图 10-36 显示 PCB 板上所有的元件

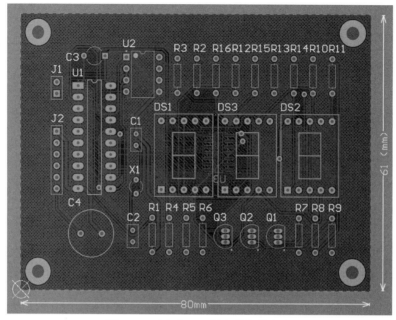

图 10-37　显示 PCB 板上所有的文字

10.5　PCB 板的 3D 显示

在 PCB 编辑器中，按快捷键 3 就可进行 PCB 板的 3D 显示，如图 10-38 所示。从图中可以看出 3 个数码管和单片机 U1 有 3D 模型，这是因为在第 5 章建立数码管和单片机的封装时，建立了这两个器件的三维模型；U2、U3（U3 在图中看不到，是在板的背面）与三极管 Q1、Q2、Q3 有三维模型，这是因为系统提供的库内有三维模型，而其他元器件的封装没有三维模型。

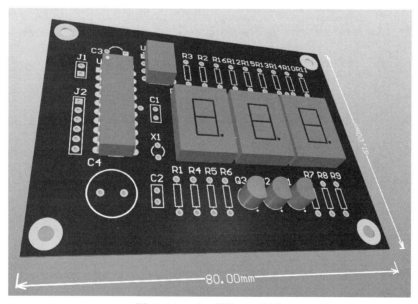

图 10-38　PCB 板的 3D 显示

为了查看 PCB 板焊接元器件后的效果，提前预知 PCB 板与机箱的结合，也就是 ECAD 与 MCAD 的结合，需要为其他元器件建立与实际器件相吻合的三维模型，方法如下所述。

执行"工具"→"Manage 3D Bodies for Components on Board"命令，弹出如图 10-39 所示的"元件体管理器"（Component Body Manager）对话框，即 3D 模型管理对话框，可以在该对话框内对 PCB 板上所有的元器件建立 3D 模型。

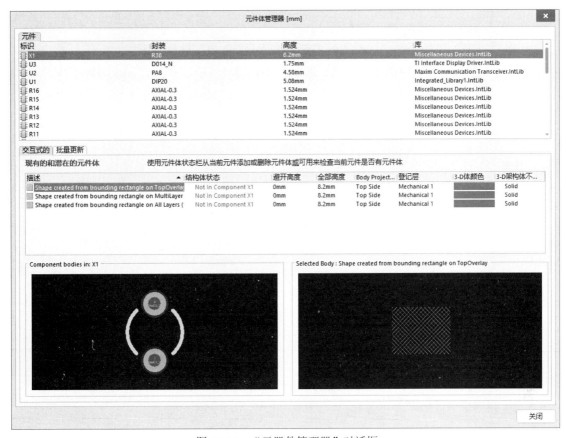

图 10-39　"元器件管理器"对话框

1. 建立晶振 X1 的 3D 模型

（1）在图 10-39 所示的"元件"（Components）区域选择需要建 3D 模型的元件 X1。

（2）在"描述"（Description）列选择 Shape created from bounding rectangle on All Layers。

（3）在"结构体状态"（Body State）列，用鼠标左键单击 Not In Component X1，表示把 3D 模型加到 X1 上，单击后显示变为"In Component X1"；如果再单击 In Component X1，表示把刚加的 3D 模型从 X1 上移除掉，在此不进行此操作。

（4）"避开高度"（Standoff Height）列表示三维模型底面到电路板的距离，在此设为 0.5mm。

（5）"全部高度"（Overall Height）列表示三维模型顶面到电路板的距离，在此设为 12.5mm。

（6）Body Projection 列用于设置三维模型投影的层面，在此选 Top Side 项。

（7）"登记层"（Registration Layer）到用于设置三维模型放置的层面，在此选默认值 Mechanical 1。

（8）"3-D 体颜色"（Body 3-D Color）列用于选择三维模型的颜色，在此选择与实物相似的颜色，设置完成后单击"关闭"按钮，即为晶振 X1 添加了三维模型。按"3"键，可以看晶振 X1 的三维模型，看后按"2"键返回 2 维模式，在 2 维模式下操作更方便。

2．建立电阻 R1 ~ R16 的 3D 模型

（1）在图 10-39 所示的"元件"区域选择需要建 3D 模型的器件 R1。

（2）在"描述"列选择 Polygonal Shape created from primitives on TopOverlay。

（3）在"结构体状态"列，用鼠标左键单击 Not In Component R1。

（4）将"避开高度"设为 1mm。

（5）将"全部高度"设为 3mm。

（6）Body Projection 列用于设置三维模型投影的层面，在此选 Top Side 项。

（7）"登记层"列用于设置三维模型放置的层面，在此选默认值 Mechanical 1。

（8）"3-D 体颜色"列用于选择三维模型的颜色，在此选择与实物相似的颜色。

R2 ~ R16 的设置与 R1 相同。

3．建立 C1、C2 的三维模型

方法同建立电阻 R1 的 3D 模型，仅仅有以下 3 处不同：

（1）将"避开高度"设为 1mm。

（2）将"全部高度"设为 4mm。

（3）"3-D 体颜色"列用于选择三维模型的颜色，在此选择与实物相似的颜色。

4．建立 C3、C4 的三维模型

方法同建立电阻 R1 的 3D 模型，仅仅有以下 3 处不同：

（1）将"避开高度"设为 0.5mm。

（2）将"全部高度"设为 12.7mm。

（3）"3-D 体颜色"列用于选择三维模型的颜色，在此选择与实物相似的颜色。

5．建立 J1、J2 的三维模型

方法同建立电阻 R1 的 3D 模型，仅仅有以下 3 处不同：

（1）将"避开高度"设为 0mm。

（2）将"全部高度"设为 8mm。

（3）"3-D 体颜色"列用于选择三维模型的颜色，在此选择与实物相似的颜色。

为数码管显示电路的所有元器件添加三维模型后的 PCB 板如图 10-40 所示。

在主菜单执行"视图"→"翻转板子"命令，可以把 PCB 板从一面翻转到另一面，也就是翻转 180°，如图 10-41 所示。

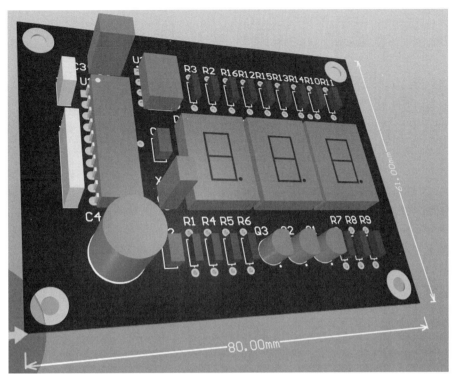

图 10-40　为数码管显示电路的所有元件添加三维模型后的 PCB 板

图 10-41　数码管显示电路 PCB 板翻转 180°

10.6 原理图信息与 PCB 板信息的一致性

如果数码管显示电路 PCB 板上元器件的三维模型比较接近真实的元器件的尺寸，就可观察用户设计的 PCB 板是否合理适用，如果不合理，可以修改 PCB 板，直到满足设计要求为止，否则等生产厂家把 PCB 板制作完成以后才发现错误，就会造成浪费。

如果在 PCB 板上发现某个元件的封装不对，可以在 PCB 板上修改该元件的封装，或把该元件的封装换成另一个合适的封装，但这就造成原理图信息与 PCB 板上的信息不一致。为了把 PCB 板上更改的信息反馈回原理图，在 PCB 编辑器执行"设计"→"Update Schematics in 数码管显示电路.PrjPCB"命令，就可把 PCB 的信息更新到原理图内。

同理，如果在原理图上发生了改变，要把原理图的信息更新到 PCB 内，方法是在原理图编辑环境下执行"设计"→"Update PCB Document 数码管显示电路.PcbDoc"命令，这样就可把原理图的信息更新到 PCB 图内。

这样就可保证原理图信息与 PCB 板上的信息一致，原理图与 PCB 图之间是可以双向同步更新的。

要检查原理图与 PCB 板之间的信息是否一致，可以执行以下操作。

（1）打开原理图与 PCB 图，执行"工程"→"显示差异"命令，弹出"选择比较文档"（Choose Documents to Compare）对话框，如图 10-42 所示，选择一个要比较的 PCB 板，单击"确定"按钮。

图 10-42 "选择比较文档"对话框

（2）弹出的"显示原理图与 PCB 图之间差异"的对话框如图 10-43 所示，从图中看出，除了 Room 以外，原理图与 PCB 图之间没有差异。

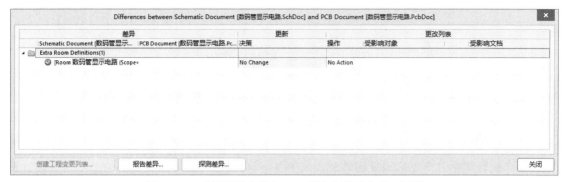

图 10-43　"显示原理图与 PCB 图之间差异"的对话框

可以单击"报告差异"（Report Differences）按钮查看报告，也可以单击"探测差异"（Explore Differences）按钮探究报告，在该报告上选择目标，就可以找到原理图与 PCB 板之间的差异。

如果 PCB 板设计合理，就可产生输出文件（第 11 章介绍）供生产厂家使用。

10.7　本章小结

本章主要介绍了交互式布线的处理方式及放置泪滴，布置多边形铺铜区域，放置尺寸标注，设置坐标原点，对象快速定位及 PCB 板的 3D 设计等内容。

习题 10

1．在设计 PCB 板时，处理布线冲突有几种方法？

2．在布线过程中按什么键添加一个过孔并切换到下一个信号层？

3．在 PCB 板的焊盘上放置泪滴有什么作用？在 PCB 板上放置多边形铺铜一般与哪个网络相连？

4．将第 9 章完成的"高输入阻抗仪器放大器电路的 PCB 板"进行优化处理，标注尺寸，设置坐标原点，并为 PCB 板上所有的元器件建立 3D 模型，查看 PCB 板的 3D 显示，检查设计的 PCB 板是否适用。

5．将第 9 章完成的"铂电阻测温电路的 PCB 板"进行优化处理，标注尺寸，设置坐标原点，并为 PCB 板上所有的元器件建立 3D 模型，查看 PCB 板的 3D 显示，检查设计的 PCB 板是否适用。

第 11 章 输出文件

任务描述

在完成数码管显示电路原理图的绘制及 PCB 板的设计之后，经常需要输出一些数据、图纸、报表文件及 Gerber 文件，本章主要介绍这些输出文件的产生，为 PCB 的后期制作、元件采购、文件交流等提供方便。本章包含以下内容:

- 原理图的输出
- PCB 图的输出
- Gerber 文件的输出
- BOM 报表的输出
- PDF 文件的输出

11.1 原理图的打印输出

为方便原理图的浏览、交流，经常需要将原理图打印到图纸上。Altium Designer 提供了直接将原理图打印输出的功能。

在打印之前首先进行页面设置。执行"文件"→"页面设置"命令，即可弹出 Schematic Print Properties（原理图打印属性）对话框，如图 11-1 所示。

图 11-1 Schematic Print Properties 对话框

（1）"打印纸"区域用于设置纸张。

- "尺寸"下拉列表用于选择打印纸的幅面。
- 选择"垂直"单选按钮，使图纸竖放。
- 选择"水平"单选按钮，使图纸横放。

（2）"偏移"区域用于设置图纸页边距。

● 在"水平"方向选择"居中"复选框时，打印图形将位于水平方向居中，左、右边距对称；在"垂直"方向选择"居中"复选框时，打印图形将位于垂直方向居中，上、下边距对称。

● 取消"居中"复选框，可以在"水平"和"垂直"数字框中通过参数设置改变页边距，即改变图形在图纸上的相对位置。

● "水平"数字框：设置水平页边距；"垂直"数字框：设置垂直页边距。

（3）"缩放比例"区域用于设置打印比例。

● "缩放模式"下拉列表框用于选择比例模式，含有两个选项：①Fit Document On Page，表示系统自动调整比例，以便将整张图纸打印到一张图纸上；②Scaled Print（按比例打印），表示由用户自己定义比例大小，这时整张图纸将以用户定义的比例打印，有可能打印在一张图纸上，也可能打印在几张图纸上。

● "缩放"数字框用于当选择 Scaled Print（按比例打印）模式时，设置打印比例。

（4）"校正"区域用于修正打印比例。

（5）"颜色设置"区域用于设置打印的颜色，有 3 个选项：单色、颜色、灰的。

（6）单击"预览"按钮可以预览打印效果。

（7）单击"打印设置"按钮可以进行打印机的设置，如图 11-2 所示。

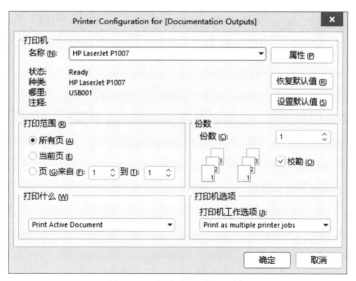

图 11-2　打印机设置对话框

（8）设置、预览完成后，单击"打印"按钮即可打印原理图。此外，执行"文件"→"打印"命令，或单击工具栏中的 🖨 按钮，也可打印原理图。

11.2　电路板的打印输出

PCB 设计完成，就可以将其源文件、制作文件和各种报表文件按需要进行存档、打印、输出等。例如，将 PCB 文件打印作为焊接装配指导；将元器件报表打印作为采购清单；生成胶片文件送交加工单位进行 PCB 加工，当然也可以直接将 PCB 文件送交加工单位用以加工 PCB。

利用 PCB 编辑器的文件打印功能，可以将 PCB 文件不同层面上的图元按一定比例打印输出，用于校验和存档。

1. 页面设置

在主菜单执行"文件"→"页面设置"命令，弹出 Composite Properties（复合页面属性设置）对话框，如图 11-3 所示。

图 11-3　Composite Properties 对话框

图 11-3 的页面设置功能与图 11-1 相同，在此不赘述，只介绍图 11-3 的"高级"按钮功能。单击"高级"按钮，弹出"PCB 打印输出属性"（PCB Printout Properties）对话框，如图 11-4 所示，在该对话框中设置要打印的工作层及其打印方式。

图 11-4　"PCB 打印输出属性"对话框

2. 打印输出特性

（1）在图 11-4 中，双击"Multilayer Composite Print"（多层复合打印）前的页面图标 ，进入"打印输出特性"对话框，如图 11-5 所示。在该对话框的"层"选项区域列出的层即为将要打印的层面，系统默认列出所有图元的层面。单击底部的"编辑"按钮对打印层面进行添加、删除操作。

图 11-5 "打印输出特性"对话框

（2）单击"打印输出特性"对话框中的"添加"按钮，弹出"板层属性"对话框，如图 11-6 所示，在该对话框中进行图层属性设置。在各个图元的选择框中提供了 3 种类型的打印方案：全部（Full）、草图（Draft）和隐藏（Off）。"全部"表示打印该类图元全部图形画面；"草图"表示只打印该类图元的外形轮廓；"隐藏"表示关闭该类图元，不打印。

图 11-6 "板层属性"对话框

（3）设置好"板层属性"对话框的内容后，单击"是"按钮，回到"打印输出特性"对话框；单击"确定"按钮，回到"PCB 打印输出属性"对话框；单击"偏好设置"按钮，进入"PCB 打印设置"对话框，如图 11-7 所示。在这里，用户可以分别设定黑白打印和彩色打印时各个图层的打印灰度和色彩。单击图层列表中各个图层的灰度条和彩色条，即可调整灰度和色彩。设置好后，单击 OK 按钮，返回"PCB 打印输出属性"对话框，再单击"确认"按钮，回到 PCB 工作区页面。

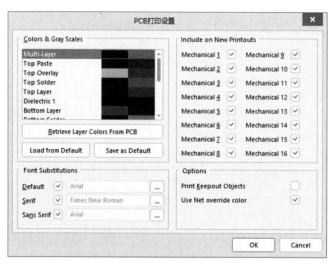

图 11-7 "PCB 打印设置"对话框

3. 打印

在主菜单执行"文件"→"打印"命令，或单击工具栏中的 🖨 按钮，即可打印设置好的 PCB 文件。

11.3　生产文件的输出

Gerber 文件是一种符合 EIA 标准，规定了可以被光绘图机处理的文件格式，用来把 PCB 电路板图中的布线数据转换为胶片的光绘数据。PCB 生产厂商用这种文件来进行 PCB 制作。各种 PCB 设计软件都含有生成 Gerber 文件的功能。一般可以把 PCB 文件直接交给 PCB 生产厂商，厂商会将其转换成 Gerber 格式。而有经验的 PCB 设计者通常会将 PCB 文件按自己的要求生成 Gerber 文件，将其交给 PCB 厂商，确保 PCB 制作出来的效果符合个人定制的设计需要。

由 Altium Designer 产生的 Gerber 文件各层扩展名与 PCB 原来各层对应关系如下：

顶层［Top（copper）Layer］：.GTL

底层［Bottom（copper）Layer］：.GBL

中间信号层（Mid Layer）1, 2, … , 30 ：.G1, .G2, … , .G30

内电层（Internal Plane Layer）1, 2, … , 16 ：.GP1, .GP2, … , .GP16

顶层丝印层（Top Overlay）：.GTO

底层丝印层（Bottom Overlay）：.GBO

顶层钢网层（Top Paste）：.GTP

底层钢网层（Bottom Paste）：.GBP

顶层阻焊层（Top Solder）：.GTS

底层阻焊层（Bottom Solder）：.GBS

禁止布线层（Keep-Out Layer）：.GKO

Mechanical Layer 1, 2, ... , 16：.GM1,.GM2, ... ,.GM16

Top Pad Master：.GPT

Bottom Pad Master：.GPB

11.3.1　生成 Gerber 文件

（1）打开数码管显示电路的 PCB 文件，在 PCB 编辑器的主菜单中执行"文件"→"制造输出"→"Gerber Files"命令，打开"Gerber 设置"对话框，如图 11-8 所示。

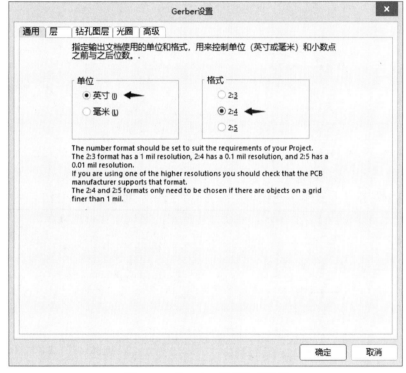

图 11-8　"Gerber 设置"对话框

（2）选择"通用"（General）选项卡，在"单位"栏可以选择输出的单位是英制还是公制，通常选择英制；在"格式（Format）栏有 2:3，2:4，2:5 三个选项，这三种选择对应了不同的 PCB 生产精度。其中 2:3 表示数据含 2 位整数、3 位小数；相应地，另外两个分别表示数据中含有 4 位和 5 位小数。设计者根据自己在设计中用到的单位精度进行选择，精度越高，对 PCB 制造设备的要求也越高。

● 单位：输出单位选择，通常选择"英寸"。

● 格式：比例格式选择，通常选择"2:4"。

（3）单击"层"（Layers）标签，进入 Gerber 文件输出层设置界面，如图 11-9 所示。在左侧列表中选择要生成 Gerber 文件的层面，如果要对某一层进行镜像，选中相应的"镜像"复选框，在右侧列表中选择要加载到各个 Gerber 层的机械层尺寸信息。当"包括未连接的中间层焊盘"复选框被选中时，则在 Gerber 中绘出未连接的中间层的焊盘。

图 11-9　Gerber 文件输出层设置

1）单击"绘制层"（Plot Layers）按钮，弹出下拉菜单，选择"所有使用的"项，意思是在设计过程中用到的层都进行选择。

2）在"镜像层"下拉菜单中选择"全部去掉"选项，意思是全部关闭，不能镜像输出。

3）层的输出选择如图 11-10 所示，注意图中标出的必选项和可选项。

图 11-10　层的输出选择

（4）单击"钻孔图层"（Drill Drawing）标签，进入 Gerber 钻孔输出层设置界面，对"钻孔图"和"钻孔向导图"两处的"输出所有使用的钻孔对"进行勾选，表示对用到的钻孔类型都进行输出，如图 11-11 所示。

图 11-11　Gerber 钻孔输出层设置界面

（5）单击"光圈"标签，该标签用于生成 Gerber 文件时建立光圈的选项，如图 11-12 所示。系统默认选中"嵌入的孔径（RS274X）"复选框，即生成 Gerber 文件时自动建立光圈。如果取消选中该复选框，则右则的光圈表将可以使用，设计者可以自行加载合适的光圈表。

图 11-12　光绘文件的"光圈"标签界面

"光圈"的设定决定了 Gerber 文件的不同格式，一般有两种：RS274D 和 RS274X，其主要区别如下：

- RS274D 包含 X、Y 坐标数据，但不包含 D 码文件，需要用户给出相应的 D 码文件。
- RS274X 包含 X、Y 坐标数据，也包含 D 码文件，不需要用户给出 D 码文件。

D 码文件为 ASCII 码文本格式文件，文件的内容包含了 D 码的尺寸、形状和曝光方式。建议用户选择使用 RS274X 方式，除非有特殊要求。

（6）单击"高级"标签，进入光绘文件"高级"标签界面，该界面用于设置与光绘胶片相关的各个选项，如图 11-13 所示。在该界面中设置胶片尺寸及边框大小、零字符格式、光圈匹配容许误差、板层在胶片上的位置、制造文件的生成模式和绘制类型等。

图 11-13　光绘文件"高级"标签界面

在"胶片规则"区域的 3 项数值末尾处都增加一个"0"，增大数值是防止出现输出面积过小的情况。其他选项采取默认值即可。

（7）在"Gerber 设置"对话框中设置好各参数后，单击"确定"按钮，系统将按照设置自动生成各个图层的 Gerber 文件，并且同时进入 CAM 编辑环境，如图 11-14 所示。

（8）生成的 Gerber 文件自动放置在当前工程目录下的"Project Outputs for 数码管显示电路"文件夹下，此时用户可以查看刚生成的 Gerber 文件，打开"F:\AD20 案例\数码管显示电路\Project Outputs for 数码管显示电路"文件夹，可以看见新生成的 Gerber 文件，如图 11-15 所示。

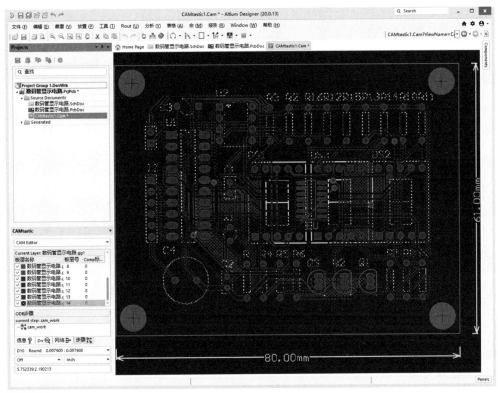

图 11-14　CAM 编辑环境

for 数码管显示电路

名称	修改日期	类型	大小
Status Report.Txt	2020/4/9 12:30	文本文档	1 KB
数码管显示电路.apr	2020/4/9 12:30	CAMtastic Apert...	4 KB
数码管显示电路.EXTREP	2020/4/9 12:30	EXTREP 文件	2 KB
数码管显示电路.GBL	2020/4/9 12:30	CAMtastic Botto...	158 KB
数码管显示电路.GBO	2020/4/9 12:30	CAMtastic Botto...	1 KB
数码管显示电路.GBP	2020/4/9 12:30	CAMtastic Botto...	1 KB
数码管显示电路.GBS	2020/4/9 12:30	CAMtastic Botto...	4 KB
数码管显示电路.GD1	2020/4/9 12:30	CAMtastic Drill ...	17 KB
数码管显示电路.GG1	2020/4/9 12:30	CAMtastic Drill ...	8 KB
数码管显示电路.GM1	2020/4/9 12:30	CAMtastic Mech...	1 KB
数码管显示电路.GM13	2020/4/9 12:30	CAMtastic Mech...	1 KB
数码管显示电路.GM15	2020/4/9 12:30	CAMtastic Mech...	1 KB
数码管显示电路.GPB	2020/4/9 12:30	CAMtastic Botto...	4 KB
数码管显示电路.GPT	2020/4/9 12:30	CAMtastic Top P...	3 KB
数码管显示电路.GTL	2020/4/9 12:30	CAMtastic Top L...	140 KB
数码管显示电路.GTO	2020/4/9 12:30	CAMtastic Top ...	16 KB
数码管显示电路.GTP	2020/4/9 12:30	CAMtastic Top P...	1 KB
数码管显示电路.GTS	2020/4/9 12:30	CAMtastic Top S...	4 KB
数码管显示电路.REP	2020/4/9 12:30	Report File	6 KB
数码管显示电路.RUL	2020/4/9 12:30	RUL 文件	1 KB
数码管显示电路-macro.APR_LIB	2020/4/9 12:30	APR_LIB 文件	0 KB

图 11-15　Gerber 输出文件清单

11.3.2 导出钻孔文件

在 PCB 设计阶段，通常在 PCB 右下角的"Drill Drawing"层放置"Legend"单词，如图 11-16 所示。输出 Gerber 文件之后，会很详细地看到钻孔的属性及数量等信息。

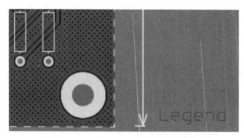

图 11-16　"Legend"单词的放置

现在我们还需要导出钻孔（Drill）文件。重新回到 PCB 编辑界面，执行"文件"→"制造输出"→NC Drill Files 命令，弹出"NC 钻孔设置"对话框，如图 11-17 所示。图中参数说明如下：

- 单位：输出单位选择，通常选择"英寸"。
- 格式：比例格式选择，通常选择"2:5"。
- 其他参数选择默认设置。

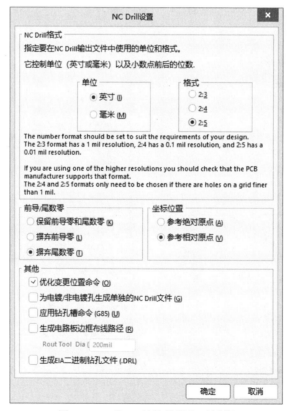

图 11-17　"NC 钻孔设置"对话框

单击"确定"按钮，弹出如图 11-18 所示的"输入钻孔数据"对话框，单击"确定"按钮，出现 CAM 的输出界面，如图 11-19 所示。

图 11-18　"输入钻孔数据"对话框

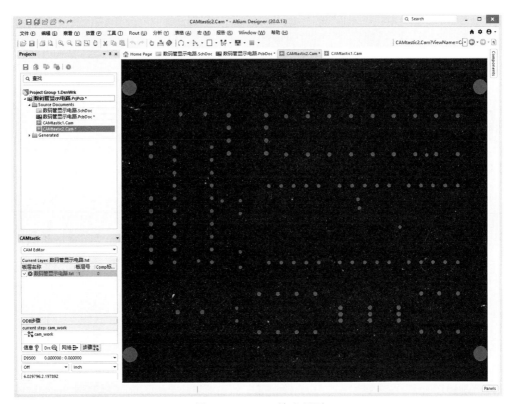

图 11-19　CAM 输出界面

11.3.3　IPC 网表的输出

如果在提交 Gerber 文件给生产厂家时同时生成 IPC 网表给厂家核对，那么在制板时就可以检查出一些常规的开路、短路问题，可避免一些损失。

在 PCB 设计编辑器中，执行"文件"→"制造输出"→Testpoint Report 命令，进入 IPC 网表的输出设置界面，如图 11-20 所示。按照图中所示进行相关设置，之后输出即可。

图 11-20　IPC 网表的输出设置界面

11.3.4　贴片坐标文件的输出

制板生产完成后之后，后期需要对各个元件进行贴片，这需要用各元件的坐标图。Altium Designer 通常输出 TXT 文档类型的坐标文件。

在 PCB 设计编辑器中，执行"文件"→"装配输出"→Generate Pick and Place Files 命令，进入贴片坐标文件的输出设置界面，选择输出坐标格式和单位，如图 11-21 所示。

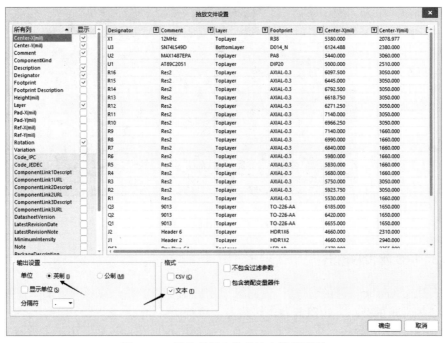

图 11-21　贴片坐标文件的输出设置界面

至此，所有的 Gerber 文件输出完毕，把当前工程目录下的"Project Outputs for 数码管显示电路"文件夹下的所有文件进行打包，即可发送到 PCB 加工厂进行 PCB 加工。

11.4　创建 BOM

BOM 为 Bill of Materials 的简称，也叫材料清单。它是一个很重要的文件，元器件采购、设计制作验证样品、批量生产等都需要这个清单，可以用原理图文件产生 BOM，也可以用 PCB 文件产生 BOM。这里简单介绍用 PCB 文件产生 BOM 的方法。

（1）打开"数码管显示电路.PcbDoc"文件，执行"报告"→Bill of Materials 命令，出现"Bill of Materials for PCB Document"对话框，如图 11-22 所示，通过该对话框建立需要的BOM。

图 11-22　"Bill of Materials for PCB Document"对话框

（2）在图 11-22 所示的对话框中，在 Properties（属性）区域选择 Columns 标签，用户在此选择需要输出到 BOM 报告的标题。使左边的"眼睛"图标 ◉ 有效，则在图 11-22 对话框的左边显示选中的内容；从 Columns 栏中选择并拖动标题到"Drag a column to group"（将列拖动到组）栏，以便在 BOM 报告中按该数据类型来分组元件。

（3）在图 11-22 所示的对话框中，在 Properties（属性）区域选择 General 标签，如图 11-23 所示，在 Export Options 区域可以选择文件的格式（File Format），用户可选择 XLS 的电子表格、TXT 的文本样式、PDF 等 7 种文件格式。通过 Template 下拉列表，用户可以选择相应的 BOM 模板。软件自带多种输出模板，比如，设计开发前期的简单 BOM 模板（BOM Simple.XLT），样品的物料采购 BOM 模板（BOM Purchase.XLT），生产用 BOM 模板（BOM Manufacturer.XLT），普通的默认 BOM 模板（BOM Default Template 95.xlt）等，当然用户也可以自己做一个适合自己的 BOM 模板。

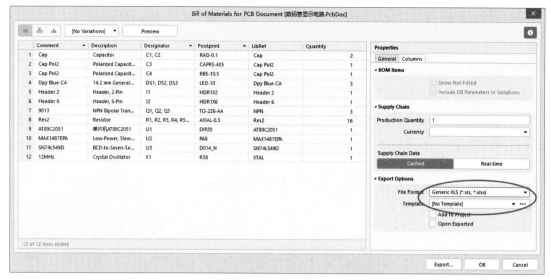

图 11-23   BOM 输出设置的 General 标签

我们这里文件格式选择 Generic XLS（*.xls,*.xlsx），模板选择 No Template，最后将产生 Excel 格式的材料清单。

（4）单击 Export 按钮，弹出保存 BOM 文件对话框，如图 11-24 所示。选取界面上的默认值，单击"保存"按钮，即在"F:\AD20 案例\数码管显示电路\Project Outputs for 数码管显示电路"文件夹下产生了"数码管显示电路.xlsx"文件，返回图 11-23 所示的对话框，单击 OK 按钮，退出该对话框。

图 11-24   保存 BOM 文件

（5）进入"F:\AD20 案例\数码管显示电路\Project Outputs for 数码管显示电路"文件夹，打开"数码管显示电路.xlsx"文件，如图 11-25 所示。

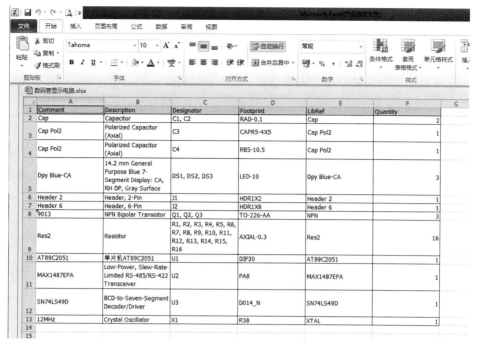

	Comment	Description	Designator	Footprint	LibRef	Quantity
2	Cap	Capacitor	C1, C2	RAD-0.1	Cap	2
3	Cap Pol2	Polarized Capacitor (Axial)	C3	CAPR5-4X5	Cap Pol2	1
4	Cap Pol2	Polarized Capacitor (Axial)	C4	RB5-10.5	Cap Pol2	1
5	Dpy Blue-CA	14.2 mm General Purpose Blue 7-Segment Display: CA, RH DP, Gray Surface	DS1, DS2, DS3	LED-10	Dpy Blue-CA	3
6	Header 2	Header, 2-Pin	J1	HDR1X2	Header 2	1
7	Header 6	Header, 6-Pin	J2	HDR1X6	Header 6	1
8	9013	NPN Bipolar Transistor	Q1, Q2, Q3	TO-226-AA	NPN	3
9	Res2	Resistor	R1, R2, R3, R4, R5, R6, R7, R8, R9, R10, R11, R12, R13, R14, R15, R16	AXIAL-0.3	Res2	16
10	AT89C2051	单片机AT89C2051	U1	DIP20	AT89C2051	1
11	MAX1487EPA	Low-Power, Slew-Rate-Limited RS-485/RS-422 Transceiver	U2	PA8	MAX1487EPA	1
12	SN74LS49D	BCD-to-Seven-Segment Decoder/Driver	U3	DO14_N	SN74LS49D	1
13	12MHz	Crystal Oscillator	X1	R38	XTAL	1

图 11-25 产生的 BOM 文件

11.5 位号图的输出

大部分的输出文件是用来作配置的，在需要的时候设置输出即可。在焊接电路板时，为了便于在焊接时找到元器件位置，需要生成元器件的位号图。PCB 中的位号调整好之后，可使用 Altium Designer 的智能 PDF 功能输出 PDF 格式的位号图文件。

（1）在 PCB 设计编辑器中，执行"文件"→"智能 PDF"命令，弹出如图 11-26 所示的"智能 PDF 设置向导"对话框，单击 Next 按钮进入下一步。

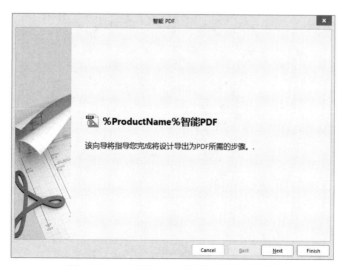

图 11-26 "智能 PDF 设置向导"对话框

（2）在弹出的如图 11-27 所示的对话框中选择需要输出的目标文件范围。如果是仅仅输出当前显示的文档，选择"当前文件"单选按钮；如果是输出整个项目的所有相关文件，选择"当前项目"单选按钮，如图 11-27 所示。"输出文件名称"栏显示输出 PDF 的文件名及保存的路径。选择界面显示的文件为导出目标，单击 Next 按钮。

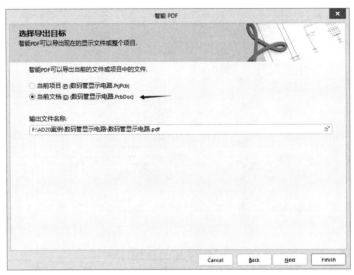

图 11-27　选择输出的目标文件（包）

（3）进入图 11-28 所示对话框，选择输出 BOM 的类型并选择 BOM 模板。Altium Designer 提供了各种各样的模板，比如，BOM Purchase.XLT 多用于物料采购，BOM Manufacturer.XLT 多用于生产，还有默认的通用 BOM 格式"BOM Default Template.XLT"等，用户可以根据自己的需要选择相应的模板。当然也可以自己做一个适合自己的模板。

由于 Altium Designer 有专门的输出 BOM 表功能，此处一般不再勾选选项，如图 11-28 所示。单击 Next 按钮。

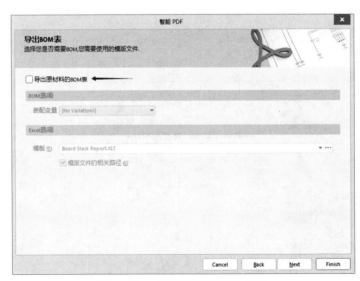

图 11-28　"导出 BOM 表"界面

（4）进入图 11-29 所示对话框，将光标移动到 Printouts & Layers 设置栏中的 Multilayer Composite Print 位置处右击，在弹出的快捷菜单中执行 "Create Assembly Drawings"（创建装配图）命令，弹出 "确认创建打印设置" 对话框，如图 11-30 所示。

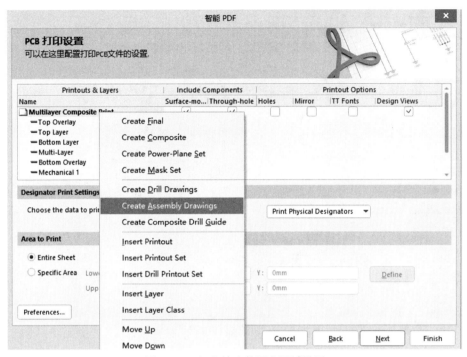

图 11-29　打印输出的层和区域设置

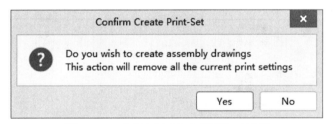

图 11-30　"确认创建打印设置" 对话框

图 11-30 所示对话框提醒用户：您是否希望创建装配图？此操作将删除所有当前打印设置。

单击 "Yes" 按钮，进入图 11-31 所示的 "PCB 打印设置" 对话框。在该对话框可选择 PCB 打印的层和区域，在上半部分的打印层设置区域可以设置元件的打印面、是否镜象（常常是打印底层视图的时候需要勾选此选项）、是否显示孔等。对话框的下半部分主要是设置打印的图纸范围，可选择整张输出或仅仅输出一个特定的 X、Y 区域，此功能对于模块化和局部放大情况很有用处。

（5）双击图 11-31 中 Top LayerAssembly Drawing 的白色图标▢，会弹出 "打印输出特性" 对话框，如图 11-32 所示，用户可以在此对 Top 层进行输出层的设置。在此对话框中的 "层" 区域中对要输出的层进行编辑，此处用户只需要输出 Top Overlay 和 Keep-Out Layer（用户根据自身所使用的层进行设置）即可，其他的层可删除。

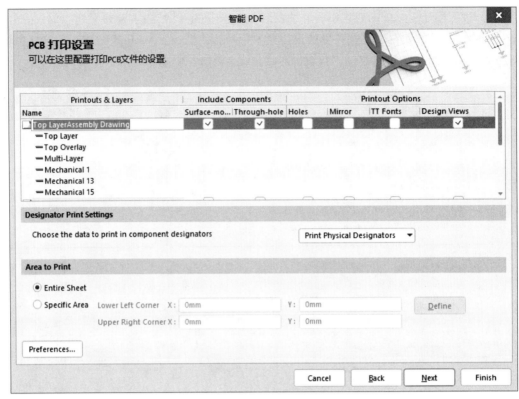

图 11-31 "PCB 打印设置"对话框

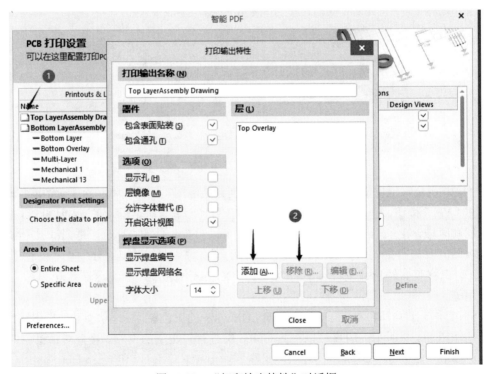

图 11-32 "打印输出特性"对话框

当需要添加打印层时，单击"添加"按钮，在弹出的"板层属性"对话框中的"打印板层类型"列表里查找需要的层，这里选 Keep-Out Layer 层。单击"是"按钮，如图 11-33 所示，返回"打印输出特性"对话框，然后单击 Close 按钮即可。

图 11-33 "板层属性"对话框

（6）至此，便完成了 Top LayerAssembly Drawing 的输出设置，如图 11-34 所示。

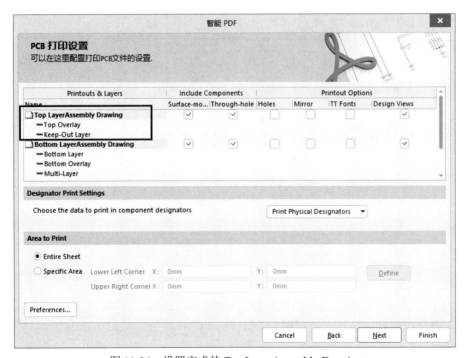

图 11-34 设置完成的 Top LayerAssembly Drawing

（7）Bottom LayerAssembly Drawing 的设置方法与 Top LayerAssembly Drawing 的设置方法类似，重新进行步骤上述（5）（6）的操作即可。

（8）最终的设置效果图如图 11-35 所示［注：底层装配图必须勾选 Mirror（镜像）复选框］。单击 Next 按钮，进入图 11-36 所示的"添加打印设置"对话框

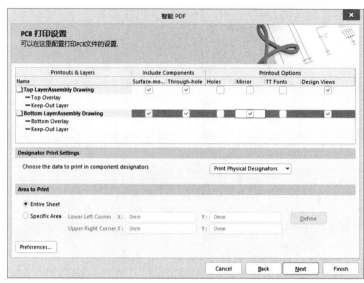

图 11-35　最终的设置效果图

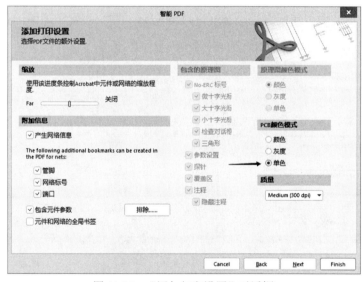

图 11-36　"添加打印设置"对话框

（9）在图 11-36 所示的对话框中设置 PDF 的详细参数：输出的 PDF 文件是否产生网络信息；网络信息是否包含管脚（Pins）、网络标号（Net Labels）、端口（Ports）信息，是否包含元件参数；原理图包含的参数；原理图及 PCB 图的 PDF 的颜色模式（彩色打印、单色打印、灰度打印等）。这里将"PCB 颜色模式"设置为"单色"，单击 Next 按钮，进入图 11-37 所示的"最后步骤"对话框。

（10）在图 11-37 所示的对话框中可以设置：产生报告后是否打开 PDF 文件；是否保存此次的设置配置信息（为方便后续的 PDF 输出可以继续使用此类的配置）；输出文档的保存路径及名字。

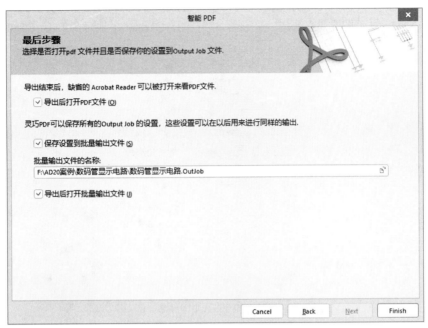

图 11-37　完成智能 PDF 输出设置

完成上述输出 PDF 设置后，单击 Finish 按钮，即完成位号图的 PDF 文件输出，如图 11-38 所示。

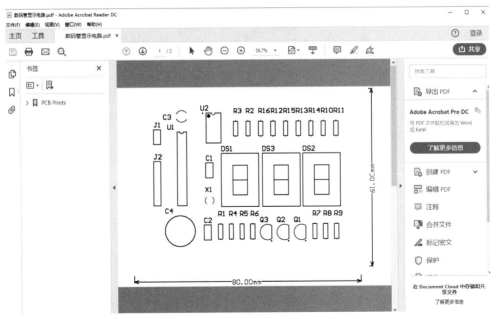

图 11-38　位号图的 PDF 输出文件

11.6　本章小结

本章主要介绍了 PCB 设计的一些后期处理，包括原理图及 PCB 图的打印、生成 Gerber 文件、创建 BOM、位号图文件的输出等内容。建议生成 Gerber 文件时最好多与制板厂家沟通，避免出错。

习题 11

1．将第 2 章、第 3 章设计的多谐振荡器原理图及 PCB 图输出一个 PDF 文件。

2．将第 3 章设计的多谐振荡器 PCB 图，输出一个 Gerber 文件。

3．用第 3 章设计的多谐振荡器 PCB 图，输出一个 Altium Designer 默认的 XLS 格式的 BOM 表。

第 12 章　层次原理图及其 PCB 设计

任务描述

本书前面介绍的常规原理图设计方法是将整个原理图绘制在一张原理图纸上，这种设计方法对于规模较小、简单的原理图的设计提供了方便的工具支持。但当设计大型、复杂系统的电路原理图时，若将整个图纸设计在一张图纸上，就会使图纸变得幅面很大而不利于分析和检错，同时也难于多人参与系统设计。

Altium Designer 支持多种设计复杂电路的方法，例如层次设计、多通道设计等，在增强了设计的规范性的同时减少了设计者的劳动量，提高了设计的可靠性。本章将以电机驱动电路为例介绍层次原理图设计的方法，以多路滤波器的设计为例介绍多通道电路设计方法。本章包含以下内容:

● 自上而下层次原理图设计
● 自下而上层次原理图设计
● 多通道电路设计
● 电机驱动电路的 PCB 设计
● 多路滤波器的 PCB 设计

12.1　层次设计

当设计的电路比较复杂的时候，用一张原理图来绘制显得比较困难，可读性也相对较差，此时可以采用层次型电路来简化电路。对于一个庞大复杂的电子工程设计系统，最好的设计方式是在设计时尽量将其按功能分解成相对独立的模块,这样的设计方法会使电路描述的各个部分功能更加清晰，同时还可以将各独立部分分配给多个工程人员，让他们独立完成，这样可以大大缩短开发周期，提高模块电路的复用性和加快设计速度。采用这种方式后，对单个模块设计的修改可以不影响系统的整体设计，提高了系统的灵活性。

为了适应电路原理图的模块化设计，Altium Designer 提供了层次原理图设计方法。层次化设计指将一个复杂的设计任务分派成一系列有层次结构的、相对简单的电路设计任务，把相对简单的电路设计任务定义成一个模块（或方块），顶层图纸内放置各模块（或方块），下一层图纸放置各模块（或方块）相对应的子图，子图内还可以放置模块（或方块），模块（或方块）的下一层再放置相应的子图，这样一层套一层，可以定义多层图纸设计。这样做还有一个好处，就是每张图纸幅面不是很大，可以方便用小规格的打印机来打印图纸（如 A4 图纸）。

层次原理图设计的概念很像文件管理的树状结构，设计者可以从绘制电路母原理图（简称母图）开始，逐级向下绘制子原理图（简称子图）；也可以从绘制基本的子原理图开始，逐级向上绘制母原理图。因此，层次原理图设计方法可以分为两种：即自上而下层次原理图设计方法和自下而上层次原理图设计方法。

（1）自上而下层次原理图设计：先设计好母图，再用母图的方块图来设计子图，如图 12-1 所示。

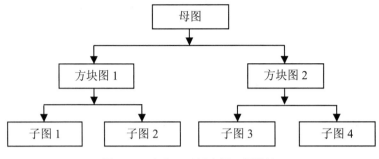

图 12-1　自上而下层次原理图设计

（2）自下而上层次原理图设计：先设计好子图，再用子图来产生方块图连接成母图，如图 12-2 所示。

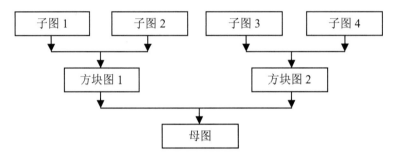

图 12-2　自下而上层次原理图设计

Altium Designer 支持"自上而下"和"自下而上"这两种层次电路设计方式。所谓自上而下设计，就是按照系统设计的思想，首先对系统最上层进行模块划分，设计包含子图符号的母图（方块图），标示系统最上层模块（方块图）之间的电路连接关系，接下来分别对系统模块图中的各功能模块进行详细设计，分别细化各个功能模块的电路实现（子图）。自上而下的设计方法适用于较复杂的电路设计。与之相反，进行自下而上设计时，则是预先设计各子模块（子图），接着创建一个母图（模块或方块图），将各个子模块连接起来，成为功能更强大的上层模块，完成一个层次的设计，经过多个层次的设计，直至满足工程要求。

层次原理图设计的关键在于正确地传递各层次之间的信号。在层次原理图的设计中，信号的传递主要通过电路方块图、方块图输入/输出端口、电路输入/输出端口来实现，它们之间有着密切的联系。

层次原理图的所有方块图符号都必须有与该方块图符号相对应的子图存在，并且子图符号的内部也必须有子图输入/输出端口。同时，在与子图符号相对应的方块图中也必须有输入/输出端口，该端口与子图符号中的输入/输出端口相对应，且必须同名。在同一工程的所有原理图中，同名的输入/输出端口（方块图与子图）之间，在电气上是相互连接的。

本节将以电机驱动电路为实例，介绍使用 Altium Designer 进行层次设计的方法。

图 12-3 是电机驱动电路的原理图（图纸的幅面是 A3），虽然该电路不是很复杂，不用层次原理图设计也可以完成 PCB 板的设计任务，但我们是以它为例，介绍层次原理图的设计方法。

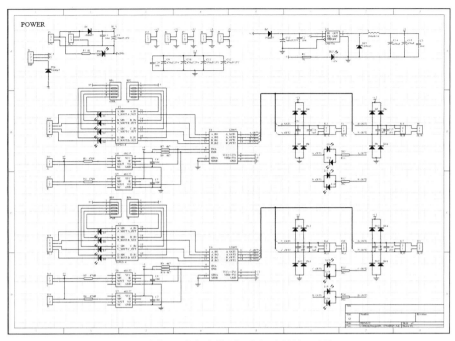

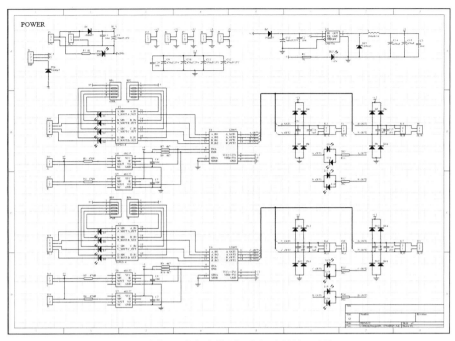

图 12-3　电机驱动电路的原理图（图纸幅面是 A3）

从图 12-3 可以看出，可以把整个图纸分成上、中、下三个部分，其中，中部分和下部分是相同的。

图 12-4 将电机驱动电路的原理图分成了 6 个子图。我们先用子图 1 和子图 2 练习自上而下的层次原理图设计。

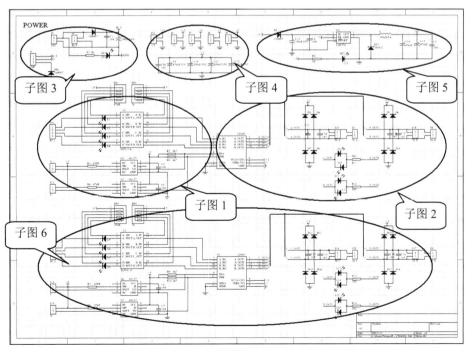

图 12-4　分成 6 个子图的电机驱动电路原理图

12.1.1 自上而下的层次原理图设计

自上而下的层次原理图设计操作步骤如下所述。

1. 建立一个工程文件

启动 Altium Designer,在主菜单中选择"文件"→"新的"→"项目"命令,弹出 Create Project 对话框,在 Project Name 编辑框输入工程文件名称"层次原理图设计",在 Folder(文件夹)的编辑框输入"层次原理图设计"所在的路径,按 Create 按钮。

2. 画一张主原理图

画一张用来放置方块图(Sheet Symbol)符号的主电路图。

(1)在主菜单中选择"文件"→"新的"→"原理图"命令,在新建的"层次原理图设计.PrjPCB"工程中添加一个默认名为 Sheet1.SchDoc 的原理图文件。

(2)将原理图文件另存为 Main_top.SchDoc,用默认的设计图纸尺寸 A4。其他设置用默认值。

(3)在"绘制工具栏"中单击方块图符号工具按钮▥,或者在主菜单中选择"放置"→"页面符"命令。

(4)按 Tab 键,打开如图 12-5 所示的"方块符号"(Sheet Symbol)对话框。

图 12-5 "Sheet Symbol"对话框

在"方块符号"对话框的的属性(Properties)栏中:

● Designator(标识)用于设置方块图所代表的图纸的名称。

● File Name(文件名)用于设置方块图所代表的图纸的文件全名(包括文件的后缀),以便建立起方块图与原理图(子图)文件的直接对应关系。

（5）在"方块符号"对话框的 Designator 编辑框中输入"隔离部分"，在"File Name"编辑框内输入"隔离部分.SchDoc"，单击⏸按钮，结束方块图符号的属性设置。

（6）在原理图上的合适位置单击鼠标左键，确定方块图符号的一个顶角位置，然后拖动鼠标，调整方块图符号的大小，确定后单击鼠标左键，在原理图上插入方块图符号。

（7）目前还处于放置方块图状态，按 Tab 键，弹出"方块符号"对话框的，在 Designator 编辑枢内输入"电机驱动"，在"File Name"编辑框内输入"电机驱动.SchDoc"，重复步骤（6），在原理图上插入第二个方块图（方框图）符号。放入两个方块图符号后的上层原理图如图 12-6 所示。

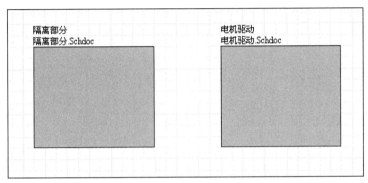

图 12-6　放入两个方块图符号后的上层原理图

3．在方块图内放置端口

（1）单击工具栏中的添加方块图输入/输出端口工具按钮▣，或者在主菜单中选择"放置"→"添加图纸入口"命令。

（2）光标上"悬浮"着一个端口，把光标移入"隔离部分"的方块图内，按 Tab 键，打开如图 12-7 所示的"方块入口"（Sheet Entry）对话框。

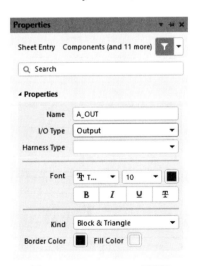

图 12-7　Sheet Entry 对话框

（3）在"方块入口"对话框的 Name（名称）编辑框中输入 A_OUT，作为方块图端口的名称。对话框中的 I/O Type（I/O 类型）是表示信号流向的参数。该下拉列表中有 4 个选项：

未指定的（Unspecified）、输出端口（Output）、输入端口（Input）和双向端口（Bidirectional）。

（4）在"I/O 类型"下拉列表中选择 Output 项，即将方块图端口设为输出口，如图 12-7 所示，单击 🔘 按钮。

（5）在隔离部分方块图符号右边一侧单击鼠标，布置一个名为 A_OUT 的方块图输出端口，如图 12-8 所示。

（6）此时仍处于放置端口状态，按 Tab 键，在打开的"方块入口"对话框中的"名称"编辑框中输入 B_OUT，在"I/O 类型"下拉列表中选择 Output 项，单击 🔘 按钮。

（7）在隔离部分方块图符号右侧单击鼠标，再布置一个名为 B_OUT 的方块图输出端口。

（8）重复步骤（6）～（7），完成 C_OUT、D_OUT、VO4、VO5、S5、+5V、GND 输入/输出端口的放置，如图 12-9 所示，各端口的类型见表 12-1。

图 12-8　布置的方块图端口

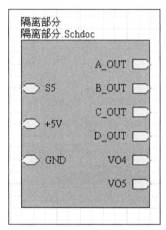

图 12-9　布置完端口的方块图

（9）采用步骤（1）～（4）介绍的方法，在"电机驱动"方块图符号中添加 6 个输入、2 个电源和 1 个地的端口。"电机驱动"方块图中各端口名称、端口类型见表 12-1。布置完端口的上层原理图如图 12-10 所示。

表 12-1　端口名称和类型表

方块图名称	端口名称	端口类型
隔离部分	A_OUT	Output
隔离部分	B_OUT	Output
隔离部分	C_OUT	Output
隔离部分	D_OUT	Output
隔离部分	VO4	Output
隔离部分	VO5	Output
隔离部分	S5	Bidirectional
隔离部分	+5V	Unspecified
隔离部分	GND	Unspecified
电机驱动	A_IN1	Input

方块图名称	端口名称	端口类型
电机驱动	A_IN2	Input
电机驱动	B_IN1	Input
电机驱动	B_IN2	Input
电机驱动	ENA	Input
电机驱动	ENB	Input
电机驱动	+12V	Unspecified
电机驱动	+5V	Unspecified
电机驱动	GND	Unspecified

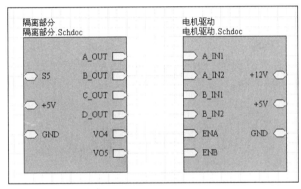

图 12-10　布置完端口的上层原理图

4. 方块图之间的连线（Wire）

在工具栏上按 ≈ 按钮，或者在主菜单中选择"放置"→"线"命令，绘制连线，完成的子图 1、子图 2 相对应的方块图隔离部分、电机驱动的上层原理图如图 12-11 所示。

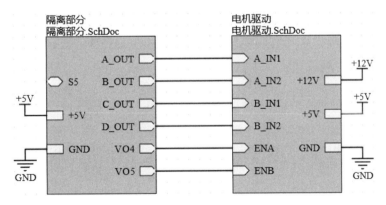

图 12-11　连接好的上层方块图

5. 由方块图生成电路原理子图

（1）在主菜单中选择"设计"→"从页面符创建图纸"命令，如图 12-12 所示。

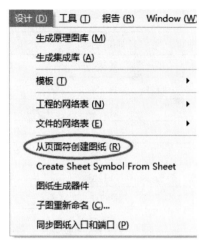

图 12-12　选择"从页面符创建图纸"命令

（2）单击"隔离部分"方块图符号，系统自动在"层次原理图设计.PrjPCB"工程中新建一个名为"隔离部分.SchDoc"的原理图文件，置于 Main_top.SchDoc 原理图文件下层，如图 12-13 所示。在原理图文件"隔离部分.SchDoc"中自动布置了如图 12-14 所示的 9 个端口，该端口中的名字与方块图中的一致。

图 12-13　系统自动创建的名为"隔离部分.SchDoc"的原理图文件

图 12-14　在"隔离部分.SchDoc"的原理图上自动生成的端口

（3）在新建的"隔离部分.SchDoc"原理图中绘制如图 12-15 所示的原理图。该原理图即为图 12-4 椭圆所框的"子图 1"。

至此，完成了上层方块图"隔离部分"与下一层"隔离部分.SchDoc"原理图之间的一一对应的联系。父层（上层）与子层（下一层）之间的联系，靠上层方块图中的输入、输出端口与下一层的原理图中的输入、输出端口进行联系。如上层方块图中有 A_OUT 等 6 个端口，在下层的原理图中也有 A_OUT 等 6 个端口，名字相同的端口就是一个点，这样上层和下一层就建立了联系。

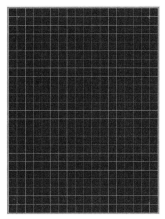

图 12-34　PCB 板边框

（6）打开原理图（Main_top.SchDoc），执行"工程"→"Validate PCB Project 层次原理图设计.PrjPCB"命令，检查原理图有无错误。如果有错，则在 Messages 面板有提示，按提示改正错误后，重新编译。待检查没有错误后进行以下操作。

（7）执行"设计"→"Update PCB Document 电机驱动电路.PcbDoc"命令，出现如图 12-35 所示的"工程变更指令"（Engineering Change Order）对话框。

图 12-35　"工程变更指令"对话框

（8）单击"验证变更"按钮验证有无不妥之处，程序将验证结果反应在如图 12-36 所示的界面中。

（9）在图 12-36 中，如果所有数据转移都顺利，没有错误产生，则单击"执行变更"按钮执行真正的操作，然后单击"关闭"按钮关闭此对话框，原理图的信息便被转移到"电机驱动电路.PcbDoc"PCB 板上，如图 12-37 所示。

（10）在图 12-37 中有 6 个零件摆置区域（上述设计的 6 个模块电路），分别将这 6 个区域的元件移动到 PCB 板的边框内，用前面介绍的方法完成布局、布线的操作，在此不赘述。设计好的"电机驱动电路.PcbDoc"的 PCB 板如图 12-38 所示。

图 12-36　验证更新

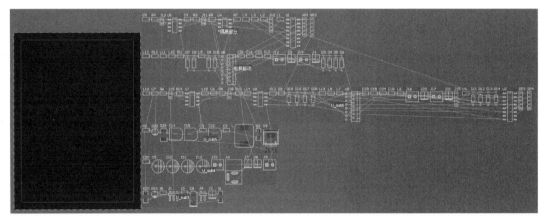

图 12-37　数据转移到"电机驱动电路.PcbDoc"的 PCB 板上

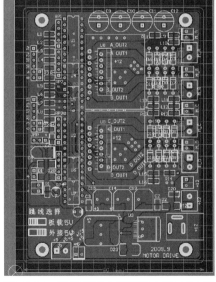

图 12-38　设计好的电机驱动电路 PCB 板

图 12-39 为机器人"电机驱动电路"PCB 板的实物。

图 12-39　机器人"电机驱动电路"PCB 板（实物）

12.1.4　电机驱动电路 PCB 板的 3D 设计

在第 10 章数码管显示电路 PCB 板的三维设计中，设计者已经掌握了 3D 设计的基本方法，这里介绍发光二极管、稳压器的 3D 模型设计的方法。

1. 建立发光二极管（LED）的 3D 模型

执行"放置"→"3D 元件体"命令，按 Tab 键，弹出如图 12-40 所示的"3D Body"对话框。

（1）在图 12-40（a）所示的"3D 模型类型"（3D Model Type）区域选择"圆柱体"（Cylinder）。

（a）选择"圆柱体"　　　　（b）选择"球体"

图 12-40　"3D Body"对话框

（2）在 Properties（属性）栏，选择 3D 模型所在的层面（Board Side），这里选顶层（Top）；选择 3D 体所在的层（Layer）为默认值 Mechanical 4。

（3）在 Display（显示）栏，选择 3D 模型的颜色，在此选择与实物相似的颜色，即红色；

（4）在 Cylinder 栏，选择圆柱体的高度（Height）为 4mm，圆柱体的半径（Radius）为 1.5mm，圆柱体沿 X、Y、Z 方向的旋转（Rotation）角度均为 0°，圆柱体支架高度（Standoff Height）为 0。

（5）发光二极管上半圆球的绘制方法与圆柱体绘制方法大致相似，有以下 2 点不同：

1）在图 12-40（b）所示的"3D 模型类型"区域选择球体（Sphere）。

2）在 Sphere 栏，选择球的半径（Radius）为 1.5mm，球的底面到电路板的距离（Standoff Height）为 4mm。

上述设置完成后，即可在 PCB 板发光二极管的位置放置 3D 模型，绘制好的发光二极管的 3D 模型如图 12-41 所示。

图 12-41　发光二极管的 3D 模型

2. 建立稳压器的 3D 模型

绘制灰色长方体。

（1）执行"放置"→"3D 元件体"命令，在弹出的图 12-40 中的"3D 模型类型"区域选择"Extruded"。

（2）在 Properties（属性）栏，选择 3D 模型所在的层面（Board Side）为顶层（Top）；选择 3D 体所在的层（Layer）为默认值 Mechanical 4。

（3）在 Display（显示）栏，选择 3D 模型的颜色为与实物相似的颜色，即灰色。

（4）在 Extruded 栏，选择 3D 模型的全部高度（即 Overall Height）为 1mm，选择 3D 模型的支架高度（即 Standoff Height）为 0mm。

（5）上述设置完成后，即可在 PCB 板的 U3 处绘制稳压器不规则长方体的 3D 模型。灰色不规则长方体的长度为 21mm，宽度为 3mm，高度为 1mm，角度为 30°，如图 12-42（b）所示。

（6）采用以上方法绘制黑色长方体。在 Extruded 栏，选择 3D 模型的高度全部为 4.5mm，选择 3D 模型的支架高度为 0mm。设置完成后，即可在 PCB 板的 U3 处绘制稳压器黑色长方体的 3D 模型，如图 12-42（b）所示。黑色长方体的长度为 21mm，宽度为 17mm，高度为 4.5mm。

（7）分别画出从右到左横放的两根圆柱体，方法与发光二极管的绘制相同。

1）在 Cylinder 栏，选择圆柱体的"半径"为 0.4mm，圆柱体的"高度"为 2.5mm，圆柱体"支架高度"为 2mm，圆柱体沿 X、Y、Z 方向的旋转角度为 90°。设置好后，即可在 PCB 板的稳压管处放置 3D 模型。

2）另一根圆柱体的尺寸如下：圆柱体的"半径"为 0.4mm，圆柱体的"高度"为 4mm，圆柱体"支架高度"为 0mm，圆柱体沿 X、Y、Z 方向的旋转角度为 90°。

（8）画出竖放的圆柱体，尺寸如下：圆柱体的"半径"为 0.4mm，圆柱体的"高度"为 2mm，圆柱体的"支架高度"为 0mm，圆柱体沿 X、Y、Z 方向的旋转角度为 0°。

（9）引脚的 3 根圆柱体用球体进行衔接（从上到下、从右到左分别有两个球体）。球体的尺寸如下：在 Sphere 栏，选择球的"半径"为 0.4mm，球的底面到电路板的距离为 2mm；另 1 个球的"半径"为 0.4mm，球的底面到电路板的距离为 0。

（10）其他引脚的绘制通过复制、粘贴操作就行了。

绘制的稳压器的 3D 模型如图 12-42 所示。注意：第 1 个和第 2 个球体要与竖放的圆柱体重叠放置，才会有图 12-42 所示的效果。

（a）稳压器 3D 模型（前面）　　　　　　　　（b）稳压器 3D 模型（后面）

图 12-42　稳压器 3D 模型

采用以上介绍的基本方法进行不同的组合，可以绘制任意复杂元器件的 3D 模型。图 12-43 所示是电机驱动电路 PCB 板上所有元器件的 3D 模型绘制完成后的效果，与图 12-39 所示的实物图相比，相似度极高。

图 12-43　电机驱动电路 PCB 板的 3D 模型

12.2　多通道电路设计

12.2.1　多路滤波器的原理图设计

在大型的电路设计过程中，用户可能会需要重复使用某个图纸，若使用常规的复制、粘贴操作，虽然可以达到设计要求，但原理图的数量将会变得庞大而烦琐。Altium Designer 支持多通道设计，简化具有多个完全相同的子模块的电路的设计工作。

多通道设计是指在层次原理图中有一个或者多个的通道（原理图）会被重复调用，用户可根据需要多次使用层次原理图中的任意一个子图，从而避免重复绘制相同的原理图。

本节将通过最简单的多路滤波器的设计，介绍多通道电路设计方法。

图 12-44 所示为一个六通道多路滤波器的电路原理图。

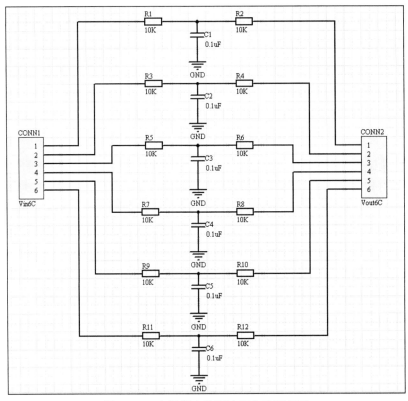

图 12-44　六通道多路滤波器电路原理图

由于六个通道的电路是完全一致的，所以可以采用多通道设计方法设计电路，具体设计步骤如下。

（1）启动 Altium Designer，创建名称为"多路滤波器.PrjPCB"的工程。

（2）在"多路滤波器.PrjPCB"的工程中新建一个空白原理图文档，把它另存为"单路滤波器.SchDoc"。

（3）在新建的空白原理图中绘制如图 12-45 所示的"单路滤波器.SchDoc"原理图。其中，端口 Vin 的"I/O 类型"选择 Input；端口 Vout 的"I/O 类型"选择 Output；GND 端口的"I/O 类型"选择 Unspecified。

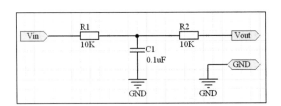

图 12-45　单路滤波器电路原理图

（4）单击通用工具栏中的保存工具按钮 ▣ ，保存原理图文件。

（5）选择 Projects 工作面板，在工程中再次新建一个空白原理图文档。

（6）在空白原理图文档窗口内，在主菜单中选择"设计"→"Create Sheet Symbol From Sheet"命令，打开如图 12-46 所示的"Choose Document to Place"对话框。

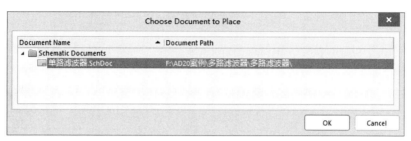

图 12-46　"Choose Document to Place"对话框

（7）在"Choose Document to Place"对话框中选择"单路滤波器.SchDoc"文件名，单击 OK 按钮，在原理图文档中添加如图 12-47 所示的方块图符号。

（8）双击方块图符号名称"U_单路滤波器"，打开如图 12-48 所示的 Parameter 对话框，将 Value（值）编辑框内的内容修改为"Repeat(单路滤波器,1,6)"，单击 OK 按钮。

图 12-47　添加的方块图符号

图 12-48　Parameter 对话框

（9）双击方块图符号中的端口 Vin，打开"方块入口"（Sheet Entry）对话框，在 Name（名称）编辑框内输入 Repeat(Vin)，即将端口的名称改为 Repeat(Vin)，然后单击 OK 按钮。

（10）双击方块图符号中的端口 Vout，打开"方块入口"（Sheet Entry）对话框，在 Name（名称）编辑框内输入 Repeat(Vout)，即将端口的名称改为 Repeat(Vout)，然后单击 OK 按钮。修改完成的子图符号如图 12-49 所示。

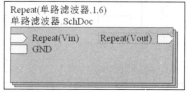

图 12-49　修改完成的子图符号

将方块图符号名称修改为"Repeat(单路滤波器,1,6)",表示将图 12-47 所示的单元电路复制了 6 个;将 Vin 端口名称改为 Repeat(Vin),表示每个复制的电路中的 Vin 端口都被引出来;将 Vout 端口名称改为 Repeat(Vout),表示每个复制的电路中的 Vout 端口都被引出来;而各通道的其他未加 Repeat 语句的电路同名端口都将被互相连接起来。

（11）在原理图中添加其他元件,绘制如图 12-50 所示的原理图。

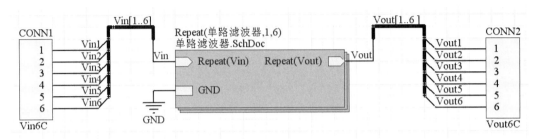

图 12-50　绘制的六通道多路滤波器电路原理图

（12）单击通用工具栏中的保存工具按钮 ,在弹出的"Save [Sheet1.schdoc] As"对话框的"文件名"编辑框内输入"多路滤波器",单击"保存"按钮,即将原理图文件保存为"多路滤波器.SchDoc"。

至此,我们完成了"采用多通道技术设计的六通道多路滤波器电路原理图"的任务。比较图 12-50 与图 12-44 可以看出,图 12-50 完全可以取代图 12-44,图 12-50 的原理图清晰、明了、简单。可以看出,在一个电路系统中,如果原理图比较复杂,对于具有多个重复的电路部分时,采用多通道设计方法会很简单。

12.2.2　多路滤波器的 PCB 设计

（1）检查电路是否正确。执行"工程"→"Validate PCB Project 多路滤波器.PrjPCB"命令。如果有错误,则弹出信息（Messages）窗口提示错误,按提示改正错误后,重新编译;如果没有信息（Messages）窗口弹出,表示没有错误。

（2）执行"文件"→"新的"→"PCB"命令,新建"多路滤波器.PcbDoc"的 PCB 文件。PCB 板框坐标为(25mm,25mm)、(75mm,25mm)、(77mm,84mm)、(25mm,84mm)。

（3）执行"设计"→"Update PCB Document 多路滤波器.PcbDoc"命令,出现"工程变更指令"对话框。

单击"验证变更"按钮验证有无不妥之处,如果没有错误,即所有数据都顺利转移,则单击"执行变更"按钮执行真正的操作,然后单击"关闭"按钮关闭此对话框,原理图的信息便被转移到"多路滤波器.PcbDoc"PCB 板上,如图 12-51 所示。

（4）从图 12-51 看出,元件的标号是乱的,所以要重新标注 PCB 板上元件的标号。执行菜单"工具"→"重新标注"命令,弹出如图 12-52 所示的"根据信息重新标注"对话框,选择"先 X 方向升序,再 Y 方向降序"单选按钮,单击"确定"按钮。重新标注后的 PCB 板如图 12-53 所示。注意元件的标号发生了改变,是按从左到右、从上到下的顺序排列。

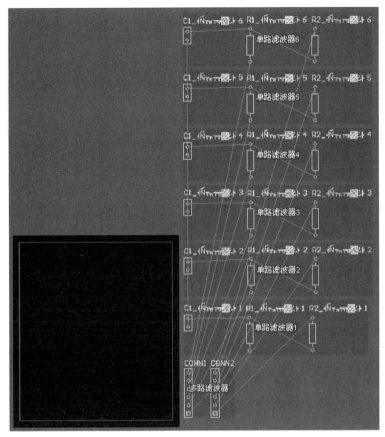

图 12-51　数据转移到"多路滤波器.PcbDoc"的 PCB 板上

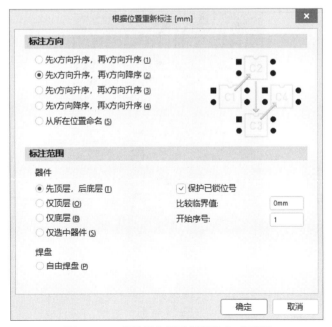

图 12-52　"根据位置重新标注"对话框

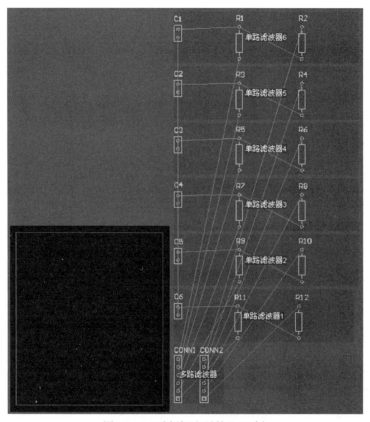

图 12-53　重新标注后的 PCB 板

（5）手动布局、自动布线的 PCB 如图 12-54 所示。

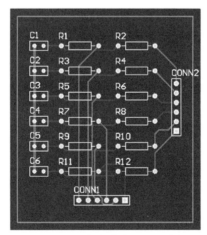

图 12-54　多路滤波器 PCB 图

从图 12-54 看出，元件标号的位置不好，可以统一调整如下：

1）打开"PCB Filter"面板，如图 12-55 所示，在"选择高亮对象"栏，勾选 Component、Component Body 行右边的 Free 复选框，勾选"匹配"项下的"选择"前的复选框，单击"全部应用"按钮，选中 PCB 板上的所有元件。

图 12-55　"PCB Filter"面板

2）鼠标放在任一选中元件上，按鼠标右键，弹出下拉菜单。

3）在下拉菜单上选择"对齐"→"定位器件文本"命令，弹出"元器件文本位置"（Component Text Position）对话框，如图 12-56 所示。

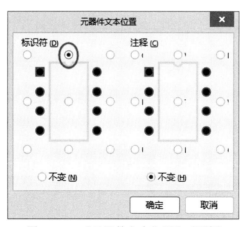

图 12-56　"元器件文本位置"对话框

4）在图 12-56 中的"位号"区域，可选择元件标号在元件上的位置，有 9 个选择（9 个单选按钮），在这里选择元件中上方的位置，如图中的圆框所示。

5）单击"确定"按钮，每个元件的标号就自动显示在每个元件上方的中间位置，如图 12-57 所示。

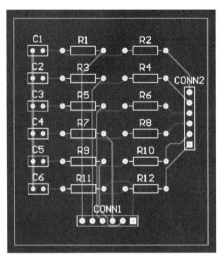

图 12-57 重新对齐元件的标号

（6）由于 PCB 板上元件的标号是从新标注过的，与原理图上的标号不一致，所以需要把 PCB 板上重新标注的元件的标号信息更新到原理图上。

图 12-50 所示的六通道多路滤波器电路原理图编译没有错误后，单路滤波器原理图自动变成了 6 张，每张原理图的标签如图 12-58 所示。

图 12-58 编译后单路滤波器原理图的标签

1）选择"单路滤波器 2"标签，该张原理图如图 12-59 所示。

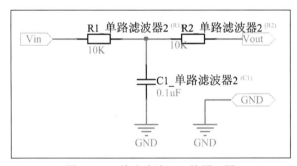

图 12-59 单路滤波器 2 的原理图

2）注意元件的标号信息有一个"单路滤波器 2"。

3）打开"多路滤波器.PcbDoc"的 PCB 图，执行菜单"设计"→"Update Schematics in 多路滤波器.PrjPcb"命令，弹出"比较结果"（Comparator Results）对话框，如图 12-60 所示，界面上的信息是"比较多路滤波器的原理图与 PCB 图，检测到的 51 个差异中的 21 个可以由自动生成的 ECO 解决，需要自动创建 ECO 报告吗？"单击 Yes 按钮，弹出"工程变更指令"对话框，如图 12-61 所示。

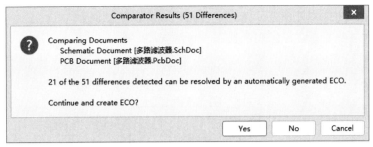

图 12-60 原理图与 PCB 图的"比较结果"对话框

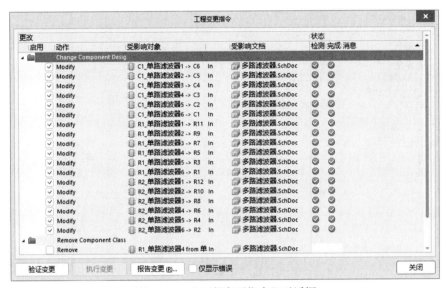

图 12-61 "工程变更指令"对话框

4）单击"验证变更"按钮验证有无不妥之处，如果没有错误，则单击"执行变更"按钮执行真正的操作，然后单击"关闭"按钮关闭此对话框，PCB 的信息将被更新到原理图上。

12.3 本章小结

本章以机器人电机驱动电路为例介绍了层次原理图自上而下、自下而上的设计方法；层次原理图设计的核心要点是原理图母图中端口和子图中的端口一一对应，不能多也不能少，它们表示信号的传输方向要一致；子图的设计按照常规的原理图设计完成即可；Altium Designer 支持多通道设计，可简化具有多个完全相同的子模块的电路的设计工作。

习题 12

1．简述层次电路原理图在电路设计中的作用。
2．设计层次电路原理图一般有哪两种方法？各在哪些情况下使用？
3．上层方块图和下层原理图靠什么进行联系？
4．层次电路原理图中的端口有哪些作用？在进行端口属性设置时应考虑哪些问题？

5. 多通道设计的基本思想是什么？

6. 简述层次电路原理图设计与多通道设计的异同。

7. 应用自下而上的层次原理图设计方法，完成图 12-62、图 12-63 所示电路的顶层原理图设计。

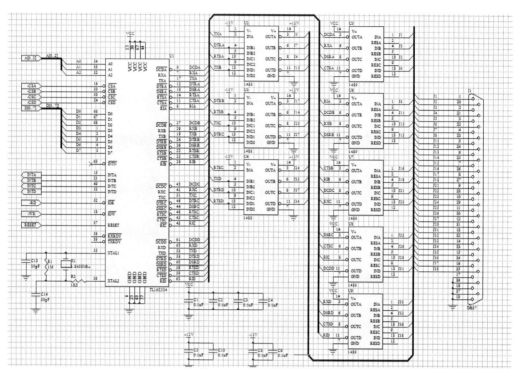

图 12-62　4 Port UART and Line Driver.SchDoc

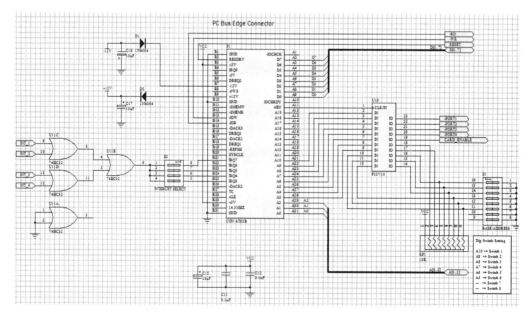

图 12-63　ISA Bus and Address Decoding.SchDoc

参考文献

[1]   郑振宇，黄勇，刘仁福. Altium Designer 19 电子设计速成实战宝典[M]. 北京：电子工业出版社，2019.

[2]   李宗伟，陈宇洁，苏海慧. Altium Designer 19 设计宝典：实战操作技巧与问题解决方法[M]. 北京：清华大学出版社，2019.

[3]   Altium 中国技术支持中心. Altium Designer 19 PCB 设计官方指南（高级实战）[M]. 北京：清华大学出版社，2019.

[4]   CAD/CAM/CAE 技术联盟. Altium Designer 16 电路设计与仿真从入门到精通[M]. 北京：清华大学出版社，2017.

[5]   王静. Altium Designer 2017 电路设计案例教程[M]. 北京：中国水利水电出版社出版，2018.

[6]   徐向民. Altium Designer 快速入门[M]. 北京：北京航天航空大学出版，2008.

[7]   宋贤法，韩晶，路秀丽. Protel Altium Designer 6.x 入门与实用：电路设计实例指导教程[M]. 北京：机械工业出版社，2009.

[8]   李衍. Altium Designer 6 电路设计实例与技巧[M]. 北京：国防工业出版社，2008.

[9]   朱勇. Protel DXP 入门与提高[M]. 北京：清华大学出版社，2004.

[10]   米昶. Protel 2004 电路设计与仿真[M]. 北京：机械工业出版社，2006.

[11]   尹勇. Protel DXP 电路设计入门与进阶[M]. 北京：科学出版社，2004.

附 录

Altium Designer 常用元件符号及封装形式

序号	中文名称	名称	原理图符号	封装名称	元件封装形式	备注
1	标准电阻	RES1 RES2		AXIAL0.3～ AXIAL1.0		
2	两端口 可变电阻	RES Adj1 RES Adj2				
3	三端口 可变电阻	RES TAP RPot RPot SM		VR3～VR5		
4	无极性 电容	CAP		RAD-0.1～ RAD-0.4		
5	可调电容	CAP Var		RAD-0.4		
6	极性电容	CAP Pol1 CAP Pol3		RB5-10.5 RB7.6-15		其中"5（或7.6）"为焊盘间距，"10.5（或15）"为电容圆筒的外径
7	钽电容	CAP Pol2		POLAR0.8		
8	普通 二极管	DIODE		DIODE-0.4 DIODE-0.7		注意做 PCB 时别忘了将封装 DIODE 的端口改为 A、K
9	发光 二极管	LED				
10	稳压 二极管	D Zener				
11	整流桥	BRIDGE1		D-38 D-46_6A		

序号	中文名称	名称	原理图符号	封装名称	元件封装形式	备注
12	大功率晶体管	NPN、PNP		TO-3 系列		
	中功率晶体管			TO-220		扁平封装
				TO-66		金属壳封装
	小功率晶体管			TO-5，TO-46，TO-92A		
13	场效应管	MOSFET				与晶体管封装形式类似
		JFET				
14	晶闸管	SCR		TO-92B		
15	双向晶闸管	TRIAC		TO-92A		
16	集成电路	双列直插元件（6801）		DIP 系列（DIP40）		
		555 定时器		DIP8		
		运算放大器（OP07）				

序号	中文名称	名称	原理图符号	封装名称	元件封装形式	备注
17	调压器	Trans Adj		TRF_EI54_1		
18	变压器	TRANS1				
19	仪表	METER				
20	伺服电机	MOTOR SERVO		RAD0.4		
21	氖泡	NEON				
22	电源	二端电源	BATTERY	SIP2		
23	石英晶体振荡器	CRYSTAL	CRYSTAL	XTAL1		
24	光耦合器	OPTOISO1		DIP4		
		OPTOISO2		BNC-5		
25	按钮	SW-PB		RAD0.4		
26	单刀刀掷开关	SW-SPST		RAD0.3		
27	AC 插座	PLUG AC FEMALE		SIP3		
28	三端稳压器	LM317				

续表

序号	中文名称	名称	原理图符号	封装名称	元件封装形式	备注
29	话筒	MICROPHONE2				
30	电铃	BELL		RAD0.4		
31	扬声器	SPEAKER				
32	白炽灯	LAMP				
33	电感	INDUCTOR		RAD0.3		
34	铁心电感	INDUCTOR IRON		AXIAL-0.9		
35	熔断器	FUSE1		FUSE1		
36	单排多针插座	CON6		SIP6		
37	D 型连接件	DB9		DB9FS		
38	双列插头	HEADER 8X2		HDR2X8		